ly of a few simple types. The first of these consisted of a two-terminal reactive network terminated at each end by a resistor. The ladder realizations of such a filter consist of a resistor on either end and reactive elements in the middle. Another ladder configuration consisted of a resistor on only one end. Still another type had capacitor terminations. In order to keep the number of tables within bounds it was necessary to make a choice of what types of filters to include. Since the doubly terminated filter is probably the most common and also the least sensitive to small variations in element values, these were the ones chosen. Equations are presented for making the calculations for other types of realizations [45] but no tables are presented for them.

HANDBOOK OF TABLES FOR ELLIPTIC-FUNCTION FILTERS

HANDBOOK OF TABLES FOR ELLIPTIC-FUNCTION FILTERS

by

Kendall L. Su
Georgia Institute of Technology

KLUWER ACADEMIC PUBLISHERS
Boston/Dordrecht/London

Distributors for North America:
Kluwer Academic Publishers
101 Philip Drive
Assinippi Park
Norwell, Massachusetts 02061 USA

Distributors for all other countries:
Kluwer Academic Publishers Group
Distribution Centre
Post Office Box 322
3300 AH Dordrecht, THE NETHERLANDS

Library of Congress Cataloging-in-Publication Data

Su, Kendall L. (Kendall Ling-chiao), 1926-
    Handbook of tables for elliptic-function filters / by Kendall L. Su.
      p. cm.
    Includes bibliographical references (p.   ).
    ISBN 0-7923-9109-8
    1. Electric filters-Design and construction-Tables. 2. Electric network synthesis-Tables. 3. Functions, Elliptic-Tables.
I. Title.
TK7872.F5S8   1990
621.381'5324-dc20
                                                                                   90-4540
                                                                                      CIP

Copyright © 1990 by Kluwer Academic Publishers

All rights reserved. No part of this publication may be reproduced, stored in a retrieval system or transmitted in any form or by any means, mechanical, photocopying, recording, or otherwise, without the prior written permission of the publisher, Kluwer Academic Publishers, 101 Philip Drive, Assinippi Park, Norwell, Massachusetts 02061.

Printed in the United States of America

CONTENTS

Preface	vii
Chapter 1 General Information	1
Normalization, Terminology, and Notation	2
Locations of Maximum and Minimum Magnitudes	5
Accuracy and Significant Figures	6
Chapter 2 Tables with Prescribed α_p and ω_s	23
Chapter 3 Tables with Prescribed α_p and α_s	131
Chapter 4 Interpolation and Summaries	267
Interpolation	267
a. Two-point or linear interpolation	267
b. Three-point or parabolic interpolation	268
Summaries of Filter Parameters	271
Bibliography	287
Symbol Index	289
Subject Index	291

PREFACE

This handbook is inspired by occasional questions from my students and coworkers as to how they can obtain easily the best network functions from which they can complete their filter design projects to satisfy certain criteria. They don't need any help to design the filter. They need only the network function. It appears that this crucial step can be a bottleneck to designers. This handbook is meant to supply the information for those who need a quick answer to a simple question of this kind.

There are three most useful basic standard low-pass magnitude characteristics used in filter design. These are the Butterworth, the Chebyshev, and the elliptic characteristics. The Butterworth characteristic is maximally flat at the origin. The Chebyshev characteristic gives equal-ripple variation in the pass band. The elliptic characteristic gives equal-ripple variation in both the pass band and the stop band.

The Butterworth and the Chebyshev characteristics are fairly easy to use, and formulas for their parameters are widely available and fairly easy to apply. The theory and derivation of formulas for the elliptic characteristic, however, are much more difficult to handle and understand. This is chiefly because their original development made use of the Jacobian elliptic functions, which are not familiar to most electrical engineers. Although there are several other methods of developing this characteristic, such as the potential analogy, the Chebyshev rational functions, and numerical techniques, most filter designers are as unfamiliar with these methods as they are with the elliptic functions.

For this reason, the elliptic magnitude characteristic remains somewhat of a mystery to many engineers. Although it is well established that the elliptic characteristic offers the best performance for the same filter complexity, some engineers may resort to using sub-optimal filter functions out of expediency. This sacrifice is unnecessary and can easily be remedied if a designer has access to the network function. In passive filters, we do pay a small price in terms of network complexity for using elliptic filters over Butterworth and Chebyshev filters. In numerous other applications, such as active filters, microwave filters, and digital filters, it is usually more advantageous to use elliptic filters whenever the filtering requirements are moderately or extremely stringent.

From a practical point of view, the basic principles and mathematical intricacies that lead to the network functions that have the elliptic magnitude behavior are not really important to occasional filter designers, as long as they are able to obtain the network function for a given set of specifications. This handbook is designed to fulfill this need and enable designers to bypass the need to delve into the relatively complex mathematical formulas and unfamiliar functions. It is hoped that this handbook will enable engineers to obtain the best network functions for their tasks at hand without having to worry about where they came from or how they were generated.

Although a few tables for elliptic-function filters do exist, they tend to fall into two categories. Most of the more extensive ones were originally generated primarily for passive filter synthesis. In those tables, not only network functions but also element values are tabulated. Because of the earlier emphasis on passive realization, the parameters they use usually require indirect interpretations for applications to filters other than passive ones. For example, the transition band ratios are varied by varying one of the parameters related to the elliptic function through the elliptic integral of the first kind—the *modular angle*. Another example is that passband ripples are not given in terms of dB. Rather, they are given in terms of the (maximum) reflection coefficient in the pass band. These tables are simply collections of computed network function coefficients without regard to the convenience of their use. To borrow a term from

PREFACE

computer jargon, these tables are not "user friendly." Interpolation is almost always required since most listed parameters are not the same as those used in the usual engineering specifications.

The other category of tabulations available is tables included in modern filters textbooks. Their notation and terminology are more contemporary and easier to use. These tables are typically fairly short and are intended primarily as examples for the text narrative. They are not sufficiently extensive to serve as stand-alone references for designers to look up from time to time.

Another major inconvenience of existing tables is that all of them tabulate everything for one n (order of network function) at a time. This makes it necessary to jump from table to table when one wishes to know which n is high enough for a given task.

This handbook lists all entries with the same parameters in the same table as n is increased from 2 to 12. A user will not have to leaf through several tables to locate the parameter combinations in question. The spacing of parameters is sufficiently fine that an engineer can usually find the functional coefficients needed in one of the tables. If, on some rare occasions, interpolations should become necessary, very good approximation can be obtained from entries in these tables with relative ease.

All tables in this handbook are for elliptic filter functions classically known as Case A. These functions are not suitable for passive ladder realization without mutual inductances or ideal transformers when n is even. The difficulty stems from two properties of the elliptic magnitude characteristics for even n: (1) the magnitude is not equal to zero at infinity, (2) the magnitude is not a maximum at the origin. To circumvent property (1), a transformation can be used to move the highest transmission zero to infinity. The resulting network functions are known as those of Case B. To also circumvent property (2), the lowest maximum is moved to the origin. The resulting network functions are known as those of Case C. Neither Case B nor Case C is addressed in this handbook, both because they are of limited importance in modern filter applications and because these transformations always degrade the filter performance.

To facilitate the look-up procedure for which this handbook is meant to be used, the narrative has been kept to a minimum. The reader is referred to the references listed in the Bibliography for detailed theory, derivations, and formulas. Chapter 2 contains tabulations for given pairs of passband ripple and transition band ratio. Chapter 3 contains tabulations for given pairs of passband ripple and stopband attenuation. Chapter 4 contains a brief discussion of two simple schemes of interpolation that are useful when certain parameters do not coincide exactly with the ones tabulated. It also contains summaries of the interrelationship among the four key parameters extracted from tables in Chapters 2 and 3.

Kendall L. Su

HANDBOOK OF TABLES FOR ELLIPTIC-FUNCTION FILTERS

Chapter 1

GENERAL INFORMATION

One of the key steps in the design of a filter is the selection of a network function, $H(s)$, such that its magnitude characteristic satisfies a certain set of specifications. For many applications in which the bounds in both the pass band and the stop band are constant, it is adequate to utilize one of the several *standard* characteristics. These standard characteristics are usually studied in their low-pass form and can be adapted to high-pass, band-pass, or band-elimination applications through some simple frequency transformations.

Two standard low-pass magnitude characteristics are of the all-pole type—all their network function zeros are located at infinity. The Butterworth characteristic is maximally-flat at the origin. The Chebyshev characteristic has equal-ripple variation in the pass band. Both characteristics decrease monotonically outside the pass band. Because of their all-pole property, network functions for these characteristics are easy to compute and the configurations of these filters are comparatively simple. For moderate filtering requirements, these two types of filters are adequate.

The third standard magnitude characteristic gives equal-ripple variation both in the pass band and in the stop band. This type of characteristic is commonly known as the *elliptic* characteristic because the derivation of such functions makes use of the Jacobian elliptic functions. Filters having this characteristic are known as the *Cauer* or *elliptic* filters. Network functions with this characteristic have transmission zeros on the $j\omega$ axis. The presence of these finite zeros greatly enhances the performance of these filters. It is generally accepted that this is the *optimum* low-pass characteristic when the specifications in the pass band and in the stop band are both constant.

The computation of network functions for elliptic filters is relatively difficult. This handbook is designed to give the necessary numerical information for constructing low-pass elliptic functions. Users will not have to worry about how the formulas are derived and how the computations are made.

Normalization, Terminology, and Notation

Data in this handbook give network functions whose magnitudes are normalized. In Fig. 1.1, the maximum magnitude in the pass band is normalized to 1. The pass band is also normalized to 1. This leaves three other parameters to be specified. These three parameters are the minimum magnitude in the pass band, A_1; the maximum magnitude in the stop band, A_2; and the *transition band ratio*, ω_s.

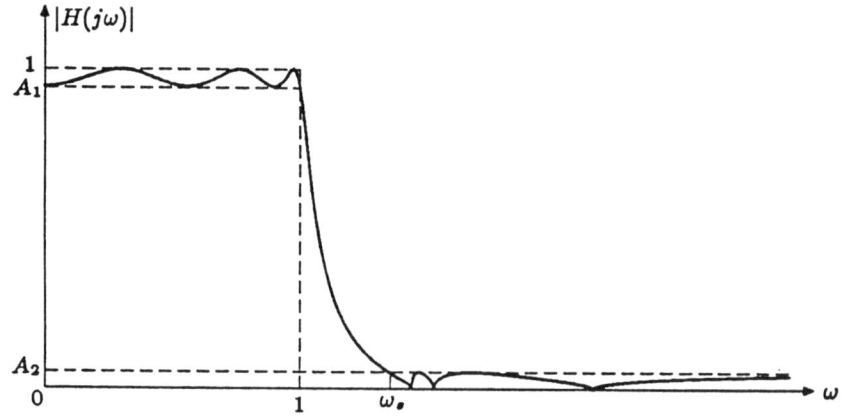

Fig. 1.1 Typical elliptic magnitude characteristic.

Alternatively, these magnitude characteristics may be expressed in dB. This alternative form of displaying the elliptic magnitude characteristic is shown in Fig. 1.2. It is elementary that

$$\alpha(\omega) = 20\log|H(j\omega)| \qquad \alpha_p = 20\log A_1 \qquad \alpha_s = 20\log A_2$$

GENERAL INFORMATION

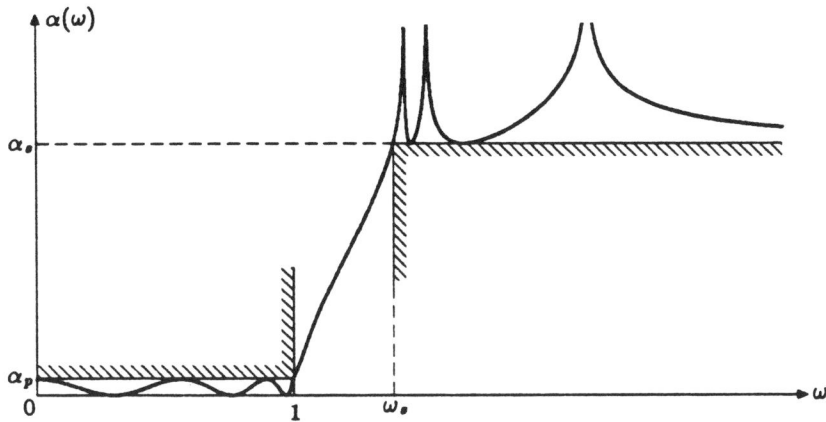

Fig. 1.2 Elliptic characteristic expressed in terms of dB loss.

The quantity α_p is frequently referred to as the *(maximum) passband attenuation*. It is also called the *passband ripple* since it represents the amount of variation of the magnitude of the network function inside the pass band. The quantity α_s is frequently referred to as the *(minimum) stopband attenuation or loss*.

A network function is completely specified once its poles, its zeros, and the multiplicative constant are given. In this volume, the network function is assumed to have the following form

$$H(s) = K \frac{\prod(s - z_i)}{\prod(s - p_i)}$$

where K is the multiplicative constant, $z_i = \sigma_{zi} + j\omega_{zi}$ is the i-th zero, and $p_i = \sigma_{pi} + j\omega_{pi}$ [$\sigma_{pi} < 0$] is the i-th pole. The number of poles is denoted by n, which is also the order of the network function.

Since in elliptic filter functions, all transmission zeros (z_i's) are on the j axis, $\sigma_{zi} = 0$ for all i. (These zeros are also known as the *frequencies of infinite loss*). Hence it is more convenient to group complex conjugate zeros in pairs. In other words, two factors representing a pair of conjugate zeros will be written as

$$(s - z_i)(s - z_i^*) = (s - j\omega_{zi})(s + j\omega_{zi}) = s^2 + \omega_{zi}^2$$

For even n, all poles will occur in conjugate pairs. Again, it is more convenient to group a pair of factors representing a pair of conjugate poles into a single factor with real coefficients. That is to say, we shall always write

$$(s - p_i)(s - p_i^*) = (s - \sigma_{pi} - j\omega_{pi})(s - \sigma_{pi} + j\omega_{pi}) = s^2 + a_i s + b_i$$

where $a_i = -2\sigma_{pi}$ and $b_i = \sigma_{pi}^2 + \omega_{pi}^2$.

For odd n, other than an even number of conjugate poles, which will be treated as described in the previous paragraph, there will be one real pole. We shall list this pole under a_i. In other words, for a factor representing the real pole at p_i, it will be written as

$$s - p_i = s - \sigma_{pi} = s + a_i$$

It will always appear last in each group of factors for an $H(s)$.

Thus, the entries supplied in this handbook will appear in the network function constructed in the form

$$H(s) = K \frac{\prod(s^2 + \omega_{zi}^2)}{(s + a_j)\prod(s^2 + a_i s + b_i)}$$

where the factor $(s + a_j)$ represents the real pole and is present only when n is odd.

For example, suppose it is desired to have a network function for an elliptic filter with $\alpha_p = 1$ dB, $\omega_s = 1.1$, and $n = 5$. From Table 2.63 (p. 87), we have $\alpha_s = 30.47$ dB and the network function would be

$$H(s) = \frac{0.11151412(s^2 + 1.25932043)(s^2 + 2.19309252)}{(s + 0.44656183)(s^2 + 0.06924145s + 1.00164018)(s^2 + 0.40428916s + 0.68854089)}$$

GENERAL INFORMATION

Locations of Maximum and Minimum Magnitudes

Not counting the end points, 0 and 1 in the pass band, and ω_s and ∞ in the stop band, there are $n - 1$ extrema—maxima and minima—inside the pass band and inside the stop band. We shall denote the frequencies at which the extrema occur in the pass band by $\omega_1, \omega_2, \cdots, \omega_{n-1}$, in ascending order. We shall denote those in the stop band by $\omega'_1, \omega'_2, \cdots, \omega'_{n-1}$, in descending order. This notation is shown in Fig. 1.3.

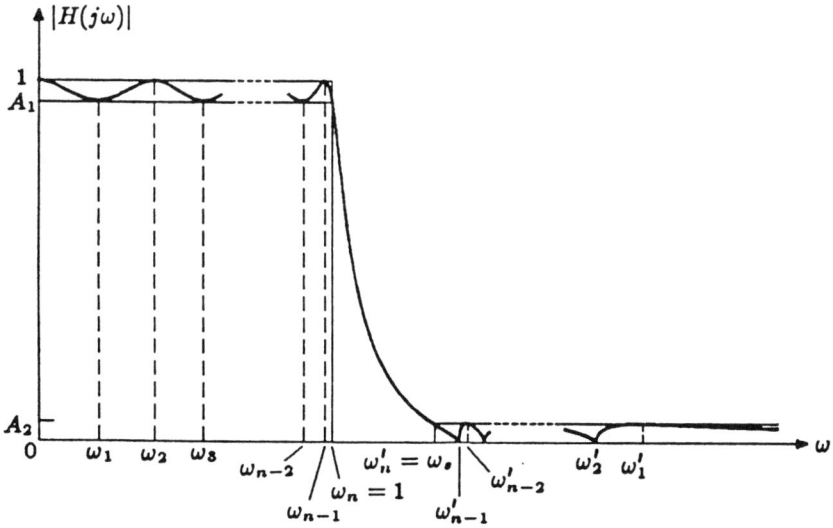

Fig. 1.3   Notation used to denote various extrema points in elliptic magnitude characteristics.

In our way of normalization, the extrema in the two bands are geometrically symmetric about $\sqrt{\omega_s}$, which is the geometric mean of the end of the pass band and the beginning of the stop band. That is

$$\omega_i \omega'_i = \omega_s$$

for all i. Hence, we need to give only one set of frequencies where the maximum and minimum values occur.

For this class of magnitude characteristics, the values of ω_i and ω'_i depend only on the value of ω_s. The values of A_1 and A_2 do not affect where the extrema occur. Tables 1.1 through 1.15 list the values of ω_i for a number of values of ω_s for $n = 2$ through $n = 12$.

Accuracy and Significant Figures

Computation of entries of tables in this handbook has been carried out with algorithms that utilize 15 significant figures. The results are generally accurate to approximately 14 digits. The tabulations contained in this volume, however, extend to only 8 significant figures.

The tabulation using only 8 significant figures is a compromise between accuracy and practicality. On the one hand, the accuracy of filter element values of more than 5 significant figures can seldom be achieved. On the other hand, to calculate the element values to this accuracy from a given network function may require that the coefficients in the network function have accuracies far beyond 8 significant figures. We have decided to include 8 decimal points as a compromise simply because tables with 12 or more decimal points would seem overly elaborate and would offer very little advantage from practical points of view.

For this reason, the readers are warned that functions whose coefficients are limited to 8 decimal points have rather limited accuracy, especially in extreme situations such as high n or high α_s, or low ω_s. If one were to compute the magnitude of $H(j\omega)$ using entries from tables in this volume in some of these extreme situations, one may not always obtain the exactly correct values. For example, if one computes $|H(j1)|$, one may not obtain exactly A_1 as one would expect. In fact, in some of these extreme situations, even 14-digit coefficients may not be adequate to achieve all the accuracy one may expect. This phenomenon is an inherent limitation in attainable accuracy when either the function is too complicated or truncation errors occur. The entries in this handbook represent the best rounded-off 8-decimal point values in every case.

TABLE 1.1   LOCATIONS OF EXTREMA IN THE PASS BAND

$$\omega_s = 1.02$$

n	ω_i				
2	0.91399264				
3	0.76919971	0.97300114			
4	0.64153670	0.91399264	0.98669054		
5	0.54246931	0.84192079	0.95584135	0.99200112	
6	0.46678982	0.76919971	0.91399264	0.97300114	0.99463437
7	0.40821800 0.99614003	0.70175053	0.86647702	0.94618716	0.98167787
8	0.36198823 0.98669054	0.64153670 0.99708502	0.81734870	0.91399264	0.96307520
9	0.32477210 0.97300114	0.58865567 0.98986102	0.76919971 0.99771846	0.87863919	0.94010283
10	0.29426702 0.95584135	0.54246931 0.97933542	0.72347281 0.99200112	0.84192079 0.99816442	0.91399264
11	0.26886088 0.93593681	0.50212790 0.96602952	0.68084644 0.98363346	0.80514677 0.99351789	0.88586940 0.99849059
12	0.24740388 0.91399264 0.99873651	0.46678982 0.95040286	0.64153670 0.97300114	0.76919971 0.98669054	0.85667766 0.99463437

TABLE 1.2 LOCATIONS OF EXTREMA IN THE PASS BAND

$$\omega_s = 1.05$$

n	ω_i				
2	0.87540618				
3	0.70781243	0.95636103			
4	0.57691280	0.87540618	0.97758684		
5	0.48141576	0.78839616	0.93141092	0.98626466	
6	0.41093551	0.70781243	0.87540618	0.95636103	0.99068694
7	0.35751549 0.99325647	0.63731569	0.81705304	0.91797076	0.96964496
8	0.31591836 0.97758684	0.57691280 0.99488570	0.76052231	0.87540618	0.94174453
9	0.28273902 0.95636103	0.52541566 0.98273146	0.70781243 0.99598533	0.83158809	0.90968110
10	0.25572049 0.93141092	0.48141576 0.96600512	0.65965392 0.98626466	0.78839616 0.99676328	0.87540618
11	0.23332633 0.90407768	0.44361951 0.94603817	0.61610737 0.97271735	0.74694208 0.98880128	0.84034901 0.99733428
12	0.21448192 0.87540618 0.99776595	0.41093551 0.92379397	0.57691280 0.95636103	0.70781243 0.97758684	0.80551250 0.99068694

TABLE 1.3 LOCATIONS OF EXTREMA IN THE PASS BAND

$$\omega_s = 1.10$$

n			ω_i		
2	0.84018848				
3	0.65796132	0.93968588			
4	0.52741385	0.84018848	0.96814882		
5	0.43610902	0.74278685	0.90773720	0.98022226	
6	0.37025380	0.65796132	0.84018848	0.93968588	0.98649274
7	0.32101985 0.99017653	0.58673807	0.77407584	0.89106268	0.95733658
8	0.28301844 0.96814882	0.52741385 0.99252857	0.71296249	0.84018848	0.92079934
9	0.25288753 0.93968588	0.47784338 0.97527137	0.65796132 0.99412349	0.79021873	0.88093828
10	0.22845483 0.90773720	0.43610902 0.95244918	0.60905224 0.98022226	0.74278685 0.99525556	0.84018848
11	0.20826654 0.87415851	0.40065367 0.92629467	0.56574820 0.96149446	0.69862740 0.98380858	0.80004589 0.99608847
12	0.19131798 0.84018848 0.99671928	0.37025380 0.89824610	0.52741385 0.93968588	0.65796132 0.96814882	0.76139325 0.98649274

TABLE 1.4   LOCATIONS OF EXTREMA IN THE PASS BAND

$$\omega_s = 1.20$$

n	ω_i				
2	0.80250237				
3	0.60916711	0.92046165			
4	0.48098599	0.80250237	0.95696386		
5	0.39455756	0.69650209	0.88117223	0.97296797	
6	0.33342762	0.60916711	0.80250237	0.92046165	0.98142149
7	0.28825198 0.98643652	0.53845250	0.72978188	0.86125223	0.94290853
8	0.25363915 0.95696386	0.48098599 0.98965827	0.66535047	0.80250237	0.89704527
9	0.22633124 0.92046165	0.43379308 0.96636349	0.60916711 0.99185196	0.74721708	0.84932975
10	0.20426531 0.88117223	0.39455756 0.93663399	0.56038730 0.97296797	0.69650209 0.99341355	0.80250237
11	0.18607942 0.84141407	0.36153700 0.90379935	0.51798526 0.94828436	0.65055748 0.97779035	0.75792657 0.99456488
12	0.17084145 0.80250237 0.99543825	0.33342762 0.86978891	0.48098599 0.92046165	0.60916711 0.95696386	0.71621378 0.98142149

TABLE 1.5 LOCATIONS OF EXTREMA IN THE PASS BAND

$$\omega_s = 1.30$$

n	ω_i				
2	0.78111388				
3	0.58311534	0.90895940			
4	0.45688907	0.78111388	0.95013723		
5	0.37330553	0.67117847	0.86558200	0.96849852	
6	0.31475057	0.58311534	0.78111388	0.90895940	0.97828086
7	0.27172026	0.51309755	0.70528920	0.84391553	0.93417182
	0.98411306				
8	0.23886850	0.45688907	0.63954070	0.78111388	0.88299876
	0.95013723	0.98787148			
9	0.21301213	0.41112181	0.58311534	0.72329907	0.83104324
	0.90895940	0.96089681	0.99043594		
10	0.19215441	0.37330553	0.53470817	0.67117847	0.78111388
	0.86558200	0.92709008	0.96849852	0.99226412	
11	0.17498551	0.34162505	0.49301322	0.62460823	0.73441208
	0.82253451	0.89045300	0.94026126	0.97407157	0.99361345
12	0.16061304	0.31475057	0.45688907	0.58311534	0.69134149
	0.78111388	0.85317557	0.90895940	0.95013723	0.97828086
	0.99463784				

TABLE 1.6 LOCATIONS OF EXTREMA IN THE PASS BAND

$$\omega_s = 1.40$$

n	ω_i				
2	0.76699788				
3	0.56647568	0.90114187			
4	0.44172282	0.76699788	0.94544474		
5	0.36002996	0.65479306	0.85510048	0.96540968	
6	0.30313342	0.56647568	0.76699788	0.90114187	0.97610392
7	0.26146480 0.98249964	0.49704302	0.68935115	0.83231866	0.92819340
8	0.22972158 0.94544474	0.44172282 0.98662926	0.62292281	0.76699788	0.87351499
9	0.20477414 0.90114187	0.39691440 0.95712734	0.56647568 0.98945068	0.70768568	0.81884645
10	0.18467028 0.85510048	0.36002996 0.92057201	0.51840705 0.96540968	0.65479306 0.99146390	0.76699788
11	0.16813432 0.80996576	0.32921661 0.88142516	0.47723665 0.93476180	0.60793753 0.97149720	0.71903125 0.99295079
12	0.15429950 0.76699788 0.99408017	0.30313342 0.84203883	0.44172282 0.90114187	0.56647568 0.94544474	0.67519473 0.97610392

TABLE 1.7 LOCATIONS OF EXTREMA IN THE PASS BAND

$$\omega_s = 1.50$$

n	ω_i				
2	0.75693396				
3	0.55485861	0.89546030			
4	0.43123199	0.75693396	0.94200870		
5	0.35088990	0.64325897	0.84753704	0.96313975	
6	0.29515643	0.55485861	0.75693396	0.89546030	0.97450094
7	0.25443441 0.98131016	0.48589567	0.67809112	0.82397807	0.92382884
8	0.22345793 0.94200870	0.43123199 0.98571273	0.61126175	0.75693396	0.86665245
9	0.19913714 0.89546030	0.38711332 0.95436139	0.55485861 0.98872335	0.69663262	0.81009098
10	0.17955190 0.84753704	0.35088990 0.91581962	0.50707041 0.96313975	0.64325897 0.99087292	0.75693396
11	0.16345069 0.80095430	0.32068637 0.87488452	0.46629776 0.93074238	0.59625588 0.96960320	0.70812875 0.99246126
12	0.14998476 0.75693396 0.99366812	0.29515643 0.83401797	0.43123199 0.89546030	0.55485861 0.94200870	0.66380456 0.97450094

TABLE 1.8   LOCATIONS OF EXTREMA IN THE PASS BAND

$$\omega_s = 1.60$$

n	ω_i				
2	0.74940019				
3	0.54628868	0.89114872			
4	0.42354223	0.74940019	0.93938712		
5	0.34421182	0.63470140	0.84182655	0.96140338	
6	0.28933876	0.54628868	0.74940019	0.89114872	0.97327299
7	0.24931288 0.98039818	0.47770337	0.66971563	0.81769561	0.92050600
8	0.21889834 0.93938712	0.42354223 0.98500961	0.60262890	0.74940019	0.86146086
9	0.19503582 0.89114872	0.37994249 0.95224790	0.54628868 0.98816516	0.68839939	0.80350487
10	0.17582929 0.84182655	0.34421182 0.91220488	0.49872980 0.96140338	0.63470140 0.99041926	0.74940019
11	0.16004522 0.79418149	0.31446027 0.86993212	0.45826648 0.92767982	0.58761626 0.96815323	0.70000031 0.99208539
12	0.14684816 0.74940019 0.99335169	0.28933876 0.82797036	0.42354223 0.89114872	0.54628868 0.93938712	0.65534127 0.97327299

TABLE 1.9   LOCATIONS OF EXTREMA IN THE PASS BAND

$$\omega_s = 1.70$$

n	ω_i				
2	0.74356331				
3	0.53972053	0.88777407			
4	0.41767622	0.74356331	0.93732691		
5	0.33912951	0.62811501	0.83737401	0.96003616	
6	0.28491714	0.53972053	0.74356331	0.88777407	0.97230505
7	0.24542353 0.97967883	0.47144206	0.66325728	0.81280571	0.91789893
8	0.21543761 0.93732691	0.41767622 0.98445477	0.59599528	0.74356331	0.85740692
9	0.19192409 0.88777407	0.37447974 0.95058510	0.53972053 0.98772454	0.68204406	0.79838376
10	0.17300565 0.83737401	0.33912951 0.90937075	0.49234998 0.96003616	0.62811501 0.99006108	0.74356331
11	0.15746264 0.78891861	0.30972550 0.86606242	0.45213261 0.92527549	0.58098223 0.96701081	0.69372165 0.99178859
12	0.14446985 0.74356331 0.99310179	0.28491714 0.82325978	0.41767622 0.88777407	0.53972053 0.93732691	0.64882033 0.97230505

TABLE 1.10   LOCATIONS OF EXTREMA IN THE PASS BAND

$$\omega_s = 1.80$$

n	ω_i				
2	0.73892265				
3	0.53454166	0.88506979			
4	0.41306748	0.73892265	0.93567075		
5	0.33514364	0.62290500	0.83381652	0.95893539	
6	0.28145293	0.53454166	0.73892265	0.88506979	0.97152509
7	0.24237823 0.97909888	0.46651561	0.65814119	0.80890410	0.91580579
8	0.21272902 0.93567075	0.41306748 0.98400730	0.59075439	0.73892265	0.85416416
9	0.18948933 0.88506979	0.37019226 0.94924722	0.53454166 0.98736912	0.67700551	0.79430082
10	0.17079676 0.83381652	0.33514364 0.90709656	0.48732719 0.95893539	0.62290500 0.98977209	0.73892265
11	0.15544264 0.78472474	0.30601430 0.86296547	0.44730905 0.92334421	0.57574391 0.96609060	0.68874133 0.99154910
12	0.14260983 0.73892265 0.99290012	0.28145293 0.81949908	0.41306748 0.88506979	0.53454166 0.93567075	0.64365777 0.97152509

TABLE 1.11 LOCATIONS OF EXTREMA IN THE PASS BAND

$$\omega_s = 1.90$$

n	ω_i				
2	0.73515717				
3	0.53036696	0.88286171			
4	0.40936277	0.73515717	0.93431506		
5	0.33194411	0.61869449	0.83091863	0.95803324	
6	0.27867434	0.53036696	0.73515717	0.88286171	0.97088543
7	0.23993684 0.97862306	0.46255098	0.65400188	0.80572933	0.91409415
8	0.21055826 0.93431506	0.40936277 0.98364007	0.58652306	0.73515717	0.85152024
9	0.18753846 0.88286171	0.36674859 0.94815129	0.53036696 0.98707737	0.67292634	0.79098056
10	0.16902714 0.83091863	0.33194411 0.90523766	0.48328308 0.95803324	0.61869449 0.98953486	0.73515717
11	0.15382454 0.78131561	0.30303659 0.86043941	0.44342889 0.92176433	0.57151650 0.96533613	0.68470765 0.99135247
12	0.14112002 0.73515717 0.99273454	0.27867434 0.81643758	0.40936277 0.88286171	0.53036696 0.93431506	0.63948286 0.97088543

TABLE 1.12 LOCATIONS OF EXTREMA IN THE PASS BAND

$$\omega_s = 2.00$$

n	ω_i				
2	0.73205082				
3	0.52694120	0.88103085			
4	0.40632955	0.73205082	0.93318867		
5	0.32932745	0.61523227	0.82852042	0.95728293	
6	0.27640337	0.52694120	0.73205082	0.88103085	0.97035313
7	0.23794224 0.97822696	0.45930198	0.65059509	0.80310429	0.91267318
8	0.20878522 0.93318867	0.40632955 0.98333430	0.58304646	0.73205082	0.84933057
9	0.18594531 0.88103085	0.36393092 0.94724021	0.52694120 0.98683442	0.66956730	0.78823659
10	0.16758220 0.82852042	0.32932745 0.90369499	0.47996765 0.95728293	0.61523227 0.98933727	0.73205082
11	0.15250344 0.77849910	0.30060220 0.85834666	0.44025019 0.92045233	0.56804433 0.96470845	0.68138499 0.99118869
12	0.13990374 0.73205082 0.99259661	0.27640337 0.81390525	0.40632955 0.88103085	0.52694120 0.93318867	0.63604808 0.97035313

TABLE 1.13   LOCATIONS OF EXTREMA IN THE PASS BAND

$$\omega_s = 2.50$$

n	ω_i				
2	0.72234375				
3	0.51633932	0.87525554			
4	0.39698095	0.72234375	0.92962199		
5	0.32127917	0.60447741	0.82098230	0.95490266	
6	0.26942640	0.51633932	0.72234375	0.87525554	0.96866274
7	0.23181867 0.97696832	0.44927165	0.63999462	0.79486659	0.90818060
8	0.20334437 0.92962199	0.39698095 0.98236229	0.57226241	0.72234375	0.84243847
9	0.18105804 0.87525554	0.35525689 0.94435217	0.51633932 0.98606186	0.65910557	0.77963359
10	0.16315061 0.82098230	0.32127917 0.89882084	0.46972498 0.95490266	0.60447741 0.98870887	0.72234375
11	0.14845237 0.76967392	0.29311943 0.85175559	0.43044303 0.91630191	0.55728094 0.96271606	0.67103027 0.99066773
12	0.13617461 0.72234375 0.99215783	0.26942640 0.80595309	0.39698095 0.87525554	0.51633932 0.92962199	0.62536803 0.96866274

TABLE 1.14   LOCATIONS OF EXTREMA IN THE PASS BAND

$$\omega_s = 3.00$$

n	ω_i				
2	0.71743923				
3	0.51104068	0.87230644			
4	0.39233012	0.71743923	0.92779284		
5	0.31728438	0.59907973	0.81714848	0.95367939	
6	0.26596781	0.51104068	0.71743923	0.87230644	0.96779301
7	0.22878554 0.97632026	0.44427235	0.63466438	0.79068464	0.90588060
8	0.20065082 0.92779284	0.39233012 0.98186159	0.56685879	0.71743923	0.83892775
9	0.17863942 0.87230644	0.35094735 0.94286925	0.51104068 0.98566379	0.65383951	0.77527073
10	0.16095807 0.81714848	0.31728438 0.89632734	0.46461581 0.95367939	0.59907973 0.98838500	0.71743923
11	0.14644848 0.76520136	0.28940803 0.84839591	0.42555837 0.91417569	0.55189155 0.96169144	0.66581454 0.99039920
12	0.13433026 0.71743923 0.99193162	0.26596781 0.80191298	0.39233012 0.87230644	0.51104068 0.92779284	0.62000203 0.96779301

TABLE 1.15   LOCATIONS OF EXTREMA IN THE PASS BAND

$$\omega_s = 4.00$$

n	ω_i				
2	0.71278935				
3	0.50605243	0.86949118			
4	0.38796482	0.71278935	0.92604186		
5	0.31354048	0.59398443	0.81349817	0.95250687	
6	0.26272922	0.50605243	0.71278935	0.86949118	0.96695878
7	0.22594687 0.97569843	0.43957426	0.62962661	0.78670758	0.90368133
8	0.19813086 0.92604186	0.38796482 0.98138107	0.56176321	0.71278935	0.83558170
9	0.17637725 0.86949118	0.34690588 0.94144862	0.50605243 0.98528172	0.64885898	0.77112443
10	0.15890773 0.81349817	0.31354048 0.89394419	0.45981198 0.95250687	0.59398443 0.98807416	0.71278935
11	0.14457483 0.76095265	0.28593140 0.84519238	0.42097011 0.91214175	0.54681174 0.96070895	0.66087944 0.99014148
12	0.13260595 0.71278935 0.99171456	0.26272922 0.79806891	0.38796482 0.86949118	0.50605243 0.92604186	0.61493304 0.96695878

Chapter 2

TABLES WITH PRESCRIBED α_p AND ω_s

This chapter contains tables of network function coefficients for a number of combinations of α_p and ω_s. Each table is a tabulation for a specific pair of α_p and ω_s as n is increased from 2 through 12. Specifically, it contains all combinations of the the following two groups of values of α_p and ω_s.

α_p (dB)	ω_s
0.01	1.02
0.05	1.05
0.10	1.10
0.50	1.20
1.00	1.30
2.00	1.40
3.00	1.50
	1.60
	1.70
	1.80
	1.90
	2.00
	2.50
	3.00
	4.00

A matrix showing the table numbers for all combinations of these two parameters to facilitate locating a particular parameter pair is given on the next page.

TABLE NUMBERS FOR VARIOUS COMBINATIONS OF α_p AND ω_s

ω_s	α_p (dB)						
	0.01	0.05	0.10	0.50	1.00	2.00	3.00
1.02	1	16	31	46	61	76	91
1.05	2	17	32	47	62	77	92
1.10	3	18	33	48	63	78	93
1.20	4	19	34	49	64	79	94
1.30	5	20	35	50	65	80	95
1.40	6	21	36	51	66	81	96
1.50	7	22	37	52	67	82	97
1.60	8	23	38	53	68	83	98
1.70	9	24	39	54	69	84	99
1.80	10	25	40	55	70	85	100
1.90	11	26	41	56	71	86	101
2.00	12	27	42	57	72	87	102
2.50	13	28	43	58	73	88	103
3.00	14	29	44	59	74	89	104
4.00	15	30	45	60	75	90	105

TABLES WITH PRESCRIBED α_p AND ω_s

TABLE 2.1 $\alpha_p = 0.01$ dB $\omega_s = 1.02$

n	α_s (dB)	K	a_i	b_i	ω_{zi}^2
2	0.02219	9.97448004E-01	0.02618582	1.24367017	1.24541746
3	0.09104	1.12136419E+01	0.01344003 11.22708191	1.09762359	1.09893914
4	0.43278	9.51395729E-01	0.42988746 0.01296678	2.41288199 1.06640178	1.06865720 2.52788509
5	1.86903	3.60852886E+00	0.21330673 0.01520635 3.80662924	1.39796546 1.05226969	1.05724593 1.46776956
6	5.77531	5.14321502E-01	1.71458686 0.15651454 0.01732672	2.64468304 1.16903004 1.04155294	1.05165532 1.24541746 4.77482651
7	11.87343	9.75523808E-01	0.74709946 0.12019253 0.01745795 1.61988869	1.39002582 1.08020521 1.03243853	1.04847856 1.16210734 2.11268545
8	18.78153	1.15059809E-01	1.81716411 0.43012371 0.09269252 0.01613519	1.40921284 1.11222337 1.04029795 1.02543996	1.04649212 1.12170834 1.55734772 7.93983423
9	25.87703	2.42193263E-01	1.00137627 0.27928487 0.07257478 0.01434750 1.02251194	1.03250338 1.02349546 1.02093980 1.02030729	1.04516373 1.09893914 1.34765647 3.00246311
10	33.01016	2.23610377E-02	0.01257936 0.05797227 0.19506012 0.61403587 1.50170107	1.01652797 1.01092272 0.99093738 0.92892376 0.79735187	1.04423001 1.08476940 1.24541746 1.98772325 12.01481726
11	40.15061	5.71599647E-02	0.01099271 0.04722999 0.14344467 0.40802852 1.00786356 0.76420534	1.01369170 1.00546742 0.97873130 0.90349756 0.73247504	1.04354791 1.07531017 1.18770145 1.60490835 4.12640292
12	47.29247	4.31893178E-03	0.00966336 0.03915720 0.10969940 0.28750865 0.68686971 1.24757246	1.01152528 1.00237636 0.97472918 0.90272245 0.74025988 0.51200977	1.04303406 1.06865720 1.15182069 1.41763838 2.52788509 16.99758869

TABLE 2.2 $\alpha_p = 0.01$ dB $\omega_s = 1.05$

n	α_s (dB)	K	a_i	b_i	ω_{zi}^2
2	0.03514	9.95962341E-01	0.05020065	1.43450577	1.43866402
3	0.20790	8.65652571E+00	0.03293811	1.20084097	1.20541018
			8.68946383		
4	1.24746	8.66217901E-01	0.85875298	2.89909565	1.15363363
			0.03701573	1.14311724	3.31251806
5	5.18227	2.08297526E+00	0.45013917	1.51736277	1.13342204
			0.04362406	1.10857606	1.77373854
			2.48949037		
6	12.28105	2.43190866E-01	1.93554920	1.98212783	1.12332578
			0.30657043	1.19938815	1.43866402
			0.04388223	1.08056828	6.52876832
7	20.46027	4.21028744E-01	0.96059645	1.20716823	1.11752125
			0.21999026	1.08686434	1.30834085
			0.03942347	1.06035322	2.71437208
			1.20105840		
8	28.83168	3.61756064E-02	0.03395572	1.04646171	1.11386414
			0.16418358	1.03993511	1.24311809
			0.58100916	1.01578748	1.90613949
			1.61431775	0.95523789	11.04660615
9	37.23182	7.81548292E-02	0.02892785	1.03675491	1.11140594
			0.12681950	1.01816184	1.20541018
			0.39043454	0.95767648	1.59427075
			1.03078787	0.80776197	3.99367360
			0.81639981		
10	45.63612	5.22629804E-03	0.02466841	1.02976394	1.10967176
			0.10080180	1.00731818	1.18146195
			0.28054207	0.94052700	1.43866402
			0.69206604	0.78279192	2.53364818
			1.29156334	0.55200082	16.85961025
11	54.04102	1.37913124E-02	0.02115262	1.02457953	1.10840151
			0.08202774	1.00167673	1.16521287
			0.21137656	0.93784757	1.34886071
			0.48970341	0.79438734	1.97608100
			0.95424064	0.55317952	5.60218350
			0.62882997		
12	62.44601	7.54570096E-04	0.01826752	1.02063487	1.10744263
			0.06805867	0.99868216	1.15363363
			0.16506206	0.94048905	1.29189837
			0.36196923	0.81538654	1.69915905
			0.70427378	0.59545764	3.31251806
			1.06779002	0.36136055	23.96609125

TABLE 2.3 $\alpha_p = 0.01$ dB $\omega_s = 1.10$

n	α_s (dB)	K	a_i	b_i	ω_{zi}^2
2	0.05863	9.93272666E-01	0.08887040	1.70451338	1.71408333
3	0.47769	6.57995410E+00	0.07106613	1.35567182	1.37031362
			6.65102023		
4	3.15828	6.95162074E-01	1.42654387	3.12436337	1.29092536
			0.08561116	1.25085791	4.34993045
5	10.37940	1.18184172E+00	0.71695345	1.53426765	1.25932043
			0.09029906	1.17634257	2.19309252
			1.80849610		
6	19.68363	1.03709456E-01	1.86686671	1.45933829	1.24336198
			0.45790196	1.19014530	1.71408333
			0.08021869	1.12454857	8.82645503
7	29.31682	1.78310294E-01	0.06712502	1.09143250	1.23412774
			0.31995179	1.07608005	1.52394347
			1.05423978	1.02437108	3.51476933
			0.97972331		
8	38.98738	1.12364960E-02	0.05553734	1.06973552	1.22828554
			0.23676522	1.03019818	1.42710316
			0.67797549	0.91256378	2.38041134
			1.43842673	0.70507142	15.10622386
9	48.66200	2.47064273E-02	0.04615041	1.05488369	1.22434749
			0.18257179	1.00965562	1.37031362
			0.47379093	0.88569292	1.93771872
			1.00634136	0.65045985	5.29924776
			0.69367823		
10	58.33706	1.21100824E-03	0.03870591	1.04430340	1.22156377
			0.14523450	0.99992202	1.33383389
			0.35038702	0.88512000	1.71408333
			0.72205520	0.66585236	3.26194236
			1.14117130	0.41608777	23.18380252
11	68.01216	3.25423706E-03	0.03280214	1.03650930	1.21952174
			0.11838572	0.99523291	1.30885579
			0.27003379	0.89293367	1.58345232
			0.53671768	0.70000646	2.47910056
			0.89243866	0.43864952	7.53784368
			0.54342543		
12	77.68727	1.30507802E-04	0.02808498	1.03060512	1.21797858
			0.09841388	0.99304363	1.29092536
			0.21475945	0.90294812	1.49966651
			0.41219180	0.73606809	2.08721567
			0.69428336	0.49235112	4.34993045
			0.94314871	0.27610804	33.05778965

TABLE 2.4 $\alpha_p = 0.01$ dB $\omega_s = 1.20$

n	α_s (dB)	K	a_i	b_i	ω_{zi}^2
2	0.11904	9.86388623E-01	0.17406281	2.20809575	2.23598995
3	1.34497	4.54740780E+00	0.16792835 4.71533614	1.63908826	1.69961711
4	7.72303	4.11006538E-01	1.98821939 0.18890991	2.85334711 1.41144247	1.57243034 6.22440210
5	18.31606	5.57572565E-01	0.98135148 0.16575681 1.37316724	1.44976988 1.26462552	1.52112676 2.96836736
6	29.58941	3.31535213E-02	0.13273477 0.61692007 1.70589228	1.18067291 1.14751093 1.06077625	1.49503501 2.23598995 12.95267133
7	40.91809	5.74272890E-02	0.10528844 0.43044893 1.08540958 0.81767637	1.13077595 1.04905663 0.84480224	1.47987220 1.94134077 4.96669734
8	52.25087	2.44037370E-03	0.08445322 0.31947242 0.74641464 1.27429998	1.09900591 1.01077718 0.79982707 0.52677118	1.47025268 1.78950851 3.25283137 22.38359942
9	63.58396	5.43189876E-03	0.06880272 0.24730140 0.54501254 0.95735476 0.59627280	1.07757290 0.99470875 0.80315593 0.51957737	1.46375630 1.69961711 2.57910431 7.65239273
10	74.91707	1.79533917E-04	0.05692923 0.19746133 0.41601645 0.72807783 1.00897049	1.06243649 0.98793610 0.82001642 0.55813902 0.31710549	1.45915806 1.64143114 2.23598995 4.58549178 34.51224856
11	86.25018	4.88416948E-04	0.04778090 0.16149010 0.32844125 0.56659988 0.82451422 0.47313481	1.05134917 0.98535442 0.83944539 0.60713635 0.34750444	1.45578169 1.60134652 2.03396257 3.40244526 11.01683847
12	97.58329	1.32079494E-05	0.04061643 0.13462759 0.26622722 0.45137606 0.67016707 0.83470927	1.04298314 0.98473841 0.85788087 0.65445376 0.40388132 0.21289641	1.45322828 1.57243034 1.90342059 2.80722454 6.22440210 49.33737292

TABLES WITH PRESCRIBED α_p AND ω_s

TABLE 2.5 $\alpha_p = 0.01$ dB $\omega_s = 1.30$

n	α_s (dB)	K	a_i	b_i	ω_{zi}^2
2	0.20158	9.77059819E-01	0.27396614	2.70943755	2.76986110
3	2.63024	3.46220922E+00	0.28406450 3.74627372	1.89039056	2.04549178
4	12.01678	2.50703901E-01	2.15127869 0.27972412	2.49918206 1.52209726	1.87203529 8.09590074
5	24.28789	3.21727310E-01	1.10181795 0.22161679 1.20192847	1.36823715 1.32235295	1.80172617 3.75154942
6	36.80971	1.44382469E-02	0.16944309 0.70122561 1.60590150	1.21704071 1.11112379 0.89190409	1.76587349 2.76986110 17.05900371
7	49.34600	2.51131887E-02	0.13118977 0.49299235 1.08224008 0.74555069	1.15607393 1.02738262 0.75383995	1.74500515 2.37295089 6.41928757
8	61.88309	8.05092061E-04	0.10371601 0.36785917 0.77187545 1.19129096	1.11771895 0.99590118 0.73760530 0.45096650	1.73175245 2.16753699 4.13190506 29.61890227
9	74.42023	1.80024754E-03	0.08370209 0.28589547 0.57776567 0.92451678 0.55074474	1.09201947 0.98366261 0.75553880 0.45843396	1.72279628 2.04549178 3.23035976 9.99874919
10	86.95737	4.48881370E-05	0.06880678 0.22897417 0.44902472 0.72345819 0.94352523	1.07394811 0.97932156 0.78150851 0.50427190 0.27421835	1.71645385 1.96626858 2.76986110 5.91089265 45.77053523
11	99.49451	1.22678455E-04	0.05747802 0.18770766 0.35936378 0.57638371 0.78667852 0.43955164	1.06074943 0.97840743 0.80732482 0.55843413 0.30583279	1.71179511 1.91156744 2.49791955 4.33182903 14.48062467
12	112.03165	2.50275005E-06	0.04868755 0.15677890 0.29440559 0.46806573 0.65293962 0.78119644	1.05081079 0.97899732 0.83055044 0.61018597 0.36142445 0.18515614	1.70827095 1.87203529 2.32172020 3.53591217 8.09590074 65.51264289

TABLE 2.6 $\alpha_p = 0.01$ dB $\omega_s = 1.40$

n	α_s (dB)	K	a_i	b_i	ω_{zi}^2
2	0.30980	9.64961879E-01	0.38948078	3.21868076	3.33171426
3	4.21101	2.76907627E+00	0.40690807 3.17598435	2.10439034	2.41362466
4	15.77107	1.62722161E-01	2.18851589 0.35432215	2.23947639 1.60228725	2.19272298 10.04514922
5	29.17675	2.05339727E-01	0.26422403 1.16715156 1.10826726	1.36375795 1.30608635	2.10296851 4.57138649
6	42.68883	7.33767299E-03	0.19667695 0.75346530 1.54032265	1.24297100 1.08313714 0.79768982	2.05714050 3.33171426 21.32988118
7	56.20572	1.27905829E-02	0.15010229 0.53370811 1.07425649 0.70344126	1.17402051 1.01079957 0.69832561	2.03044519 2.82928574 7.93356016
8	69.72281	3.26482085E-04	0.11763636 0.40011753 0.78415361 1.14001282	1.13094678 0.98463509 0.69774638 0.40817631	2.01348356 2.56871159 5.05111905 37.14090391
9	83.23992	7.31684956E-04	0.09439250 0.31196965 0.59653761 0.90177017 0.52354140	1.10220559 0.97538569 0.72419431 0.42233212	2.00201703 2.41362466 3.91358937 12.44120228
10	96.75703	1.45260890E-05	0.07728523 0.25043917 0.46913192 0.71803716 0.90337120	1.08204980 0.97292830 0.75574343 0.47133523 0.24974869	1.99389491 2.31281310 3.33171426 7.29313530 57.47276113
11	110.27413	3.97890547E-05	0.06437353 0.20566241 0.37883536 0.58050075 0.76218685 0.41927236	1.06735597 0.97329392 0.78560892 0.52787932 0.28143710	1.98792788 2.24312851 2.98760207 5.30320197 18.08392129
12	123.79124	6.46305750E-07	0.05441000 0.17200595 0.31252891 0.47715616 0.64064957 0.74838531	1.05630617 0.97480052 0.81194372 0.58187996 0.33595899 0.16922211	1.98341344 2.19272298 2.76434238 4.29930231 10.04514922 82.32410735

TABLES WITH PRESCRIBED α_p AND ω_s

TABLE 2.7 $\alpha_p = 0.01$ dB $\omega_s = 1.50$

n	α_s (dB)	K	a_i	b_i	ω_{zi}^2
2	0.44656	9.49886899E-01	0.52008856	3.73455136	3.92705098
3	5.93600	2.28516164E+00	0.52611018 2.81127181	2.28088786	2.80601409
4	19.06736	1.11335103E-01	2.18707526 0.41513002	2.05635185 1.66290702	2.53555301 12.09930946
5	33.37192	1.39664646E-01	0.29760722 1.20673283 1.04879025	1.39498099 1.25905377	2.42551467 5.43764461
6	47.72678	4.10828792E-03	0.21765090 0.78880949 1.49430005	1.26244053 1.06151186 0.73754353	2.36928876 3.92705098 25.82724179
7	62.08350	7.17026715E-03	0.16451816 0.56232340 1.06625000 0.67561503	1.18744899 0.99794288 0.66089579	2.33652227 3.31399017 9.53007807
8	76.44029	1.50655626E-04	0.12817526 0.42319949 0.79092143 1.10500543	1.14082034 0.97592369 0.67001395 0.38059388	2.31569730 2.99566041 6.02182423 45.05997715
9	90.79708	3.38065320E-04	0.10244801 0.33081223 0.60860000 0.88521262 0.50531491	1.10979543 0.96901350 0.70197913 0.39842404	2.30161638 2.80601409 4.63633606 15.01434140
10	105.15388	5.52466786E-06	0.08365221 0.26604476 0.48265693 0.71320614 0.87604346	1.08807869 0.96802855 0.73727228 0.44904347 0.23386524	2.29164107 2.68264144 3.92705098 8.75076419 69.79149744
11	119.51067	1.51520576E-05	0.06953860 0.21876755 0.39224880 0.58242366 0.74498673 0.40559807	1.07226743 0.96939131 0.76992384 0.50685562 0.26535430	2.28431184 2.59730854 3.50725258 6.32873878 21.87869979
12	133.86746	2.02594191E-07	0.05868803 0.18315042 0.32520179 0.48277344 0.63154248 0.72605801	1.06038847 0.97160931 0.79843556 0.56215929 0.31891826 0.15883522	2.27876640 2.53555301 3.23468279 5.10624978 12.09930946 100.02032819

TABLE 2.8 $\alpha_p = 0.01$ dB $\omega_s = 1.60$

n	α_s (dB)	K	a_i	b_i	ω_{zi}^2
2	0.61405	9.31745678E-01	0.66443974	4.25216156	4.55839935
3	7.69077	1.92817713E+00	0.63577568 2.56395281	2.42424489	3.22358844
4	22.00491	7.93879499E-02	2.17380475 0.46501420	1.92401052 1.71019025	2.90102026 14.27074081
5	37.07614	9.93594457E-02	0.32432916 1.23260395 1.00763424	1.41931915 1.22280136	2.76967413 6.35478784
6	52.17318	2.46230152E-03	0.23424156 0.81415320 1.46036644	1.27756932 1.04450810 0.69591256	2.70253061 4.55839935 30.57924331
7	67.27101	4.30081420E-03	0.17583866 0.58346879 1.05916914 0.65583983	1.19785776 0.98778326 0.63401705	2.66339126 3.82874670 11.21820455
8	82.36888	7.61300365E-05	0.13641147 0.44049620 0.79498015 1.07959077	1.14846004 0.96904143 0.64965455 0.36135851	2.63851172 3.44960098 7.04920364 53.42629009
9	97.46674	1.70965561E-04	0.10872227 0.34504058 0.61693283 0.87268523 0.49224167	1.11566054 0.96398939 0.68545062 0.38144638	2.62168732 3.22358844 5.40205514 17.73389920
10	112.56461	2.35379983E-06	0.08859921 0.27788353 0.49234240 0.70912276 0.85623766	1.09273311 0.96417495 0.72341259 0.43297554 0.22273392	2.60976747 3.07648771 4.55839935 10.29222642 82.80517953
11	127.66247	6.46059174E-06	0.07354441 0.22873942 0.40202983 0.58335305 0.73225949 0.39574772	1.07605640 0.96632948 0.75808845 0.49152593 0.25396513	2.60100900 2.97470394 4.05882609 7.41399622 25.88858945
12	142.76034	7.27751340E-08	0.06200122 0.19164796 0.33454696 0.48653224 0.62456826 0.70987598	1.06353599 0.96911124 0.78820321 0.54765206 0.30672717 0.15153448	2.59438186 2.90102026 3.73431012 5.96080521 14.27074081 118.71427715

TABLES WITH PRESCRIBED α_p AND ω_s

TABLE 2.9 $\alpha_p = 0.01$ dB $\omega_s = 1.70$

n	α_s (dB)	K	a_i	b_i	ω_{zi}^2
2	0.81364	9.10579253E-01	0.82053749	4.76518415	5.22711358
3	9.40907	1.65457724E+00	0.73368519 2.38826243	2.54037558	3.66684818
4	24.65948	5.84824806E-02	2.15764032 0.50633219	1.82527613 1.74795898	3.28939231 16.56602649
5	40.40964	7.31257026E-02	0.34609510 1.25048019 0.97751079	1.43875858 1.19427056	3.13561449 7.32520020
6	56.17391	1.55347527E-03	0.24763826 0.83310209 1.43441658	1.28962511 1.03089559 0.66549004	3.05698115 5.22711358 35.60087619
7	71.93856	2.71476565E-03	0.18493054 0.59966762 1.05310999 0.64108767	1.20613700 0.97960933 0.61384864	3.01113617 4.37445896 13.00292897
8	87.70322	4.11944900E-05	0.14300243 0.45389539 0.79756211 1.06034459	1.15452860 0.96350083 0.63412648 0.34721912	2.98199086 3.93118859 8.13602356 62.26654812
9	103.46787	9.25573846E-05	0.11373053 0.35612995 0.62298831 0.86292075 0.48242442	1.12031489 0.95994859 0.67271643 0.36880342	2.96228030 3.66684818 6.21259416 20.60825371
10	119.23253	1.09237913E-06	0.09254077 0.28714436 0.49958891 0.70570729 0.84125432	1.09642397 0.96108016 0.71266504 0.42087924 0.21452172	2.94831492 3.49474815 5.22711358 11.92202402 96.55555865
11	134.99719	2.99982216E-06	0.07673166 0.23655843 0.40945271 0.58378939 0.72248824 0.38832778	1.07905929 0.96387442 0.74887067 0.47988674 0.24549948	2.93805302 3.37563695 4.64337158 8.56193928 30.12617057
12	150.76185	2.89672758E-08	0.06463460 0.19832176 0.34170110 0.48919162 0.61908438 0.69763325	1.06602943 0.96711121 0.78020976 0.53656449 0.29759820 0.14613666	2.93028807 3.28939231 4.26406728 6.86513277 16.56602649 138.46608852

TABLE 2.10 $\alpha_p = 0.01$ dB $\omega_s = 1.80$

n	α_s (dB)	K	a_i	b_i	ω_{zi}^2
2	1.04582	8.86561445E-01	0.98589372	5.26690991	5.93399326
3	11.05935	1.43884910E+00	0.81976805 2.25861715	2.63489071	4.13608997
4	27.08594	4.42285920E-02	0.54089700 2.14169329	1.77870083 1.74945234	3.70082806 18.98903968
5	43.45049	5.52811864E-02	0.36408420 1.26337006 0.95456705	1.45458423 1.17138522	3.52343541 8.35028662
6	59.82316	1.02056799E-03	0.25863729 0.84772695 1.41400950	1.29942279 1.01981911 0.64237081	3.43270883 5.93399326 40.90095694
7	76.19602	1.78409818E-03	0.19236419 0.61242209 1.04796471 0.62969092	1.21285599 0.97292803 0.59821440	3.37980700 4.95166137 14.88718755
8	92.56889	2.35264031E-05	0.14837628 0.46454176 0.79927845 1.04530948	1.15944838 0.95896777 0.62193763 0.33642370	3.34617284 4.44081128 9.28391360 71.59645675
9	108.94176	5.28781898E-05	0.11780594 0.36498449 0.62755791 0.85512893 0.47480244	1.12408525 0.95664406 0.66264165 0.35905595	3.32342538 4.13608997 7.06904278 23.64233337
10	125.31462	5.42336583E-07	0.09574357 0.29456077 0.50519052 0.70284504 0.82955711	1.09941210 0.95855166 0.70411842 0.41147592 0.20823411	3.30730769 3.93765782 5.93399326 13.64280678 111.06718827
11	141.68749	1.48984167E-06	0.07931876 0.24283216 0.41525679 0.58396700 0.71477576 0.38255364	1.08148936 0.96187074 0.74151518 0.47077953 0.23898118	3.29546394 3.80029884 5.26150905 9.77431436 34.59884246
12	158.06035	1.25020798E-08	0.06677034 0.20368362 0.34733409 0.49115301 0.61467928 0.68807480	1.06804652 0.96548063 0.77381582 0.52784461 0.29052971 0.14199703	3.28650187 3.70082806 4.82445294 7.82050820 18.98903968 159.31112624

TABLES WITH PRESCRIBED α_p AND ω_s

TABLE 2.11 $\alpha_p = 0.01$ dB $\omega_s = 1.90$

n	α_s (dB)	K	a_i	b_i	ω_{zi}^2
2	1.31015	8.59988522E-01	1.15770813	5.75094823	6.67954382
3	12.62999	1.26494949E+00	0.89495036 2.15989985	2.71244794	4.63150184
4	29.32439	3.41806750E-02	0.57008681 2.12700641	1.80411141 1.68977273	4.13542838 21.54222276
5	46.25274	4.27157739E-02	0.37913752 1.27298425 0.93656250	1.46766964 1.15272034	3.93320015 9.43093402
6	63.18598	6.92948627E-04	0.26779361 0.85930082 1.39760206	1.30751331 1.01067633 0.62427236	3.82975716 6.67954382 46.48504382
7	80.11931	1.21166529E-03	0.19853211 0.62268506 1.04359035 0.62064907	1.21839811 0.96739105 0.58578525	3.76943549 5.56069213 16.87283215
8	97.05265	1.40400130E-05	0.15282524 0.47317294 0.80045904 1.03327855	1.16350305 0.95520731 0.61215128 0.32794068	3.73108188 4.97871484 10.49390223 81.42591673
9	113.98599	3.15641060E-05	0.12117466 0.37219216 0.63110872 0.84879179 0.46873213	1.12719069 0.95390322 0.65450168 0.35133823	3.70514162 4.63150184 7.97208925 26.83924564
10	130.91932	2.84468298E-07	0.09838796 0.30061248 0.50963203 0.70043193 0.82020139	1.10187211 0.95645578 0.69718463 0.40398240 0.20328234	3.68676121 4.40536580 6.67954382 15.45624603 126.35554653
11	147.85266	7.81645849E-07	0.08145296 0.24795950 0.41990236 0.58400456 0.70855461 0.37794666	1.08348921 0.96021116 0.73553102 0.46348451 0.23382520	3.67325450 4.24881096 5.91363068 11.05222352 39.31127005
12	164.78600	5.76368500E-09	0.06853104 0.20807040 0.35186833 0.49264714 0.61107799 0.68042909	1.06970604 0.96413112 0.76860368 0.52083157 0.28491400 0.13873265	3.66303393 4.13542838 5.41578269 8.82773703 21.54222276 181.27168292

TABLE 2.12 $\alpha_p = 0.01$ dB $\omega_s = 2.00$

n	α_s (dB)	K	a_i	b_i	ω_{zi}^2
2	1.60530	8.31256560E-01	1.33306474	6.21173064	7.46410139
3	14.11953	1.12224752E+00	0.96050250 2.08275003	2.77670197	5.15320907
4	31.40487	2.69002550E-02	0.59495346 2.11384607	1.82538859 1.64181915	4.59326050 24.22719723
5	48.85572	3.36157847E-02	0.39187030 1.28035547 0.92210095	1.47863100 1.13727665	4.36495093 10.56773170
6	66.30961	4.83637096E-04	0.27550627 0.86864819 1.38417065	1.31428367 1.00303467 0.60976959	4.24815516 7.46410139 52.35682627
7	83.76355	8.45818440E-04	0.20371372 0.63109076 1.03985442 0.61332320	1.22303176 0.96274697 0.57570240	4.18004286 6.20177632 18.96109238
8	101.21749	8.69211647E-06	0.15655603 0.48028670 0.80129368 1.02346475	1.16689078 0.95205017 0.60414880 0.32112184	4.13673416 5.54506294 11.76667271 91.76149959
9	118.67143	1.95446313E-05	0.12399599 0.37815278 0.63393340 0.84355587 0.46379881	1.12978401 0.95160217 0.64781132 0.34509706	4.10744179 5.15320907 8.92219104 30.20105343
10	136.12537	1.56218123E-07	0.10060061 0.30562729 0.51322634 0.69838265 0.81257226	1.10392565 0.95469695 0.69146637 0.39789106 0.19929488	4.08668580 4.89797143 7.46410139 17.36345159 142.43090662
11	153.57931	4.29322377E-07	0.08323746 0.25221387 0.42369141 0.58396560 0.70344736 0.37419718	1.08515813 0.95881926 0.73058453 0.45752986 0.22965875	4.07143320 4.72125424 6.59999740 12.39639884 44.26654989
12	171.03325	2.80761329E-09	0.07000244 0.21171354 0.35558396 0.49381528 0.60809014 0.67419392	1.07109063 0.96299994 0.76428832 0.51508832 0.28036014 0.13610121	4.05989139 4.59326050 6.03826664 9.88735452 24.22719723 204.36255442

TABLE 2.13 $\alpha_p = 0.01$ dB $\omega_s = 2.50$

n	α_s (dB)	K	a_i	b_i	ω_{zi}^2
2	3.45345	6.71935134E-01	2.17418088	8.05785641	11.97821693
3	20.50755	6.80616108E-01	1.18490644 1.86552254	2.97654192	8.15849933
4	40.09670	9.88928898E-03	0.67736840 2.06763725	1.89369889 1.49955384	7.23214692 39.65890130
5	59.72385	1.23592796E-02	0.43354676 1.30021428 0.87902680	1.51386782 1.08889188	6.85427947 17.10487343
6	79.35143	1.07752833E-04	0.30055985 0.89666658 1.34281787	1.33601052 0.97862159 0.56680120	6.66092931 11.97821693 86.09932205
7	98.97900	1.88522605E-04	0.22046292 0.65698147 1.02749524 0.59116521	1.23787773 0.94780466 0.54516825	6.54815664 9.89216907 30.96435184
8	118.60658	1.17400794E-06	0.16857528 0.50246473 0.80312054 0.99342451	1.17773128 0.94186916 0.57956036 0.30080230	6.47644452 8.80650605 19.08488647 151.15262816
9	138.23416	2.64088906E-06	0.13306377 0.39685696 0.64216180 0.82716181 0.44879585	1.13807455 0.94418006 0.62705907 0.32629796	6.42793820 8.15849933 14.38699382 49.52163751
10	157.86173	1.27912608E-08	0.10769974 0.32142485 0.52405379 0.69165771 0.78923076	1.11048581 0.94902718 0.67361707 0.37937097 0.18737383	6.39356610 7.73630801 11.97821693 28.32648570 234.80245735
11	177.48931	3.51675893E-08	0.08895542 0.26564950 0.43527761 0.58345200 0.68763344 0.36276501	1.09048664 0.95433640 0.71507702 0.43928793 0.21712459	6.36830687 7.44393946 10.55034060 20.12480324 72.74293386
12	197.11689	1.39365622E-10	0.07471242 0.22323845 0.36704703 0.49709988 0.59866449 0.65511419	1.07550940 0.95936041 0.75071765 0.49738797 0.26657390 0.12821930	6.34919249 7.23214692 9.62189218 15.98117334 39.65890130 337.04486595

TABLE 2.14 $\alpha_p = 0.01$ dB $\omega_s = 3.00$

n	α_s (dB)	K	a_i	b_i	ω_{zi}^2
2	5.63509	5.22691654E-01	2.82798417	9.14993145	17.48526726
3	25.59000	4.59884421E-01	1.30872422 1.76860864	3.07553949	11.82781034
4	46.90873	4.51401858E-03	0.72179936 2.04190273	1.92924574 1.43204107	10.45539578 58.47082241
5	68.23931	5.64196611E-03	0.45572710 1.30847654 0.85839141	1.53224675 1.06445517	9.89549927 25.07686613
6	89.56997	3.32277779E-05	0.31378356 0.91012512 1.32228668	1.34732407 0.96600692 0.54636537	9.60898577 17.48526726 127.22848130
7	110.90064	5.81422288E-05	0.22925539 0.66983349 1.02088927 0.58036931	1.24559486 0.94001668 0.53028901	9.44186761 14.39580351 45.59780555
8	132.23131	2.44587765E-07	0.17486124 0.51363285 0.80361200 0.97859573	1.18335849 0.93654691 0.56738126 0.29107344	9.33559418 12.78772800 28.00868586 223.54276641
9	153.56197	5.50261798E-07	0.13779356 0.40634812 0.64598173 0.81886860 0.44144199	1.14237354 0.94029780 0.61666898 0.31718899	9.26370909 11.82781034 21.05233091 73.07327598
10	174.89264	1.80039627E-09	0.11139546 0.32947775 0.52929317 0.68808707 0.77771375	1.11388479 0.94606286 0.66461560 0.37030288 0.18164502	9.21276986 11.20235213 17.48526726 41.69217489 347.38975581
11	196.22331	4.95054234E-09	0.09192776 0.27251848 0.44098471 0.58297644 0.67972786 0.35714541	1.09324576 0.95199470 0.70721732 0.43027969 0.21105915	9.17533545 10.76919323 15.37060791 29.54847187 107.45369485
12	217.55397	1.32526110E-11	0.07715801 0.22914231 0.37275248 0.49855512 0.59385691 0.64569807	1.07779634 0.95746118 0.74381504 0.48858756 0.25985539 0.12442348	9.14700756 10.45539578 13.99548719 23.41295818 58.47082241 498.76368903

TABLE 2.15 $\alpha_p = 0.01$ dB $\omega_s = 4.00$

n	α_s (dB)	K	a_i	b_i	ω_{zi}^2
2	9.93726	3.18520095E-01	3.57513718	0.04232830	31.49180683
3	33.41709	2.52024943E-01	1.43194556 1.68397050	3.16736900	21.16360355
4	57.35813	1.35548149E-03	0.76571106 2.01634026	1.96357792 1.37069078	18.65772768 106.30049620
5	81.30114	1.69429440E-03	0.47748131 1.31525689 0.83946988	1.55004055 1.04134423	17.63533663 45.34922431
6	105.24415	5.46754442E-06	0.32668591 0.92245028 1.30304911	1.35826899 0.95389352 0.52772966	17.11212973 31.49180683 231.79455244
7	129.18718	9.56784191E-06	0.23780434 0.68187206 1.01442510 0.57036695	1.25305311 0.93249348 0.51651377	16.80694455 25.85195013 82.80479184
8	153.13019	2.20541478E-08	0.18095850 0.52419667 0.80382551 0.96474648	1.18879262 0.93139470 0.55598832 0.28216336	16.61286855 22.91617547 50.70063383 407.58268170
9	177.07322	4.96198796E-08	0.14237354 0.41537246 0.64940226 0.81100669 0.43460341	1.14652253 0.93653782 0.60688189 0.30878432	16.48159086 21.16360355 38.00312814 132.95254493
10	201.01624	8.89586243E-11	0.11496968 0.33715839 0.53412185 0.68460481 0.76696019	1.11716378 0.94319277 0.65609656 0.36188063 0.17638621	16.38856405 20.02161792 31.49180683 75.67621657 633.62151974
11	224.95927	2.44626333E-10	0.09479968 0.27908302 0.44630752 0.58240065 0.67228693 0.35191047	1.09590665 0.94972882 0.69975441 0.42186751 0.20546706	16.32019979 19.23070999 27.63151622 53.51115407 195.70245541
12	248.90229	3.58827513E-13	0.07951930 0.23479222 0.37811072 0.49981537 0.58927676 0.63690513	1.08000143 0.95562483 0.73724554 0.48033353 0.25363369 0.12093448	16.26846596 18.65772768 25.12113176 42.31207505 106.30049620 909.90062565

TABLE 2.16 $\alpha_p = 0.05$ dB $\omega_s = 1.02$

n	α_s (dB)	K	a_i	b_i	ω_{zi}^2
2	0.11036	9.87374993E-01	0.05768412	1.23679316	1.24541746
3	0.43915	5.00334590E+00	0.02898807 5.03233397	1.09260886	1.09893914
4	1.83652	8.09419728E-01	0.77654708 0.02587067	2.07691728 1.05888874	1.06865720 2.52788509
5	5.68376	1.61006730E+00	0.33324905 0.02515178 1.91816457	1.25134826 1.04091165	1.05724593 1.46776956
6	11.75104	2.58492604E-01	1.53266933 0.19761723 0.02268527	1.46642999 1.07784152 1.02867421	1.05165532 1.24541746 4.77482651
7	18.65110	4.35262969E-01	0.71002196 0.13018676 0.01932590 1.03442406	1.03717729 1.02318532 1.02067258	1.04847856 1.16210734 2.11268545
8	25.74496	5.16121846E-02	0.01616566 0.09164876 0.39987520 1.35511456	1.01548053 1.00335796 0.94890410 0.77931916	1.04649212 1.12170834 1.55734772 7.93983423
9	32.87776	1.08062723E-01	0.01352357 0.06783835 0.25257553 0.81255122 0.72235321	1.01199933 0.99573448 0.93268003 0.73974955	1.04516373 1.09893914 1.34765647 3.00246311
10	40.01814	9.97913226E-03	0.01139163 0.05221121 0.17230555 0.51193195 1.11864854	1.00956959 0.99288042 0.93483715 0.76811158 0.46980857	1.04423001 1.08476940 1.24541746 1.98772325 12.01481726
11	47.16000	2.55038531E-02	0.00968009 0.04144016 0.12434176 0.34207809 0.78627859 0.56229004	1.00781006 0.99202422 0.94151368 0.80570578 0.52785743	1.04354791 1.07531017 1.18770145 1.60490835 4.12640292
12	54.30213	1.92705200E-03	0.00834555 0.03370785 0.09367137 0.24050941 0.54937758 0.93990794	1.00650878 0.99201803 0.94869380 0.83903359 0.60728214 0.31404528	1.04303406 1.06865720 1.15182069 1.41763838 2.52788509 16.99758869

TABLES WITH PRESCRIBED α_p AND ω_s

TABLE 2.17 $\alpha_p = 0.05$ dB $\omega_s = 1.05$

n	α_s (dB)	K	a_i	b_i	ω_{zi}^2
2	0.17372	9.80198957E-01	0.10969027	1.41831801	1.43866402
3	0.95625	3.86240197E+00	0.06861892 3.93102089	1.18436884	1.20541018
4	4.26738	6.11830579E-01	1.21919343 0.06490655	2.10756007 1.11577694	1.15363363 3.31251806
5	10.98373	9.29389921E-01	0.54020235 0.05800920 1.41158307	1.23112496 1.07515391	1.13342204 1.77373854
6	19.08003	1.11172786E-01	1.49223548 0.31672398 0.04780310	1.06587104 1.05340850 1.05073542	1.12332578 1.43866402 6.52876832
7	27.43859	1.87856226E-01	0.03856166 0.20904948 0.80830176 0.82567016	1.03617983 1.00219325 0.86951777	1.11752125 1.30834085 2.71437208
8	35.83685	1.61494370E-02	0.03124592 0.14854408 0.49491522 1.19921115	1.02704995 0.98581343 0.84458023 0.55380687	1.11386414 1.24311809 1.90613949 11.04660615
9	44.24088	3.48714226E-02	0.02562441 0.11115831 0.33092136 0.80758736 0.59707133	1.02098891 0.98099586 0.85650927 0.58071814	1.11140594 1.20541018 1.59427075 3.99367360
10	52.64574	2.33191529E-03	0.02129966 0.08643701 0.23573442 0.55521046 0.97180237	1.01676679 0.98038718 0.87503674 0.64226825 0.33730171	1.10967176 1.18146195 1.43866402 2.53364818 16.85961025
11	61.05073	6.15346087E-03	0.01793628 0.06922826 0.17608770 0.39643095 0.73748124 0.47199946	1.01370851 0.98133556 0.89269817 0.70160677 0.40353430	1.10840151 1.16521287 1.34886071 1.97608100 5.60218350
12	69.45573	3.36677067E-04	0.01528496 0.05675657 0.13645212 0.29372865 0.55360793 0.81228820	1.01142179 0.98280477 0.90785659 0.75107395 0.48898907 0.22746882	1.10744263 1.15363363 1.29189837 1.69915905 3.31251806 23.96609125

TABLE 2.18 $\quad \alpha_p = 0.05$ dB $\quad \omega_s = 1.10$

n	α_s (dB)	K	a_i	b_i	ω_{zi}^2
2	0.28682	9.67517879E-01	0.19145809	1.66798035	1.71408333
3	1.99766	2.93586925E+00	0.13843719 3.07430644	1.30860787	1.37031362
4	8.04229	3.96173624E-01	1.52165085 0.12499714	1.89453312 1.18104597	1.29092536 4.34993045
5	17.05809	5.27318688E-01	0.70574050 0.10077349 1.13228570	1.15726935 1.11141407	1.25932043 2.19309252
6	26.65578	4.64740909E-02	0.07817897 0.42075473 1.38952631	1.07408616 1.01027970 0.81030027	1.24336198 1.71408333 8.82645503
7	36.32247	7.95591733E-02	0.06106867 0.28214741 0.84254918 0.70102961	1.05269712 0.97198781 0.73318816	1.23412774 1.52394347 3.51476933
8	45.99667	5.01379656E-03	0.04855828 0.20330142 0.55267576 1.07644597	1.03941999 0.96278324 0.75019348 0.42338598	1.22828554 1.42710316 2.38041134 15.10622386
9	55.67168	1.10236088E-02	0.03934347 0.15390648 0.38754768 0.77927024 0.51730917	1.03062413 0.96262677 0.78380673 0.47210220	1.22434749 1.37031362 1.93771872 5.29924776
10	65.34678	5.40332634E-04	0.03243412 0.12081183 0.28605881 0.56931946 0.86602335	1.02449468 0.96532026 0.81619023 0.54620744 0.26034056	1.22156377 1.33383389 1.71408333 3.26194236 23.18380252
11	75.02188	1.45198802E-03	0.02715122 0.09750274 0.21968708 0.42682808 0.68873264 0.41269211	1.02004988 0.96873039 0.84371826 0.61607081 0.32352814	1.21952174 1.30885579 1.58345232 2.47910056 7.53784368
12	84.69699	5.82304739E-05	0.02303590 0.08043742 0.17406373 0.32898963 0.54206900 0.72241051	1.01672200 0.97209707 0.86632696 0.67501359 0.40586722 0.17669289	1.21797858 1.29092536 1.49966651 2.08721567 4.34993045 33.05778965

TABLES WITH PRESCRIBED α_p AND ω_s

TABLE 2.19 $\alpha_p = 0.05$ dB $\omega_s = 1.20$

n	α_s (dB)	K	a_i	b_i	ω_{zi}^2
2	0.56747	9.36755838E-01	0.36243080	2.10666876	2.23598995
3	4.50774	2.02897992E+00	0.27992208 2.30890200	1.49356230	1.69961711
4	14.10142	1.97210017E-01	1.65578258 0.21929065	1.53999149 1.26060697	1.57243034 6.22440210
5	25.27422	2.48779874E-01	0.16029350 0.84170465 0.93019103	1.15495463 1.04558953	1.52112676 2.96836736
6	36.59530	1.47990813E-02	0.11868053 0.52214021 1.26685028	1.10239172 0.94907004 0.61600055	1.49503501 2.23598995 12.95267133
7	47.92753	2.56231289E-02	0.09041791 0.35911036 0.84526326 0.60219394	1.07280693 0.93056564 0.60816424	1.47987220 1.94134077 4.96669734
8	59.26058	1.08885793E-03	0.07081946 0.26344421 0.59197866 0.96298717	1.05451344 0.93194787 0.65478965 0.32601899	1.47025268 1.78950851 3.25283137 22.38359942
9	70.59368	2.42362550E-03	0.05681670 0.20210668 0.43500758 0.73858494 0.45129097	1.04239721 0.93845857 0.70622834 0.38168176	1.46375630 1.69961711 2.57910431 7.65239273
10	81.92679	8.01051352E-05	0.04651930 0.16026115 0.33256489 0.56869103 0.77181435	1.03394690 0.94575127 0.75127882 0.45939713 0.20232511	1.45915806 1.64143114 2.23598995 4.58549178 34.51224856
11	93.25990	2.17923754E-04	0.03874977 0.13036157 0.26245076 0.44558531 0.63713272 0.36260429	1.02781223 0.95251673 0.78848904 0.53406870 0.25909863	1.45578169 1.60134652 2.03396257 3.40244526 11.01683847
12	104.59302	5.89317370E-06	0.03275476 0.10821540 0.21248871 0.35623883 0.52173318 0.64317488	1.02321388 0.95842564 0.81876738 0.59887666 0.33468850 0.13809454	1.45322828 1.57243034 1.90342059 2.80722454 6.22440210 49.33737292

TABLE 2.20 $\alpha_p = 0.05$ dB $\omega_s = 1.30$

n	α_s (dB)	K	a_i	b_i	ω_{zi}^2
2	0.92946	8.98518703E-01	0.54658899	2.50313984	2.76986110
3	7.14440	1.54478184E+00	0.40648817	1.61937535	2.04549178
			1.95127000		
4	18.80218	1.14786500E-01	1.65903482	1.33664665	1.87203529
			0.28736636	1.30904148	8.09590074
5	31.28464	1.43549530E-01	0.20073674	1.18186646	1.80172617
			0.89913117	0.97510109	3.75154942
			0.84194396		
6	43.81871	6.44265045E-03	0.14552806	1.12001271	1.76587349
			0.57400503	0.90943879	2.76986110
			1.19821893	0.53081035	17.05900371
7	56.35568	1.12050992E-02	0.10959229	1.08535699	1.74500515
			0.40149564	0.90363851	2.37295089
			0.83674260	0.54614911	6.41928757
			0.55604435		
8	68.89281	3.59219168E-04	0.08522529	1.06394434	1.73175245
			0.29784916	0.91195714	2.16753699
			0.60614978	0.60397616	4.13190506
			0.90525617	0.28321613	29.61890227
9	81.42995	8.03241378E-04	0.06804980	1.04975886	1.72279628
			0.23031309	0.92285589	2.04549178
			0.45667049	0.66311122	3.23035976
			0.71324449	0.33914627	9.99874919
			0.41964054		
10	93.96709	2.00283618E-05	0.05553135	1.03986025	1.71645385
			0.18369227	0.93316929	1.96626858
			0.35578184	0.71420361	2.76986110
			0.56348516	0.41625845	5.91089265
			0.72467036	0.17660254	45.77053523
11	106.50423	5.47371454E-05	0.04614456	1.03267006	1.71179511
			0.15008127	0.94212906	1.91156744
			0.28491515	0.75635193	2.49791955
			0.45145889	0.49158909	4.33182903
			0.60871661	0.22933596	14.48062467
			0.33829090		
12	119.04137	1.11668665E-06	0.03893438	1.02727765	1.70827095
			0.12501206	0.94969282	1.87203529
			0.23336489	0.79072251	2.32172020
			0.36779176	0.55817196	3.53591217
			0.50807095	0.30046813	8.09590074
			0.60371143	0.12087660	65.51264289

TABLES WITH PRESCRIBED α_p AND ω_s

TABLE 2.21 $\alpha_p = 0.05$ dB $\omega_s = 1.40$

n	α_s (dB)	K	a_i	b_i	ω_{zi}^2
2	1.37166	8.53920118E-01	0.73851816	2.86144230	3.33171426
3	9.64851	1.23551711E+00	0.51190059 1.74741770	1.70656081	2.41362466
4	22.68770	7.33863282E-02	0.33829320 1.64146637	1.34212653 1.21132828	2.19272298 10.04514922
5	36.18227	9.16192700E-02	0.23023096 0.92962260 0.79101091	1.20052172 0.92750240	2.10296851 4.57138649
6	49.69837	3.27402178E-03	0.16486222 0.60575968 1.15409187	1.13227610 0.88185891 0.48211457	2.05714050 3.33171426 21.32988118
7	63.21543	5.70695152E-03	0.12329263 0.42876768 0.82825263 0.52848452	1.09410315 0.88471471 0.50844806	2.03044519 2.82928574 7.93356016
8	76.73254	1.45671040E-04	0.09546452 0.32054261 0.61280158 0.86938669	1.07052089 0.89786873 0.57186337 0.25862854	2.01348356 2.56871159 5.05111905 37.14090391
9	90.24964	3.26466011E-04	0.07600461 0.24919067 0.46907237 0.69605628 0.40049643	1.05489415 0.91185664 0.63518359 0.31389161	2.00201703 2.41362466 3.91358937 12.44120228
10	103.76675	6.48130629E-06	0.06189625 0.19952178 0.36989703 0.55860753 0.69556952	1.04398601 0.92430459 0.68979320 0.38991262 0.16175341	1.99389491 2.31281310 3.33171426 7.29313530 57.47276113
11	117.28386	1.77532336E-05	0.05135679 0.16348975 0.29901992 0.45378498 0.59037535 0.32349507	1.03605977 0.93481653 0.73494993 0.46505998 0.21180694	1.98792788 2.24312851 2.98760207 5.30320197 18.08392129
12	130.80096	2.88371188E-07	0.04328340 0.13648635 0.24674740 0.37407364 0.49849837 0.57939726	1.03011348 0.94355059 0.77189039 0.53230364 0.27990269 0.11090464	1.98341344 2.19272298 2.76434238 4.29930231 10.04514922 82.32410735

TABLE 2.22 $\alpha_p = 0.05$ dB $\omega_s = 1.50$

n	α_s (dB)	K	a_i	b_i	ω_{zi}^2
2	1.88644	8.04781637E-01	0.93096927	3.17866381	3.92705098
3	11.95394	1.01960222E+00	0.59784986 1.61745207	1.76884263	2.80601409
4	26.03375	4.99243626E-02	0.37760003 1.62191832	1.36622430 1.12751883	2.53555301 12.09930946
5	40.38004	6.23161097E-02	0.25267809 0.94796185 0.75759987	1.21426111 0.89343524	2.42551467 5.43764461
6	54.73645	1.83306411E-03	0.17946175 0.62714941 1.12329783	1.14133302 0.86164192 0.45050645	2.36928876 3.92705098 25.82724179
7	69.09322	3.19925740E-03	0.13358591 0.44781913 0.82105926 0.51002530	1.10056876 0.87072003 0.48303583	2.33652227 3.31399017 9.53007807
8	83.45002	6.72201076E-05	0.10313117 0.33668082 0.61636464 0.84479352	1.07538464 0.88741551 0.54967226 0.24260399	2.31569730 2.99566041 6.02182423 45.05997715
9	97.80681	1.50839286E-04	0.08194643 0.26275485 0.47704618 0.68366144 0.38757452	1.05869274 0.90368623 0.61556708 0.29709835	2.30161638 2.80601409 4.63633606 15.01434140
10	112.16360	2.46501758E-06	0.06664211 0.21097139 0.37938839 0.55453859 0.67568662	1.04703814 0.91771819 0.67245602 0.37208205 0.15204419	2.29164107 2.68264144 3.92705098 8.75076419 69.79149744
11	126.52039	6.76060339E-06	0.05523802 0.17323223 0.30872401 0.45477258 0.57750720 0.31347117	1.03856750 0.92938409 0.71962980 0.44684720 0.20020474	2.28431184 2.59730854 3.50725258 6.32873878 21.87869979
12	140.87718	9.03942562E-08	0.04651853 0.14485060 0.25608893 0.37795203 0.49146410 0.56280147	1.03221148 0.93898882 0.75833219 0.51434170 0.26611929 0.10437086	2.27876640 2.53555301 3.23468279 5.10624978 12.09930946 100.02032819

TABLES WITH PRESCRIBED α_p AND ω_s

TABLE 2.23 $\alpha_p = 0.05$ dB $\omega_s = 1.60$

n	α_s (dB)	K	a_i	b_i	ω_{zi}^2
2	2.46223	7.53161860E-01	1.11735119	3.45303269	4.55839935
3	14.06410	8.60321495E-01	0.66786848 1.52818998	1.81477596	3.22358844
4	28.99265	3.55113608E-02	0.40869600 1.60426898	1.38452830 1.06797911	2.90102026 14.27074081
5	44.08518	4.43325800E-02	0.27027950 0.95992173 0.73397481	1.22478676 0.86798276	2.76967413 6.35478784
6	59.18288	1.09864184E-03	0.19084819 0.64246680 1.10062836	1.14828640 0.84625404 0.42836589	2.70253061 4.55839935 30.57924331
7	74.28074	1.91895384E-03	0.14158557 0.46184894 0.81513250 0.49678808	1.10553644 0.85999013 0.46477397	2.66339126 3.82874670 11.21820455
8	89.37860	3.39679929E-05	0.10907510 0.34872665 0.61843421 0.82688202	1.07912273 0.87937673 0.53344518 0.23134347	2.63851172 3.44960098 7.04920364 53.42629009
9	104.47647	7.62820723E-05	0.08654521 0.27295834 0.48256075 0.67433111 0.37825979	1.06161258 0.89739521 0.60105448 0.28513623	2.62168732 3.22358844 5.40205514 17.73389920
10	119.57433	1.05022747E-06	0.07031062 0.21962693 0.38618704 0.55120506 0.66123688	1.04938433 0.91264448 0.65952625 0.35922591 0.14520569	2.60976747 3.07648771 4.55839935 10.29222642 82.80517953
11	134.67220	2.88261169E-06	0.05823532 0.18062211 0.31579611 0.45517355 0.56798871 0.30622737	1.04049524 0.92519888 0.70813859 0.43358392 0.19196511	2.60100900 2.97470394 4.05882609 7.41399622 25.88858945
12	149.77006	3.24710895E-08	0.04901505 0.15121037 0.26297050 0.38054584 0.48610265 0.55074808	1.03382426 0.93547459 0.74811947 0.50115578 0.25624635 0.09976224	2.59438186 2.90102026 3.73431012 5.96080521 14.27074081 118.71427715

TABLE 2.24 $\alpha_p = 0.05$ dB $\omega_s = 1.70$

n	α_s (dB)	K	a_i	b_i	ω_{zi}^2
2	3.08564	7.00999717E-01	1.29271371	3.68535883	5.22711358
3	16.00077	7.38245645E-01	0.72529681 1.46354246	1.84964548	3.66684818
4	31.65729	2.61297516E-02	0.43378883 1.58912118	1.39885814 1.02375404	3.28939231 16.56602649
5	47.41905	3.26275075E-02	0.28439710 0.96818425 0.71641466	1.23308336 0.84833846	3.13561449 7.32520020
6	63.18363	6.93136245E-04	0.19994534 0.65392018 1.08329517	1.15377683 0.83420272 0.41204114	3.05698115 5.22711358 35.60087619
7	78.94828	1.21128459E-03	0.14796023 0.47257449 0.81025226 0.48684929	1.10946135 0.85153639 0.45105780	3.01113617 4.37445896 13.00292897
8	94.71294	1.83803161E-05	0.11380312 0.35803316 0.61970384 0.81328447	1.08207688 0.87302676 0.52109972 0.22301991	2.98199086 3.93118859 8.13602356 62.26654812
9	110.47760	4.12976102E-05	0.09019854 0.28088926 0.48657323 0.66708105 0.37123985	1.06392029 0.89242009 0.58991653 0.27620695	2.96228030 3.66684818 6.21259416 20.60825371
10	126.24226	4.87401924E-07	0.07322217 0.22638053 0.39127610 0.54846652 0.65028331	1.05123872 0.90863007 0.64954252 0.34954382 0.14014207	2.94831492 3.49474815 5.22711358 11.92202402 96.55555865
11	142.00691	1.33847220E-06	0.06061247 0.18640320 0.32116183 0.45529582 0.56068166 0.30075829	1.04201891 0.92188685 0.69922679 0.42352146 0.18582747	2.93805302 3.37563695 4.64337158 8.56193928 30.12617057
12	157.77157	1.29247306E-08	0.05099394 0.15619487 0.26823528 0.38238027 0.48189949 0.54161486	1.03509898 0.93269346 0.74017350 0.49109218 0.24884602 0.09634611	2.93028807 3.28939231 4.26406728 6.86513277 16.56602649 138.46608852

TABLES WITH PRESCRIBED α_p AND ω_s

TABLE 2.25 $\alpha_p = 0.05$ dB $\omega_s = 1.80$

n	α_s (dB)	K	a_i	b_i	ω_{zi}^2
2	3.74324	6.49887204E-01	1.45399358	3.87868968	5.93399326
3	17.78760	6.41991232E-01	0.77283941 1.41483064	1.87678541	4.13608997
4	34.08885	1.97495607E-02	0.45437091 1.57628659	1.41033957 0.98977313	3.70082806 18.98903968
5	50.46005	2.46655726E-02	0.29592641 0.97414654 0.70288570	1.23976789 0.83278675	3.52343541 8.35028662
6	66.83288	4.55361143E-04	0.20735275 0.66276642 1.06965906	1.15820691 0.82454978 0.39954934	3.43270883 5.93399326 40.90095694
7	83.20575	7.96035793E-04	0.15314050 0.48100850 0.80620585 0.47913389	1.11262987 0.84473162 0.44041463	3.37980700 4.95166137 14.88718755
8	99.57861	1.04971011E-05	0.11763994 0.36541347 0.62051349 0.80264151	1.08446218 0.86790409 0.51142536 0.21663782	3.34617284 4.44081128 9.28391360 71.59645675
9	115.95148	2.35933943E-05	0.09316029 0.28720912 0.48960491 0.66130743 0.36577495	1.06578378 0.88840244 0.58112911 0.26930961	3.32342538 4.13608997 7.06904278 23.64233337
10	132.32435	2.41981824E-07	0.07558083 0.23177870 0.39521212 0.54619803 0.64171878	1.05273618 0.90538670 0.64162822 0.34201437 0.13625436	3.30730769 3.93765782 5.93399326 13.64280678 111.06718827
11	148.69721	6.64743292E-07	0.06253713 0.19103362 0.32535707 0.45528046 0.55491413 0.29649491	1.04324931 0.91921042 0.69213792 0.41565195 0.18109385	3.29546394 3.80029884 5.26150905 9.77431436 34.59884246
12	165.07008	5.57822608E-09	0.05259545 0.16019316 0.27237892 0.38373281 0.47853004 0.53447578	1.03612834 0.93044590 0.73383674 0.48318549 0.24311146 0.09372115	3.28650187 3.70082806 4.82445294 7.82050820 18.98903968 159.31112624

TABLE 2.26 $\alpha_p = 0.05$ dB $\omega_s = 1.90$

n	α_s (dB)	K	a_i	b_i	ω_{zi}^2
2	4.42280	6.00979837E-01	1.59980866	4.03744580	6.67954382
3	19.44561	5.64400032E-01	0.81258571 1.37698574	1.89836373	4.63150184
4	36.33004	1.52580055E-02	0.47148694 1.56541626	1.41971066 0.96296153	4.13542838 21.54222276
5	53.26238	1.90590884E-02	0.30548289 0.97859883 0.69217503	1.24524916 0.82022064	3.93320015 9.43093402
6	70.19570	3.09182546E-04	0.21347855 0.66977431 1.05868922	1.16184404 0.81667536 0.38971665	3.82975716 6.67954382 46.48504382
7	87.12904	5.40625485E-04	0.15741776 0.48778933 0.80282069 0.47298974	1.11523237 0.83915783 0.43194547	3.76943549 5.56069213 16.87283215
8	104.06237	6.26442705E-06	0.12080445 0.37138830 0.62104443 0.79411190	1.08642169 0.86370023 0.50366709 0.21160602	3.73108188 4.97871484 10.49390223 81.42591673
9	120.99571	1.40833943E-05	0.09560113 0.29234560 0.49196344 0.65661834 0.36141345	1.06731471 0.88510243 0.57404404 0.26384016	3.70514162 4.63150184 7.97208925 26.83924564
10	137.92905	1.26925160E-07	0.07752351 0.23617698 0.39833470 0.54430086 0.63486024	1.05396642 0.90272153 0.63522281 0.33601200 0.13318595	3.68676121 4.40536580 6.67954382 15.45624603 126.35554653
11	154.86238	3.48757754E-07	0.06412165 0.19481271 0.32871496 0.45519710 0.55026158 0.29308873	1.04426015 0.91701068 0.68638471 0.40935052 0.17734464	3.67325450 4.24881096 5.91363068 11.05222352 39.31127005
12	171.79572	2.57166316E-09	0.05391348 0.16346025 0.27571337 0.38476288 0.47577944 0.52876004	1.03697400 0.92859848 0.72868335 0.47683116 0.23855259 0.09164804	3.66303393 4.13542838 5.41578269 8.82773703 21.54222276 181.27168292

TABLES WITH PRESCRIBED α_p AND ω_s

TABLE 2.27 $\alpha_p = 0.05$ dB $\omega_s = 2.00$

n	α_s (dB)	K	a_i	b_i	ω_{zi}^2
2	5.11396	5.55011588E-01	1.73004704	4.16657862	7.46410139
3	20.99240	5.00728719E-01	0.84613072 1.34685944	1.91583450	5.15320907
4	38.41208	1.20059390E-02	0.48588936 1.55617048	1.42747683 0.94135041	4.59326050 24.22719723
5	55.86540	1.49988202E-02	0.31350404 0.98201695 0.68351173	1.24980960 0.80989444	4.36495093 10.56773170
6	73.31933	2.15791082E-04	0.21861079 0.67544043 1.04970349	1.16487335 0.81015348 0.38180243	4.24815516 7.46410139 52.35682627
7	90.77327	3.77390528E-04	0.16099673 0.49334004 0.79996270 0.46799679	1.11740074 0.83452553 0.42506929	4.18004286 6.20177632 18.96109238
8	108.22721	3.87828199E-06	0.12344998 0.37630735 0.62139957 0.78714536	1.08805455 0.86020084 0.49732851 0.20755049	4.13673416 5.54506294 11.76667271 91.76149959
9	125.68115	8.72049886E-06	0.09764037 0.29658822 0.49384167 0.65274804 0.35786294	1.06859049 0.88235330 0.56823010 0.25941157	4.10744179 5.15320907 8.92219104 30.20105343
10	143.13509	6.97020034E-08	0.07914578 0.23981733 0.40086298 0.54269916 0.62926193	1.05499165 0.90050039 0.62995024 0.33113121 0.13071074	4.08668580 4.89797143 7.46410139 17.36345159 142.43090662
11	160.58904	1.91556711E-07	0.06544435 0.19794492 0.33145389 0.45508175 0.54644178 0.29031355	1.04510253 0.91517709 0.68163830 0.40420814 0.17431175	4.07143320 4.72125424 6.59999740 12.39639884 44.26654989
12	178.04298	1.25271171E-09	0.05501342 0.16617077 0.27844527 0.38556804 0.47349987 0.52409533	1.03767874 0.92705845 0.72442460 0.47163030 0.23485374 0.08997485	4.05989139 4.59326050 6.03826664 9.88735452 24.22719723 204.36255442

TABLE 2.28 $\alpha_p = 0.05$ dB $\omega_s = 2.50$

n	α_s (dB)	K	a_i	b_i	ω_{zi}^2
2	8.51402	3.75231353E-01	2.18436253	4.52055017	11.97821693
3	27.48622	3.03679916E-01	0.95507358	1.96827448	8.15849933
			1.25875350		
4	47.10608	4.41261385E-03	0.53255924	1.45193596	7.23214692
			1.52587882	0.87671085	39.65890130
5	66.73357	5.51451096E-03	0.33938440	1.26428499	6.85427947
			0.99125731	0.77789738	17.10487343
			0.65738742		
6	86.36115	4.80775740E-05	0.23511542	1.17450925	6.66092931
			0.69247339	0.78964263	11.97821693
			1.02199606	0.35816426	86.09932205
7	105.98873	8.41157415E-05	0.17247958	1.12430310	6.54815664
			0.51042621	0.81986020	9.89216907
			0.79067702	0.40420932	30.96435184
			0.45281451		
8	125.61630	5.23823384E-07	0.13192399	1.09325366	6.47644452
			0.39161532	0.84908703	8.80650605
			0.62204392	0.47787894	19.08488647
			0.76577060	0.19540668	151.15262816
9	145.24388	1.17832205E-06	0.10416454	1.07265306	6.42793820
			0.30987293	0.87360842	8.15849933
			0.49932584	0.55024600	14.38699382
			0.64064922	0.24604092	49.52163751
			0.34703295		
10	164.87146	5.70725397E-09	0.08433134	1.05825644	6.39356610
			0.25126061	0.89342938	7.73630801
			0.40848813	0.61354651	11.97821693
			0.53749251	0.31628175	28.32648570
			0.61210296	0.12328744	234.80245735
11	184.49903	1.56912104E-08	0.06966950	1.04778505	6.36830687
			0.20781680	0.90933744	7.44393946
			0.33983110	0.66680908	10.55034060
			0.45445999	0.38846016	20.12480324
			0.53461183	0.16516993	72.74293386
			0.28183566		
12	204.12661	6.21826899E-11	0.05852515	1.03992289	6.34919249
			0.17472957	0.92215275	7.23214692
			0.28687122	0.71107684	9.62189218
			0.38783110	0.45561679	15.98117334
			0.46632149	0.22364460	39.65890130
			0.50980211	0.08495210	337.04486595

TABLE 2.29 $\alpha_p = 0.05$ dB $\omega_s = 3.00$

n	α_s (dB)	K	a_i	b_i	ω_{zi}^2
2	11.57234	2.63865680E-01	2.42656233	4.64039748	17.48526726
3	32.59011	2.05193002E-01	1.01231053 1.21750353	1.99341016	11.82781034
4	53.91839	2.01409863E-03	0.55710887 1.50988978	1.46439323 0.84567346	10.45539578 58.47082241
5	75.24903	2.51735416E-03	0.35293939 0.99512336 0.64470133	1.27172818 0.76190782	9.89549927 25.07686613
6	96.57970	1.48256979E-05	0.24372904 0.70069096 1.00821072	1.17947708 0.77921634 0.34681810	9.60898577 17.48526726 127.22848130
7	117.91036	2.59421235E-05	0.17845705 0.51890568 0.78579652 0.44537383	1.12786486 0.81234700 0.39402152	9.44186761 14.39580351 45.59780555
8	139.24103	1.09131111E-07	0.13632714 0.39931005 0.62211208 0.75519122	1.09593744 0.84337171 0.46825733 0.18956052	9.33559418 12.78772800 28.00868586 223.54276641
9	160.57170	2.45517927E-07	0.10755002 0.31659881 0.50188012 0.63453801 0.34170692	1.07475043 0.86910267 0.54126774 0.23954472	9.26370909 11.82781034 21.05233091 73.07327598
10	181.90236	8.03307739E-10	0.08701954 0.25708041 0.41218408 0.53475310 0.60361950	1.05994204 0.88978243 0.60530329 0.30900470 0.11970745	9.21276986 11.20235213 17.48526726 41.69217489 347.38975581
11	203.23303	2.20885204E-09	0.07185818 0.21285272 0.34395950 0.45400174 0.52869615 0.27765937	1.04917006 0.90632399 0.65932107 0.38068576 0.16073627	9.17533545 10.76919323 15.37060791 29.54847187 107.45369485
12	224.56369	5.91310101E-12	0.06034321 0.17910509 0.29106436 0.38883339 0.46266677 0.50273773	1.04108157 0.91962058 0.70431243 0.44766282 0.21817554 0.08252723	9.14700756 10.45539578 13.99548719 23.41295818 58.47082241 498.76368903

TABLE 2.30 $\alpha_p = 0.05$ dB $\omega_s = 4.00$

n	α_s (dB)	K	a_i	b_i	ω_{zi}^2
2	16.57892	1.48270158E-01	2.64840893	4.69625131	31.49180683
3	40.42523	1.12449459E-01	1.06782487	2.01634121	21.16360355
			1.18027433		
4	64.36784	6.04794393E-04	0.58099675	1.47626258	18.65772768
			1.49438074	0.81721850	106.30049620
5	88.31086	7.55966800E-04	0.36609707	1.27886944	17.63533663
			0.99831279	0.74687143	45.34922431
			0.63297169		
6	112.25388	2.43953002E-06	0.25207195	1.18425309	17.11212973
			0.70824470	0.76930130	31.49180683
			0.99527412	0.33641089	231.79455244
7	136.19690	4.26901654E-06	0.18423737	1.13129172	16.80694455
			0.52685072	0.80516493	25.85195013
			0.78106420	0.38457476	82.80479184
			0.43845511		
8	160.13992	9.84020458E-09	0.14058020	1.09852060	16.61286855
			0.40658195	0.83789443	22.91617547
			0.62202691	0.45926253	50.70063383
			0.74529419	0.18418806	407.58268170
9	184.08295	2.21395889E-08	0.11081740	1.07676966	16.48159086
			0.32298575	0.86477901	21.16360355
			0.50417400	0.53282483	38.00312814
			0.62874967	0.23354037	132.95254493
			0.33674405		
10	208.02596	3.96919015E-11	0.08961239	1.06156517	16.38856405
			0.26262376	0.88628061	20.02161792
			0.41559552	0.59751854	31.49180683
			0.53209556	0.30224189	75.67621657
			0.59568872	0.11641393	633.62151974
11	231.96899	1.09148319E-10	0.07396826	1.05050396	16.32019979
			0.21765927	0.90342955	19.23070999
			0.34781238	0.65222725	27.63151622
			0.45348480	0.37342666	53.51115407
			0.52312732	0.15664291	195.70245541
			0.27376390		
12	255.91201	1.60103041E-13	0.06209538	1.04219772	16.26846596
			0.18328747	0.91718809	18.65772768
			0.29500297	0.69788895	25.12113176
			0.38970210	0.44020680	42.31207505
			0.45918907	0.21310700	106.30049620
			0.49613502	0.08029498	909.90062565

TABLES WITH PRESCRIBED α_p AND ω_s

TABLE 2.31 $\alpha_p = 0.10$ dB $\omega_s = 1.02$

n	α_s (dB)	K	a_i	b_i	ω_{zi}^2
2	0.21921	9.75078223E-01	0.08008448	1.22844130	1.24541746
3	0.84236	3.52770234E+00	0.03927878 3.56698112	1.08683788	1.09893914
4	3.13611	6.96938944E-01	0.89755598 0.03259953	1.81087437 1.05172490	1.06865720 2.52788509
5	8.08498	1.13520798E+00	0.36229862 0.02837588 1.46913071	1.16056816 1.03318536	1.05724593 1.46776956
6	14.63797	1.85396448E-01	1.36383924 0.20088006 0.02348277	1.11048344 1.03339222 1.02204520	1.05165532 1.24541746 4.77482651
7	21.65658	3.06890273E-01	0.01902205 0.12691878 0.65731719 0.85631074	1.01541702 0.99850204 0.90991114	1.04847856 1.16210734 2.11268545
8	28.77451	3.64145315E-02	0.01544566 0.08709044 0.37092224 1.17007289	1.01132954 0.98824647 0.88758276 0.60272727	1.04649212 1.12170834 1.55734772 7.93983423
9	35.91200	7.61916380E-02	0.01267988 0.06339518 0.23303360 0.72162813 0.61550144	1.00867004 0.98575105 0.89832045 0.64408834	1.04516373 1.09893914 1.34765647 3.00246311
10	43.05330	7.03614948E-03	0.01054537 0.04822926 0.15798925 0.45964856 0.96841643	1.00685084 0.98588464 0.91365952 0.71200616 0.37136188	1.04423001 1.08476940 1.24541746 1.98772325 12.01481726
11	50.19533	1.79819673E-02	0.00886969 0.03796005 0.11337557 0.30810962 0.69098248 0.48515435	1.00554940 0.98689311 0.92753629 0.77061779 0.46119981	1.04354791 1.07531017 1.18770145 1.60490835 4.12640292
12	57.33750	1.35870522E-03	0.00767477 0.03068303 0.08500757 0.21662217 0.48705494 0.81707164	1.00463106 0.98808383 0.93897115 0.81590868 0.56184119 0.25156450	1.04303406 1.06865720 1.15182069 1.41763838 2.52788509 16.99758869

TABLE 2.32 $\alpha_p = 0.10$ dB $\omega_s = 1.05$

n	α_s (dB)	K	a_i	b_i	ω_{zi}^2
2	0.34265	9.61319441E-01	0.15081353	1.39903026	1.43866402
3	1.74777	2.72325854E+00	0.08970696 2.81296550	1.16696901	1.20541018
4	6.39699	4.78795760E-01	1.23715219 0.07519614	1.68964368 1.09542168	1.15363363 3.31251806
5	13.84139	6.55283696E-01	0.53380362 0.06022921 1.12885811	1.10326323 1.05777213	1.13342204 1.77373854
6	22.08833	7.86291775E-02	0.04677108 0.30302254 1.29405181	1.03764424 0.99400224 0.81366242	1.12332578 1.43866402 6.52876832
7	30.47003	1.32451536E-01	0.03654894 0.19586001 0.72477273 0.69791319	1.02631262 0.96900268 0.75735067	1.11752125 1.30834085 2.71437208
8	38.87165	1.13872085E-02	0.02906183 0.13725499 0.44725906 1.03685422	1.01942081 0.96503705 0.78406027 0.43541010	1.11386414 1.24311809 1.90613949 11.04660615
9	47.27617	2.45867468E-02	0.02354439 0.10172529 0.29910238 0.71051343 0.51417870	1.01493513 0.96693140 0.81994592 0.50688571	1.11140594 1.20541018 1.59427075 3.99367360
10	55.68110	1.64416261E-03	0.01940720 0.07855273 0.21263390 0.49268230 0.84441726	1.01185363 0.97030311 0.85118601 0.59419987 0.26985478	1.10967176 1.18146195 1.43866402 2.53364818 16.85961025
11	64.08610	4.33861234E-03	0.01624409 0.06258762 0.15843600 0.35305421 0.64650484 0.40988186	1.00964445 0.97378031 0.87622421 0.66904455 0.35417995	1.10840151 1.16521287 1.34886071 1.97608100 5.60218350
12	72.49110	2.37380452E-04	0.01378086 0.05110868 0.12247968 0.26189545 0.48817495 0.70849653	1.00800576 0.97694450 0.89595525 0.72820316 0.45271601 0.18380372	1.10744263 1.15363363 1.29189837 1.69915905 3.31251806 23.96609125

TABLES WITH PRESCRIBED α_p AND ω_s

TABLE 2.33 $\alpha_p = 0.10$ dB $\omega_s = 1.10$

n	α_s (dB)	K	a_i	b_i	ω_{zi}^2
2	0.55889	9.37682338E-01	0.25896550	1.62587692	1.71408333
3	3.37427	2.06998937E+00	0.17084288 2.24083225	1.26583979	1.37031362
4	10.72059	2.91051803E-01	1.40763250 0.13346702	1.44889887 1.14107888	1.29092536 4.34993045
5	20.05025	3.71795875E-01	0.09906655 0.65938317 0.93211249	1.08269415 1.01747477	1.25932043 2.19309252
6	29.68643	3.27852340E-02	0.07392725 0.38889953 1.19954151	1.05371438 0.94336136 0.62761472	1.24336198 1.71408333 8.82645503
7	39.35733	5.60946789E-02	0.05655822 0.25823527 0.74521193 0.59962956	1.03768264 0.93333861 0.63849963	1.23412774 1.52394347 3.51476933
8	49.03198	3.53509312E-03	0.04441024 0.18468031 0.49283164 0.93352577	1.02793383 0.93786767 0.69426887 0.33676665	1.22828554 1.42710316 2.38041134 15.10622386
9	58.70704	7.77240100E-03	0.03568760 0.13902576 0.34629712 0.68346144 0.44827488	1.02156407 0.94533130 0.74784141 0.41360070	1.22434749 1.37031362 1.93771872 5.29924776
10	68.38215	3.80971629E-04	0.02925274 0.10866802 0.25556876 0.50250033 0.75473852	1.01716898 0.95265152 0.79158827 0.50546348 0.20993609	1.22156377 1.33383389 1.71408333 3.26194236 23.18380252
11	78.05726	1.02375123E-03	0.02438697 0.08741603 0.19608772 0.37792813 0.60361946 0.35977375	1.01400526 0.95906371 0.82606472 0.58687582 0.28506547	1.21952174 1.30885579 1.58345232 2.47910056 7.53784368
12	87.73237	4.10564816E-05	0.02062677 0.07193243 0.15518749 0.29171365 0.47699214 0.63159027	1.01164992 0.96448097 0.85316302 0.65351926 0.37631034 0.14357545	1.21797858 1.29092536 1.49966651 2.08721567 4.34993045 33.05778965

TABLE 2.34 $\alpha_p = 0.10$ dB $\omega_s = 1.20$

n	α_s (dB)	K	a_i	b_i	ω_{zi}^2
2	1.07478	8.83611277E-01	0.47253691	1.99862399	2.23598995
3	6.69124	1.43057013E+00	0.31353220 1.74410233	1.39408189	1.69961711
4	17.05101	1.40426601E-01	0.21689667 1.45370552	1.19304441 1.16536462	1.57243034 6.22440210
5	28.30311	1.75406890E-01	0.15085982 0.75831059 0.78285766	1.11164713 0.91008079	1.52112676 2.96836736
6	39.63020	1.04349429E-02	0.10918916 0.47085864 1.09525679	1.07274442 0.87933906 0.48452702	1.49503501 2.23598995 12.95267133
7	50.96287	1.80660649E-02	0.08216071 0.32289591 0.74238949 0.51972036	1.05128381 0.88827424 0.53115402	1.47987220 1.94134077 4.96669734
8	62.29594	7.67719818E-04	0.06386438 0.23613056 0.52342276 0.83801379	1.03818035 0.90366353 0.60541637 0.26193061	1.47025268 1.78950851 3.25283137 22.38359942
9	73.62905	1.70882236E-03	0.05097985 0.18066280 0.38561601 0.64719659 0.39297235	1.02957657 0.91824513 0.67249417 0.33582664	1.46375630 1.69961711 2.57910431 7.65239273
10	84.96216	5.64796196E-05	0.04159415 0.14294258 0.29503199 0.50047174 0.67447476	1.02361338 0.93059121 0.72707867 0.42570190 0.16423431	1.45915806 1.64143114 2.23598995 4.58549178 34.51224856
11	96.29528	1.53651207E-04	0.03455896 0.11606909 0.23283078 0.39309052 0.55870122 0.31708501	1.01930441 0.94072154 0.77043630 0.50873473 0.22916052	1.45578169 1.60134652 2.03396257 3.40244526 11.01683847
12	107.62839	4.15509202E-06	0.02915641 0.09621425 0.18844688 0.31468227 0.45869021 0.56347347	1.01608601 0.94898056 0.80486153 0.57941569 0.31090192 0.11273243	1.45322828 1.57243034 1.90342059 2.80722454 6.22440210 49.33737292

TABLE 2.35 $\alpha_p = 0.10$ dB $\omega_s = 1.30$

n	α_s (dB)	K	a_i	b_i	ω_{zi}^2
2	1.70276	8.21981861E-01	0.68377653	2.30313940	2.76986110
3	9.73638	1.08917724E+00	0.42555980 1.51473705	1.47081838	2.04549178
4	21.80868	8.12018273E-02	0.27400758 1.43773773	1.22335024 1.01764007	1.87203529 8.09590074
5	34.31838	1.01212273E-01	0.18510723 0.79937726 0.71548231	1.12909929 0.84684047	1.80172617 3.75154942
6	46.85399	4.54255826E-03	0.13214097 0.51237642 1.03796630	1.08438140 0.84004413 0.42090840	1.76587349 2.76986110 17.05900371
7	59.39105	7.90036418E-03	0.09866553 0.35819819 0.73346709 0.48183480	1.05966043 0.86019812 0.47814106	1.74500515 2.37295089 6.41928757
8	71.92818	2.53274182E-04	0.07632566 0.26534238 0.53429717 0.78927314	1.04451808 0.88223348 0.55856902 0.22865790	1.73175245 2.16753699 4.13190506 29.61890227
9	84.46532	5.66340314E-04	0.06073165 0.20487236 0.40352327 0.62505044 0.36623423	1.03454670 0.90123846 0.63108579 0.29913591	1.72279628 2.04549178 3.23035976 9.99874919
10	97.00246	1.41213700E-05	0.04943885 0.16318871 0.31468700 0.49544999 0.63415511	1.02761887 0.91672973 0.69062878 0.38613332 0.14381147	1.71645385 1.96626858 2.76986110 5.91089265 45.77053523
11	109.53960	3.85934452E-05	0.04100913 0.13318402 0.25208240 0.39774164 0.53404645 0.29625091	1.02260292 0.92919431 0.73838443 0.46840986 0.20324047	1.71179511 1.91156744 2.49791955 4.33182903 14.48062467
12	122.07675	7.87340749E-07	0.03455530 0.11083736 0.20646908 0.32440444 0.44661658 0.52943836	1.01885044 0.93923985 0.77662950 0.53998303 0.27943095 0.09889622	1.70827095 1.87203529 2.32172020 3.53591217 8.09590074 65.51264289

TABLES FOR ELLIPTIC-FUNCTION FILTERS

TABLE 2.36 $\alpha_p = 0.10$ dB $\omega_s = 1.40$

n	α_s (dB)	K	a_i	b_i	ω_{zi}^2
2	2.42320	7.56554058E-01	0.88459748	2.54980937	3.33171426
3	12.44037	8.71124381E-01	0.51198044 1.38310482	1.52017928	2.41362466
4	25.71129	5.18126083E-02	0.31563435 1.41645973	1.24356892 0.92833721	2.19272298 10.04514922
5	39.21711	6.45978750E-02	0.20971344 0.82106320 0.67594764	1.14101615 0.80518207	2.10296851 4.57138649
6	52.73372	2.30841634E-03	0.14850039 0.53771961 1.00125904	1.09239513 0.81331742 0.38423281	2.05714050 3.33171426 21.32988118
7	66.25080	4.02379260E-03	0.11036919 0.38083012 0.72548056 0.45904342	1.06545303 0.84084999 0.44592845	2.03044519 2.82928574 7.93356016
8	79.76791	1.02708084E-04	0.08513113 0.28454185 0.53933024 0.75892379	1.04891150 0.86737697 0.52907819 0.20943128	2.01348356 2.56871159 5.05111905 37.14090391
9	93.28501	2.30180949E-04	0.06760550 0.22102262 0.41377260 0.61011985 0.34999455	1.03799752 0.88941338 0.60439744 0.27730686	2.00201703 2.41362466 3.91358937 12.44120228
10	106.80212	4.56976588E-06	0.05495842 0.17682740 0.32662996 0.49098101 0.60921405	1.03040293 0.90707624 0.66675090 0.36197361 0.13197432	1.99389491 2.31281310 3.33171426 7.29313530 57.47276113
11	120.31923	1.25172485E-05	0.04554133 0.14479219 0.26415851 0.39952773 0.51814618 0.28353862	1.02489735 0.92115926 0.71714095 0.44326253 0.18794221	1.98792788 2.24312851 2.98760207 5.30320197 18.08392129
12	133.83633	2.03321484E-07	0.03834483 0.12080484 0.21800904 0.32968727 0.43820494 0.50843327	1.02077445 0.93244651 0.75775472 0.51497322 0.26050391 0.09085990	1.98341344 2.19272298 2.76434238 4.29930231 10.04514922 82.32410735

TABLES WITH PRESCRIBED α_p AND ω_s

TABLE 2.37 $\alpha_p = 0.10$ dB $\omega_s = 1.50$

n	α_s (dB)	K	a_i	b_i	ω_{zi}^2
2	3.21034	6.91008143E-01	1.06821325	2.74504649	3.92705098
3	14.84776	7.18889558E-01	0.57929248 1.29818204	1.55387624	2.80601409
4	29.06367	3.52221835E-02	0.34725329 1.39746862	1.25806247 0.86885509	2.53555301 12.09930946
5	43.41521	4.39371353E-02	0.22825887 0.83407491 0.64975318	1.14970288 0.77573329	2.42551467 5.43764461
6	57.77181	1.29243713E-03	0.16076979 0.55477526 0.97566305	1.09827139 0.79397633 0.36029212	2.36928876 3.92705098 25.82724179
7	72.12860	2.25569610E-03	0.11911805 0.39661070 0.71894723 0.44371027	1.06971286 0.82670543 0.42420980	2.33652227 3.31399017 9.53007807
8	86.48539	4.73947906E-05	0.09169861 0.29816729 0.54198337 0.73808332	1.05214774 0.85646247 0.50873924 0.19685376	2.31569730 2.99566041 6.02182423 45.05997715
9	100.84218	1.06352052E-04	0.07272402 0.23260433 0.42036420 0.59938308 0.33900554	1.04054206 0.88070330 0.58570344 0.26277015	2.30161638 2.80601409 4.63633606 15.01434140
10	115.19897	1.73800661E-06	0.05906361 0.18667475 0.33466027 0.48731983 0.59215004	1.03245725 0.89995518 0.64984200 0.34562141 0.12421508	2.29164107 2.68264144 3.92705098 8.75076419 69.79149744
11	129.55576	4.76668950E-06	0.04890912 0.15321312 0.27246350 0.40024562 0.50699363 0.27491228	1.02659121 0.91522677 0.70197784 0.42601049 0.17780232	2.28431184 2.59730854 3.50725258 6.32873878 21.87869979
12	143.91256	6.37341562E-08	0.04115881 0.12806041 0.22605962 0.33294758 0.43204041 0.49408086	1.02219535 0.92742798 0.74420216 0.49762648 0.24781136 0.08558500	2.27876640 2.53555301 3.23468279 5.10624978 12.09930946 100.02032819

TABLE 2.38 $\alpha_p = 0.10$ dB $\omega_s = 1.60$

n	α_s (dB)	K	a_i	b_i	ω_{zi}^2
2	4.03909	6.28124009E-01	1.23117679	2.89639483	4.55839935
3	17.01294	6.06585714E-01	0.63256910	1.57799709	3.22358844
			1.23915482		
4	32.02527	2.50458900E-02	0.37199432	1.26894366	2.90102026
			1.38159639	0.82659240	14.27074081
5	47.12046	3.12575123E-02	0.24270051	1.15630795	2.76967413
			0.84254943	0.75389007	6.35478784
			0.63110643		
6	62.21825	7.74618154E-04	0.17029238	1.10275951	2.70253061
			0.56698804	0.77937571	4.55839935
			0.95682081	0.34345490	30.57924331
7	77.31611	1.35299419E-03	0.12589279	1.07297340	2.66339126
			0.40821960	0.81594275	3.82874670
			0.71365578	0.40859539	11.21820455
			0.43268196		
8	92.41397	2.39497669E-05	0.09677609	1.05462778	2.63851172
			0.30832416	0.84812461	3.44960098
			0.54349552	0.49388362	7.04920364
			0.72288776	0.18799260	53.42629009
9	107.51184	5.37840977E-05	0.07667673	1.04249349	2.62168732
			0.24130507	0.87403508	3.22358844
			0.42492478	0.57189770	5.40205514
			0.59131334	0.25240406	17.73389920
			0.33107068		
10	122.60970	7.40482463E-07	0.06223111	1.03403349	2.60976747
			0.19410994	0.89449658	3.07648771
			0.34041312	0.63725603	4.55839935
			0.48434760	0.33382946	10.29222642
			0.57973708	0.11874056	82.80517953
11	137.70757	2.03243913E-06	0.05150600	1.02789132	2.60100900
			0.15959351	0.91067572	2.97470394
			0.27851488	0.69062617	4.05882609
			0.40050271	0.41345181	7.41399622
			0.49874487	0.17059401	25.88858945
			0.26867156		
12	152.80543	2.28943472E-08	0.04332756	1.02328622	2.59438186
			0.13357173	0.92357613	2.90102026
			0.23198814	0.73401215	3.73431012
			0.33512743	0.48490088	5.96080521
			0.42734911	0.23871574	14.27074081
			0.48364915	0.08185979	118.71427715

TABLE 2.39 $\alpha_p = 0.10$ dB $\omega_s = 1.70$

n	α_s (dB)	K	a_i	b_i	ω_{zi}^2
2	4.88830	5.69619469E-01	1.37290008	3.01194309	5.22711358
3	18.98094	5.20513860E-01	0.67543406	1.59592677	3.66684818
			1.19594792		
4	34.69117	1.84264323E-02	0.39179951	1.27738666	3.28939231
			1.36848169	0.79515703	16.56602649
5	50.45438	2.30046327E-02	0.25422395	1.16148462	3.13561449
			0.84839928	0.73710979	7.32520020
			0.61717997		
6	66.21900	4.88708695E-04	0.17787258	1.10628944	3.05698115
			0.57612247	0.76800575	5.22711358
			0.94241089	0.33100321	35.60087619
7	81.98366	8.54038790E-04	0.13127662	1.07554212	3.01113617
			0.41708885	0.80750873	4.37445896
			0.70934209	0.39686243	13.00292897
			0.42438390		
8	97.74831	1.29593847E-05	0.10080635	1.05658341	2.98199086
			0.31616420	0.84156978	3.93118859
			0.54440231	0.48258979	8.13602356
			0.71134209	0.18143017	62.26654812
9	113.51297	2.91176502E-05	0.07981153	1.04403314	2.96228030
			0.24806160	0.86878350	3.66684818
			0.42824462	0.56131504	6.21259416
			0.58504877	0.24465964	20.60825371
			0.32508335		
10	129.27763	3.43651816E-07	0.06474157	1.03527758	2.94831492
			0.19990619	0.89019311	3.49474815
			0.34472019	0.62755100	5.22711358
			0.48191913	0.32494740	11.92202402
			0.57032085	0.11468179	96.55555865
11	145.04228	9.43714787E-07	0.05356321	1.02891772	2.93805302
			0.16458083	0.90708538	3.37563695
			0.28310584	0.68183460	4.64337158
			0.40054573	0.40392620	8.56193928
			0.49241263	0.16522058	30.12617057
			0.26395606		
12	160.80694	9.11282237E-09	0.04504497	1.02414759	2.93028807
			0.13788810	0.92053607	3.28939231
			0.23652280	0.72609417	4.26406728
			0.33666875	0.47519308	6.86513277
			0.42367494	0.23189567	16.56602649
			0.47574048	0.07909602	138.46608852

TABLE 2.40 $\alpha_p = 0.10$ dB $\omega_s = 1.80$

n	α_s (dB)	K	a_i	b_i	ω_{zi}^2
2	5.74171	5.16314611E-01	1.49461989	3.09928464	5.93399326
3	20.78647	4.52647891E-01	0.71044656	1.60966498	4.13608997
			1.16309445		
4	37.12337	1.39261619E-02	0.40794544	1.28410401	3.70082806
			1.35761154	0.77096232	18.98903968
5	53.49540	1.73909219E-02	0.26359707	1.16563683	3.52343541
			0.85261808	0.72386788	8.35028662
			0.60641193		
6	69.86825	3.21060883E-04	0.18402723	1.10912889	3.43270883
			0.58318054	0.75893622	5.93399326
			0.93107137	0.32145307	40.90095694
7	86.24112	5.61259882E-04	0.13564238	1.07761113	3.37980700
			0.42406046	0.80074695	4.95166137
			0.70578862	0.38775439	14.88718755
			0.41793180		
8	102.61398	7.40117691E-06	0.10407152	1.05815974	3.34617284
			0.32237755	0.83630078	4.44081128
			0.54496472	0.47374386	9.28391360
			0.70229907	0.17639114	71.59645675
9	118.98685	1.66349627E-05	0.08234955	1.04527471	3.32342538
			0.25344189	0.86455588	4.13608997
			0.43075407	0.55297302	7.06904278
			0.58006310	0.23867356	23.64233337
			0.32041801		
10	135.35972	1.70613798E-07	0.06677312	1.03628110	3.30730769
			0.20453604	0.88672568	3.93765782
			0.34805210	0.61986536	5.93399326
			0.47991470	0.31803907	13.64280678
			0.56295437	0.11156259	111.06718827
11	151.73258	4.68689655E-07	0.05522734	1.02974580	3.29546394
			0.16857301	0.90419091	3.80029884
			0.28669525	0.67484850	5.26150905
			0.40048659	0.39647771	9.77431436
			0.48741445	0.16107396	34.59884246
			0.26027791		
12	168.10545	3.93303233E-09	0.04643383	1.02484263	3.28650187
			0.14134851	0.91808433	3.70082806
			0.24009129	0.71978593	4.82445294
			0.33780497	0.46756843	7.82050820
			0.42073154	0.22660927	18.98903968
			0.46955605	0.07697089	159.31112624

TABLES WITH PRESCRIBED α_p AND ω_s

TABLE 2.41 $\alpha_p = 0.10$ dB $\omega_s = 1.90$

n	α_s (dB)	K	a_i	b_i	ω_{zi}^2
2	6.58768	4.68398940E-01	1.59847602	3.16491978	6.67954382
3	22.45609	3.97940768E-01	0.73943265 1.13737342	1.62045584	4.63150184
4	39.36491	1.07585711E-02	0.42130803 1.34853360	1.28955572 0.75184012	4.13542838 21.54222276
5	56.29775	1.34379657E-02	0.27134160 0.85576695 0.59786331	1.16902942 0.71319278	3.93320015 9.43093402
6	73.23107	2.17994925E-04	0.18910546 0.58877444 0.92194642	1.11145434 0.75156089 0.31392209	3.82975716 6.67954382 46.48504382
7	90.16441	3.81178080E-04	0.13924098 0.42966417 0.70282926 0.41278725	1.07930746 0.79522541 0.38050413	3.76943549 5.56069213 16.87283215
8	107.09774	4.41685112E-06	0.10676100 0.32740523 0.54532102 0.69504781	1.05945290 0.83198886 0.46665240 0.17241371	3.73108188 4.97871484 10.49390223 81.42591673
9	124.03108	9.92975982E-06	0.08443898 0.25781239 0.43270711 0.57601573 0.31669196	1.04629361 0.86109191 0.54625147 0.23392418	3.70514162 4.63150184 7.97208925 26.83924564
10	140.96442	8.94909514E-08	0.06844494 0.20830634 0.35069595 0.47824259 0.55705274	1.03710481 0.88388246 0.61364980 0.31253110 0.10909887	3.68676121 4.40536580 6.67954382 15.45624603 126.35554653
11	157.89775	2.45898159E-07	0.05659640 0.17182962 0.28956826 0.40037977 0.48338241 0.25733792	1.03042563 0.90181640 0.66918316 0.39051403 0.15778817	3.67325450 4.24881096 5.91363068 11.05222352 39.31127005
12	174.83109	1.81319907E-09	0.04757615 0.14417483 0.24296263 0.33867017 0.41832991 0.46460302	1.02541329 0.91607237 0.71465963 0.46144227 0.22240571 0.07529164	3.66303393 4.13542838 5.41578269 8.82773703 21.54222276 181.27168292

TABLES FOR ELLIPTIC-FUNCTION FILTERS

TABLE 2.42 $\alpha_p = 0.10$ dB $\omega_s = 2.00$

n	α_s (dB)	K	a_i	b_i	ω_{zi}^2
2	7.41838	4.25677627E-01	1.68688684	3.21409238	7.46410139
3	24.01036	3.53048122E-01	0.76371698 1.11676511	1.62910783	5.15320907
4	41.44713	8.46531799E-03	0.43250876 1.34088627	1.29405285 0.73640294	4.59326050 24.22719723
5	58.90077	1.05751979E-02	0.27782513 0.85818343 0.59093350	1.17184381 0.70443562	4.36495093 10.56773170
6	76.35470	1.52147528E-04	0.19335216 0.59329942 0.91446986	1.11338727 0.74546730 0.30785149	4.24815516 7.46410139 52.35682627
7	93.80864	2.66086230E-04	0.14224791 0.43425058 0.70033901 0.40860243	1.08071874 0.79064769 0.37461568	4.18004286 6.20177632 18.96109238
8	111.26258	2.73445505E-06	0.10900698 0.33154298 0.54554915 0.68912275	1.06052927 0.82840747 0.46086007 0.16920505	4.13673416 5.54506294 11.76667271 91.76149959
9	128.71653	6.14855035E-06	0.08618312 0.26142081 0.43426301 0.57267618 0.31365700	1.04714194 0.85821183 0.54073863 0.23007694	4.10744179 5.15320907 8.92219104 30.20105343
10	146.17047	4.91446974E-08	0.06984003 0.21142563 0.35283704 0.47683353 0.55223385	1.03779077 0.88151701 0.60853660 0.30805179 0.10711025	4.08668580 4.89797143 7.46410139 17.36345159 142.43090662
11	163.62441	1.35060631E-07	0.05773856 0.17452772 0.29191175 0.40025300 0.48007195 0.25494168	1.03099182 0.89984010 0.66451215 0.38564764 0.15512916	4.07143320 4.72125424 6.59999740 12.39639884 44.26654989
12	181.07835	8.83247752E-10	0.04852898 0.14651883 0.24531496 0.33934637 0.41634028 0.46055974	1.02588860 0.91439738 0.71042585 0.45642908 0.21899450 0.07393575	4.05989139 4.59326050 6.03826664 9.88735452 24.22719723 204.36255442

TABLE 2.43 $\alpha_p = 0.10$ dB $\omega_s = 2.50$

n	α_s (dB)	K	a_i	b_i	ω_{zi}^2
2	11.23046	2.74458688E-01	1.97019158	3.32559345	11.97821693
3	30.51769	2.14115188E-01	0.84163068 1.05574587	1.65462037	8.15849933
4	50.14141	3.11121092E-03	0.46854835 1.31618288	1.30809403 0.69007836	7.23214692 39.65890130
5	69.76895	3.88810880E-03	0.29864424 0.86471045 0.56995431	1.18072831 0.67737640	6.85427947 17.10487343
6	89.39652	3.38979902E-05	0.20696200 0.60691701 0.89140227	1.11951257 0.72638504 0.28967086	6.66092931 11.97821693 86.09932205
7	109.02410	5.93073723E-05	0.15187039 0.44836598 0.69229100 0.39585472	1.08519874 0.77621792 0.35674056	6.54815664 9.89216907 30.96435184
8	128.65167	3.69331446E-07	0.11618665 0.34441162 0.54589218 0.67092874	1.06394929 0.81707856 0.44309360 0.15958117	6.47644452 8.80650605 19.08488647 151.15262816
9	148.27925	8.30797935E-07	0.09175419 0.27271126 0.43880968 0.56224182 0.30439005	1.04983885 0.84908290 0.52370081 0.21845199	6.42793820 8.15849933 14.38699382 49.52163751
10	167.90683	4.02400585E-09	0.07429356 0.22122364 0.35929718 0.47226701 0.53745463	1.03997222 0.87401004 0.59264563 0.29442042 0.10113975	6.39356610 7.73630801 11.97821693 28.32648570 234.80245735
11	187.53441	1.10633805E-08	0.06138304 0.18302541 0.29908016 0.39963994 0.46981862 0.24761647	1.03279285 0.89356313 0.64993478 0.37074642 0.14710887	6.36830687 7.44393946 10.55034060 20.12480324 72.74293386
12	207.16198	4.38430652E-11	0.05156825 0.15391550 0.25256954 0.34124643 0.41007872 0.44816484	1.02740081 0.90907457 0.69717081 0.44099830 0.20865332 0.06986238	6.34919249 7.23214692 9.62189218 15.98117334 39.65890130 337.04486595

TABLE 2.44 $\alpha_p = 0.10$ dB $\omega_s = 3.00$

n	α_s (dB)	K	a_i	b_i	ω_{zi}^2
2	14.45293	1.89388484E-01	2.11018250	3.34985372	17.48526726
3	35.62428	1.44675152E-01	0.88208040 1.02675555	1.66659947	11.82781034
4	56.95375	1.42007925E-03	0.48735962 1.30330198	1.31517524 0.66774191	10.45539578 58.47082241
5	78.28440	1.77490750E-03	0.30949014 0.86743774 0.55972251	1.18526861 0.66389155	9.89549927 25.07686613
6	99.61507	1.04531348E-05	0.21403738 0.61349732 0.87991660	1.12265715 0.71672868 0.28091750	9.60898577 17.48526726 127.22848130
7	120.94574	1.82909780E-05	0.15686482 0.45537081 0.68808257 0.38959487	1.08750339 0.76885995 0.34800349	9.44186761 14.39580351 45.59780555
8	142.27640	7.69449247E-08	0.11990877 0.35087624 0.54586091 0.66191543	1.06571059 0.81127792 0.43430782 0.15493948	9.33559418 12.78772800 28.00868586 223.54276641
9	163.60707	1.73106994E-07	0.09463985 0.27842299 0.44092971 0.55697391 0.29982752	1.05122864 0.84439753 0.51520273 0.21279864	9.26370909 11.82781034 21.05233091 73.07327598
10	184.93773	5.66387103E-10	0.07659886 0.22620267 0.36243035 0.46987157 0.53014265	1.04109687 0.87015149 0.58466921 0.28773823 0.09825685	9.21276986 11.20235213 17.48526726 41.69217489 347.38975581
11	206.26840	1.55739232E-09	0.06326860 0.18735699 0.30261351 0.39921059 0.46469080 0.24400532	1.03372164 0.89033376 0.64258284 0.36339068 0.14321613	9.17533545 10.76919323 15.37060791 29.54847187 107.45369485
12	227.59907	4.16914214E-12	0.05314008 0.15769422 0.25617959 0.34208774 0.40689276 0.44203553	1.02818084 0.90633437 0.69046139 0.43333623 0.20360563 0.06789416	9.14700756 10.45539578 13.99548719 23.41295818 58.47082241 498.76368903

TABLES WITH PRESCRIBED α_p AND ω_s

TABLE 2.45 $\alpha_p = 0.10$ dB $\omega_s = 4.00$

n	α_s (dB)	K	a_i	b_i	ω_{zi}^2
2	19.56602	1.05123340E-01	2.23534812	3.34885797	31.49180683
3	43.46041	7.92845884E-02	0.92105369 1.00033828	1.67738018	21.16360355
4	67.40322	4.26421605E-04	0.50557404 1.29088255	1.32188033 0.64720387	18.65772768 106.30049620
5	91.34624	5.33008491E-04	0.31998189 0.86968571 0.55023683	1.18960814 0.65122965	17.63533663 45.34922431
6	115.28925	1.72003614E-06	0.22087328 0.61955422 0.86913243	1.12567272 0.70757076 0.27287291	17.11212973 31.49180683 231.79455244
7	139.23227	3.00994973E-06	0.16168547 0.46193509 0.68401370 0.38376709	1.08971694 0.76184648 0.33989744	16.80694455 25.85195013 82.80479184
8	163.17529	6.93801975E-09	0.12349882 0.35698393 0.54571267 0.65347872	1.06740384 0.80573380 0.42609587 0.15066894	16.61286855 22.91617547 50.70063383 407.58268170
9	187.11832	1.56099301E-08	0.09742164 0.28384463 0.44283574 0.55198588 0.29557315	1.05256558 0.83991230 0.50721567 0.20757017	16.48159086 21.16360355 38.00312814 132.95254493
10	211.06133	2.79855154E-11	0.07882034 0.23094310 0.36532413 0.46755196 0.52330421	1.04217930 0.86645428 0.57714161 0.28152691 0.09560264	16.38856405 20.02161792 31.49180683 75.67621657 633.62151974
11	235.00436	7.69570579E-11	0.06508507 0.19148952 0.30591199 0.39873553 0.45986350 0.24063551	1.03461593 0.88723758 0.63562305 0.35652270 0.13962042	16.32019979 19.23070999 27.63151622 53.51115407 195.70245541
12	258.94738	1.12883635E-13	0.05465400 0.16130474 0.25957090 0.34281729 0.40386251 0.43630508	1.02893218 0.90370620 0.68409478 0.42615515 0.19892634 0.06608133	16.26846596 18.65772768 25.12113176 42.31207505 106.30049620 909.90062565

TABLE 2.46 $\alpha_p = 0.50$ dB $\omega_s = 1.02$

n	α_s (dB)	K	a_i	b_i	ω_{zi}^2
2	1.04213	8.86938683E-01	0.15569465	1.17006112	1.24541746
3	3.26598	1.54131646E+00	0.06642939 1.60774585	1.05353280	1.09893914
4	8.15999	3.90841304E-01	0.88583829 0.04253746	1.09235843 1.02383751	1.06865720 2.52788509
5	14.69334	4.95992736E-01	0.02933874 0.34059489 0.80724889	1.01197172 0.94217892	1.05724593 1.46776956
6	21.70748	8.21534479E-02	0.02111003 0.17337621 0.92603299	1.00674637 0.93667704 0.57711428	1.05165532 1.24541746 4.77482651
7	28.82452	1.34085867E-01	0.01579715 0.10330097 0.48443379 0.53101583	1.00420256 0.94737383 0.68324029	1.04847856 1.16210734 2.11268545
8	35.96185	1.59187040E-02	0.01222490 0.06817091 0.27703541 0.77357400	1.00283134 0.95781637 0.77256996 0.32981673	1.04649212 1.12170834 1.55734772 7.93983423
9	43.10311	3.32894938E-02	0.00972535 0.04830348 0.17320894 0.50070726 0.39936592	1.00202511 0.96602199 0.83292458 0.48048491	1.04516373 1.09893914 1.34765647 3.00246311
10	50.24513	3.07428154E-03	0.00791370 0.03604378 0.11639665 0.32573440 0.64476754	1.00151653 0.97224554 0.87325745 0.61118742 0.21111276	1.04423001 1.08476940 1.24541746 1.98772325 12.01481726
11	57.38729	7.85664417E-03	0.00654685 0.02796270 0.08279134 0.21989345 0.47204496 0.32139729	1.00117213 0.97698566 0.90091966 0.70611037 0.34674849	1.04354791 1.07531017 1.18770145 1.60490835 4.12640292
12	64.52949	5.93643136E-04	0.00584519 0.02241611 0.06158790 0.15473649 0.33806439 0.54818206	1.00106510 0.98051477 0.92050984 0.77295483 0.48111081 0.14635690	1.04303406 1.06865720 1.15182069 1.41763838 2.52788509 16.99758869

TABLES WITH PRESCRIBED α_p AND ω_s

TABLE 2.47 $\alpha_p = 0.50$ dB $\omega_s = 1.05$

n	α_s (dB)	K	a_i	b_i	ω_{zi}^2
2	1.55347	8.36231183E-01	0.27516531	1.27434125	1.43866402
3	5.55756	1.18984052E+00	0.13020917 1.32004970	1.08650900	1.20541018
4	12.69800	2.31792893E-01	0.08104746 0.97892809	1.03603587 0.90563144	1.15363363 3.31251806
5	20.88582	2.86305206E-01	0.05419686 0.43231139 0.66441973	1.01776496 0.85117819	1.13342204 1.77373854
6	29.25855	3.44407484E-02	0.03839786 0.23770489 0.85746176	1.01012183 0.87730894 0.43435281	1.12332578 1.43866402 6.52876832
7	37.65887	5.78704526E-02	0.02851537 0.14934842 0.50999942 0.44703682	1.00642528 0.90437404 0.56445592	1.11752125 1.30834085 2.71437208
8	46.06320	4.97553674E-03	0.02197444 0.10246060 0.32030413 0.68860881	1.00441150 0.92494738 0.67449033 0.24522439	1.11386414 1.24311809 1.90613949 11.04660615
9	54.46811	1.07423909E-02	0.01743664 0.07475517 0.21473029 0.48619377 0.33952440	1.00320913 0.94000763 0.75241104 0.38035941	1.11140594 1.20541018 1.59427075 3.99367360
10	62.87310	7.18364934E-04	0.01416541 0.05705244 0.15227441 0.34248974 0.56606820	1.00243868 0.95112485 0.80679400 0.50876239 0.15665333	1.10967176 1.18146195 1.43866402 2.53364818 16.85961025
11	71.27810	1.89561759E-03	0.01173172 0.04505219 0.11302479 0.24715882 0.44010382 0.27454517	1.00191684 0.95948711 0.84548534 0.61002877 0.26855996	1.10840151 1.16521287 1.34886071 1.97608100 5.60218350
12	79.68310	1.03715781E-04	0.00987275 0.03653467 0.08702878 0.18380667 0.33584505 0.47819163	1.00154729 0.96590571 0.87374194 0.68632077 0.38832040 0.10857882	1.10744263 1.15363363 1.29189837 1.69915905 3.31251806 23.96609125

TABLES FOR ELLIPTIC-FUNCTION FILTERS

TABLE 2.48 $\quad \alpha_p = 0.50$ dB $\quad \omega_s = 1.10$

n	α_s (dB)	K	a_i	b_i	ω_{zi}^2
2	2.35382	7.62621447E-01	0.42987249	1.38465298	1.71408333
3	8.54567	9.04415500E-01	0.20787068 1.11228618	1.11422123	1.37031362
4	17.60424	1.31761362E-01	0.12448226 0.99508295	1.04556637 0.74958332	1.29092536 4.34993045
5	27.20738	1.62444290E-01	0.08164122 0.49230420 0.57310727	1.02258124 0.76553300	1.25932043 2.19309252
6	36.87466	1.43306900E-02	0.05735846 0.28875686 0.79303667	1.01310395 0.81858006 0.34432436	1.24336198 1.71408333 8.82645503
7	46.54892	2.45087718E-02	0.04241810 0.18934221 0.51392270 0.39150736	1.00847545 0.86070149 0.47674872	1.23412774 1.52394347 3.51476933
8	56.22394	1.54455343E-03	0.03260985 0.13387697 0.34533497 0.62358980	1.00591482 0.89103236 0.59451945 0.19352845	1.22828554 1.42710316 2.38041134 15.10622386
9	65.89904	3.39590147E-03	0.02583672 0.09986337 0.24380956 0.46554629 0.29915928	1.00436184 0.91288460 0.68242323 0.31255204	1.22434749 1.37031362 1.93771872 5.29924776
10	75.57415	1.66453351E-04	0.02096829 0.07749902 0.17999207 0.34623235 0.50864511	1.00335232 0.92894251 0.74642751 0.43317511 0.12356910	1.22156377 1.33383389 1.71408333 3.26194236 23.18380252
11	85.24926	4.47295284E-04	0.01735369 0.06199250 0.13791799 0.26195026 0.41084436 0.24262059	1.00265986 0.94101496 0.79351883 0.53425933 0.21768814	1.21952174 1.30885579 1.58345232 2.47910056 7.53784368
12	94.92437	1.79383136E-05	0.01459806 0.05078513 0.10894860 0.20275448 0.32700513 0.42808388	1.00216454 0.95029004 0.82884665 0.61442512 0.32368946 0.08565912	1.21797858 1.29092536 1.49966651 2.08721567 4.34993045 33.05778965

TABLES WITH PRESCRIBED α_p AND ω_s

TABLE 2.49 $\alpha_p = 0.50$ dB $\omega_s = 1.20$

n	α_s (dB)	K	a_i	b_i	ω_{zi}^2
2	3.92853	6.36170278E-01	0.66098806	1.50675702	2.23598995
3	13.05656	6.25041761E-01	0.30960177	1.13661694	1.69961711
			0.93464353		
4	24.17316	6.18503031E-02	0.17887454	1.05369892	1.57243034
			0.97332692	0.60854732	6.22440210
5	35.48991	7.66384177E-02	0.11574937	1.02718155	1.52112676
			0.53705597	0.67655169	2.96836736
			0.49794502		
6	46.82182	4.55941465E-03	0.08085118	1.01615931	1.49503501
			0.33594429	0.75364465	2.23598995
			0.72730313	0.27306197	12.95267133
7	58.15484	7.89338794E-03	0.05960975	1.01067041	1.47987220
			0.22972686	0.81083926	1.94134077
			0.50665582	0.39903334	4.96669734
			0.34443210		
8	69.48795	3.35430645E-04	0.04574314	1.00757287	1.47025268
			0.16722851	0.85157365	1.78950851
			0.36167647	0.51789949	3.25283137
			0.56327994	0.15317073	22.38359942
9	80.82106	7.46615153E-04	0.03619956	1.00566040	1.46375630
			0.12739162	0.88094119	1.69961711
			0.26779778	0.61168981	2.57910431
			0.44033125	0.25578400	7.65239273
			0.26447215		
10	92.15417	2.46769593E-05	0.02935469	1.00439774	1.45915806
			0.10042277	0.90259708	1.64143114
			0.20523452	0.68306839	2.23598995
			0.34315142	0.36578631	4.58549178
			0.45677291	0.09780350	34.51224856
11	103.48728	6.71329696E-05	0.02428034	1.00352004	1.45578169
			0.08129604	0.91894203	1.60134652
			0.16199476	0.73744350	2.03396257
			0.27073564	0.46315824	3.40244526
			0.38069104	0.17619539	11.01683847
			0.21500159		
12	114.82039	1.81543427E-06	0.02041515	1.00288463	1.45322828
			0.06722261	0.93154585	1.57243034
			0.13105296	0.77937619	1.90342059
			0.21726598	0.54414642	2.80722454
			0.31400047	0.26836210	6.22440210
			0.38332524	0.06781598	49.33737292

TABLES FOR ELLIPTIC-FUNCTION FILTERS

TABLE 2.50 $\alpha_p = 0.50$ dB $\omega_s = 1.30$

n	α_s (dB)	K	a_i	b_i	ω_{zi}^2
2	5.45887	5.33404436E-01	0.82507853	1.56500098	2.76986110
3	16.53796	4.75881083E-01	0.37450044 0.85038152	1.14467544	2.04549178
4	28.97745	3.55735550E-02	0.21320513 0.95078676	1.05729912 0.54014281	1.87203529 8.09590074
5	41.50909	4.42214584E-02	0.13725812 0.55515456 0.46211789	1.02951691 0.62826989	1.80172617 3.75154942
6	54.04592	1.98474179E-03	0.09564852 0.35950436 0.69188583	1.01781910 0.71651211 0.24053658	1.76587349 2.76986110 17.05900371
7	66.58304	3.45181088E-03	0.07042698 0.25145708 0.49910755 0.32152926	1.01191000 0.78152615 0.36083893	1.74500515 2.37295089 6.41928757
8	79.12018	1.10660038E-04	0.05400019 0.18591636 0.36729082 0.53231707	1.00853272 0.82799179 0.47813051 0.13486522	1.73175245 2.16753699 4.13190506 29.61890227
9	91.65732	2.47444246E-04	0.04271090 0.14321473 0.27868449 0.42538481 0.24745160	1.00642489 0.86164590 0.57352257 0.22885195	1.72279628 2.04549178 3.23035976 9.99874919
10	104.19447	6.16987995E-06	0.03462177 0.11383031 0.21775808 0.33920518 0.43053281	1.00502062 0.88656561 0.64790471 0.33243727 0.08612754	1.71645385 1.96626858 2.76986110 5.91089265 45.77053523
11	116.73161	1.68621687E-05	0.02862909 0.09272817 0.17455291 0.27330481 0.36422614 0.20139201	1.00403708 0.90543879 0.70566389 0.42669901 0.15682716	1.71179511 1.91156744 2.49791955 4.33182903 14.48062467
12	129.26875	3.44003302E-07	0.02406673 0.07704877 0.14297455 0.22338971 0.30567104 0.36083061	1.00332059 0.92003311 0.75088842 0.50704722 0.24169831 0.05973026	1.70827095 1.87203529 2.32172020 3.53591217 8.09590074 65.51264289

TABLES WITH PRESCRIBED α_p AND ω_s

TABLE 2.51 $\alpha_p = 0.50$ dB $\omega_s = 1.40$

n	α_s (dB)	K	a_i	b_i	ω_{zi}^2
2	6.91406	4.51125049E-01	0.94389400	1.59207928	3.33171426
3	19.42727	3.80609874E-01	0.41967001 0.80027988	1.14791013	2.41362466
4	32.89385	2.26624840E-02	0.23720501 0.93335884	1.05925453 0.49916869	2.19272298 10.04514922
5	46.40869	2.82239708E-02	0.15231074 0.56460570 0.44051894	1.03094009 0.59744897	2.10296851 4.57138649
6	59.92570	1.00859069E-03	0.10600181 0.37382867 0.66926787	1.01888079 0.69205120 0.22149988	2.05714050 3.33171426 21.32988118
7	73.44280	1.75806719E-03	0.07799241 0.26530426 0.49313021 0.30757643	1.01272361 0.76188243 0.33762898	2.03044519 2.82928574 7.93356016
8	86.95991	4.48750051E-05	0.05977296 0.19812249 0.36979407 0.51295871	1.00917262 0.81202401 0.45324773 0.12417611	2.01348356 2.56871159 5.05111905 37.14090391
9	100.47702	1.00570187E-04	0.04726184 0.15370939 0.28491390 0.41540429 0.23703851	1.00693982 0.84849171 0.54912254 0.21276739	2.00201703 2.41362466 3.91358937 12.44120228
10	113.99412	1.99661271E-06	0.03830222 0.12281560 0.22536129 0.33594027 0.41423890	1.00544315 0.87558499 0.62506327 0.31207947 0.07931142	1.99389491 2.31281310 3.33171426 7.29313530 57.47276113
11	127.51123	5.46901047E-06	0.03166727 0.10044666 0.18241751 0.27421659 0.35362131 0.19304831	1.00438964 0.89615838 0.68477029 0.40401651 0.14535168	1.98792788 2.24312851 2.98760207 5.30320197 18.08392129
12	141.02834	8.88348048E-08	0.02661744 0.08371966 0.15059288 0.22671267 0.29992301 0.34690541	1.00361899 0.91210058 0.73198414 0.48359820 0.22563997 0.05500972	1.98341344 2.19272298 2.76434238 4.29930231 10.04514922 82.32410735

TABLE 2.52 $\alpha_p = 0.50$ dB $\omega_s = 1.50$

n	α_s (dB)	K	a_i	b_i	ω_{zi}^2
2	8.28162	3.85406679E-01	1.03153404	1.60319288	3.92705098
3	21.92313	3.14095748E-01	0.45285639 0.76695213	1.14916832	2.80601409
4	36.25132	1.53969335E-02	0.25496154 0.92000559	1.06043768 0.47182654	2.53555301 12.09930946
5	50.60705	1.91969228E-02	0.16346207 0.57023587 0.42597073	1.03189397 0.57601197	2.42551467 5.43764461
6	64.96381	5.64689356E-04	0.11367204 0.38346065 0.65350144	1.01961982 0.67467294 0.20894915	2.36928876 3.92705098 25.82724179
7	79.32060	9.85554101E-04	0.08359620 0.27493000 0.48846554 0.29811730	1.01330080 0.74776048 0.32196599	2.33652227 3.31399017 9.53007807
8	93.67739	2.07076345E-05	0.06404804 0.20675371 0.37105478 0.49962799	1.00963165 0.80046127 0.43613983 0.11713721	2.31569730 2.99566041 6.02182423 45.05997715
9	108.03418	4.64671198E-05	0.05063149 0.16120888 0.28892242 0.40825939 0.22996083	1.00731182 0.83892087 0.53210975 0.20202715	2.30161638 2.80601409 4.63633606 15.01434140
10	122.39097	7.59366277E-07	0.04102694 0.12928217 0.23047361 0.33333927 0.40306359	1.00574990 0.86756911 0.60896852 0.29829739 0.07482336	2.29164107 2.68264144 3.92705098 8.75076419 69.79149744
11	136.74777	2.08265218E-06	0.03391625 0.10602968 0.18782242 0.27452716 0.34618599 0.18736990	1.00464647 0.88936739 0.66992930 0.38847357 0.13772623	2.28431184 2.59730854 3.50725258 6.32873878 21.87869979
12	151.10456	2.78465965E-08	0.02850538 0.08856302 0.15590204 0.22876166 0.29572986 0.33737226	1.00383693 0.90628548 0.71847223 0.46736477 0.21485969 0.05190129	2.27876640 2.53555301 3.23468279 5.10624978 12.09930946 100.02032819

TABLES WITH PRESCRIBED α_p AND ω_s

TABLE 2.53 $\alpha_p = 0.50$ dB $\omega_s = 1.60$

n	α_s (dB)	K	a_i	b_i	ω_{zi}^2
2	9.56114	3.32615820E-01	1.09750296	1.60603598	4.55839935
3	24.13447	2.65028183E-01	0.47817962 0.74320780	1.14953286	3.22358844
4	39.21507	1.09457769E-02	0.26860412 0.90959723	1.06120538 0.45231858	2.90102026 14.27074081
5	54.31240	1.36569680E-02	0.17204023 0.57388217 0.41549891	1.03257344 0.56026460	2.76967413 6.35478784
6	69.41025	3.38444654E-04	0.11957310 0.39035992 0.64188992	1.02016267 0.66170999 0.20006000	2.70253061 4.55839935 30.57924331
7	84.50811	5.91147441E-04	0.08790706 0.28199903 0.48477932 0.29127850	1.01373104 0.73713473 0.31069390	2.66339126 3.82874670 11.21820455
8	99.60598	1.04640829E-05	0.06733635 0.21317285 0.37173284 0.48988806	1.00997668 0.79171441 0.42366663 0.11215535	2.63851172 3.44960098 7.04920364 53.42629009
9	114.70384	2.34992374E-05	0.05322307 0.16682957 0.29169799 0.40290279 0.22483481	1.00759292 0.83165513 0.51958233 0.19435298	2.62168732 3.22358844 5.40205514 17.73389920
10	129.80171	3.23530076E-07	0.04312229 0.13415390 0.23413711 0.33125838 0.39492028	1.00598251 0.86146881 0.59702768 0.28835560 0.07164700	2.60976747 3.07648771 4.55839935 10.29222642 82.80517953
11	144.89957	8.88009129E-07	0.03564561 0.11025132 0.19175951 0.27458817 0.34068720 0.18325373	1.00484173 0.88419000 0.65885493 0.37716641 0.13229558	2.60100900 2.97470394 4.05882609 7.41399622 25.88858945
12	159.99744	1.00029511E-08	0.02995704 0.09223541 0.15980934 0.23013073 0.29254728 0.33043410	1.00400293 0.90184617 0.70834417 0.45546995 0.20712810 0.04970122	2.59438186 2.90102026 3.73431012 5.96080521 14.27074081 118.71427715

TABLE 2.54 $\alpha_p = 0.50$ dB $\omega_s = 1.70$

n	α_s (dB)	K	a_i	b_i	ω_{zi}^2
2	10.75777	2.89808770E-01	1.14817596	1.60462466	5.22711358
3	26.12828	2.27421846E-01	0.49805863 0.72548047	1.14947461	3.66684818
4	41.88198	8.05194499E-03	0.27937930 0.90132510	1.06172918 0.43774487	3.28939231 16.56602649
5	57.64635	1.00511368E-02	0.17882275 0.57638691 0.40761529	1.03307878 0.54824343	3.13561449 7.32520020
6	73.41100	2.13525619E-04	0.12423963 0.39552420 0.63300412	1.02057684 0.65169927 0.19345165	3.05698115 5.22711358 35.60087619
7	89.17566	3.73144873E-04	0.09131592 0.28739432 0.48181877 0.28611351	1.01406317 0.72887437 0.30221593	3.01113617 4.37445896 13.00292897
8	104.94031	5.66218772E-06	0.06993641 0.21811990 0.37210961 0.48247607	1.01024478 0.78488663 0.41419479 0.10845342	2.98199086 3.93118859 8.13602356 62.26654812
9	120.70497	1.27220239E-05	0.05527205 0.17118695 0.29372010 0.39875095 0.22095848	1.00781223 0.82596801 0.50999884 0.18861089	2.96228030 3.66684818 6.21259416 20.60825371
10	136.46963	1.50147645E-07	0.04477883 0.13794566 0.23688097 0.32957328 0.38873508	1.00616448 0.85668480 0.58784132 0.28086473 0.06928674	2.94831492 3.49474815 5.22711358 11.92202402 96.55555865
11	152.23429	4.12325925E-07	0.03701273 0.11354635 0.19474609 0.27453980 0.33646601 0.18013908	1.00499477 0.88012416 0.65029808 0.36859346 0.12824184	2.93805302 3.37563695 4.64337158 8.56193928 30.12617057
12	167.99894	3.98155562E-09	0.03110456 0.09510771 0.16279684 0.23109825 0.29005898 0.32516890	1.00413322 0.89835632 0.70049186 0.44640313 0.20132706 0.04806635	2.93028807 3.28939231 4.26406728 6.86513277 16.56602649 138.46608852

TABLES WITH PRESCRIBED α_p AND ω_s

TABLE 2.55 $\alpha_p = 0.50$ dB $\omega_s = 1.80$

n	α_s (dB)	K	a_i	b_i	ω_{zi}^2
2	11.87858	2.54724525E-01	1.18784987	1.60109761	5.93399326
3	27.94905	1.97769986E-01	0.51401464 0.71178463	1.14921625	4.13608997
4	44.31469	6.08506748E-03	0.28807384 0.89463328	1.06210060 0.42648293	3.70082806 18.98903968
5	60.68739	7.59840586E-03	0.18430074 0.57818529 0.40148295	1.03346706 0.53879857	3.52343541 8.35028662
6	77.06025	1.40277267E-04	0.12800921 0.39951832 0.62600707	1.02090199 0.64376277 0.18836269	3.43270883 5.93399326 40.90095694
7	93.43312	2.45224514E-04	0.09406952 0.29163262 0.47940406 0.28208618	1.01432641 0.72229132 0.29562927	3.37980700 4.95166137 14.88718755
8	109.80599	3.23370700E-06	0.07203655 0.22203604 0.37232013 0.47666367	1.01045838 0.77942753 0.40678163 0.10560354	3.34617284 4.44081128 9.28391360 71.59645675
9	126.17885	7.26811370E-06	0.05692698 0.17465243 0.29524979 0.39545014 0.21793307	1.00798752 0.82141107 0.50245543 0.18416716	3.32342538 4.13608997 7.06904278 23.64233337
10	142.55172	7.45442300E-08	0.04611672 0.14097070 0.23900444 0.32819067 0.38389159	1.00631025 0.85284571 0.58057881 0.27503671 0.06746973	3.30730769 3.93765782 5.93399326 13.64280678 111.06718827
11	158.92459	2.04778921E-07	0.03811682 0.11618094 0.19708108 0.27444414 0.33313397 0.17770700	1.00511755 0.87685779 0.64351032 0.36189160 0.12511033	3.29546394 3.80029884 5.26150905 9.77431436 34.59884246
12	175.29745	1.71841240E-09	0.03203127 0.09740806 0.16514722 0.23181116 0.28806791 0.32104855	1.00423787 0.89555037 0.69424645 0.43928596 0.19682822 0.04680771	3.28650187 3.70082806 4.82445294 7.82050820 18.98903968 159.31112624

TABLES FOR ELLIPTIC-FUNCTION FILTERS

TABLE 2.56 $\alpha_p = 0.50$ dB $\omega_s = 1.90$

n	α_s (dB)	K	a_i	b_i	ω_{zi}^2
2	12.93096	2.25658572E-01	1.21945876	1.59660925	6.67954382
3	29.62809	1.73867463E-01	0.52705453 0.70092199	1.14886890	4.63150184
4	46.55650	4.70083290E-03	0.29521162 0.88913547	1.06237221 0.41755062	4.13542838 21.54222276
5	63.48974	5.87128837E-03	0.18880156 0.57952210 0.39659183	1.03377313 0.53120868	3.93320015 9.43093402
6	80.42307	9.52458964E-05	0.13110682 0.40268693 0.62037309	1.02116304 0.63733890 0.18433680	3.82975716 6.67954382 46.48504382
7	97.35641	1.66543543E-04	0.09633225 0.29503798 0.47740715 0.27886796	1.01453944 0.71694056 0.29038237	3.76943549 5.56069213 16.87283215
8	114.28975	1.92980151E-06	0.07376224 0.22520219 0.37243471 0.47199841	1.01063198 0.77497864 0.40084195 0.10334951	3.73108188 4.97871484 10.49390223 81.42591673
9	131.22308	4.33849025E-06	0.05828678 0.17746478 0.29644119 0.39277251 0.21551367	1.00813037 0.81769088 0.49638402 0.18063806	3.70514162 4.63150184 7.97208925 26.83924564
10	148.15642	3.91002025E-08	0.04721598 0.14343180 0.24069007 0.32704216 0.38000826	1.00642924 0.84970771 0.57471311 0.27038885 0.06603261	3.68676121 4.40536580 6.67954382 15.45624603 126.35554653
11	165.08976	1.07437318E-07	0.03902394 0.11832819 0.19895009 0.27433044 0.33044585 0.17576136	1.00521790 0.87418555 0.63801325 0.35652664 0.12262686	3.67325450 4.24881096 5.91363068 11.05222352 39.31127005
12	182.02309	7.92219211E-10	0.03279264 0.09928538 0.16703810 0.23235380 0.28644472 0.31774670	1.00432347 0.89325328 0.68917785 0.43356996 0.19324938 0.04581219	3.66303393 4.13542838 5.41578269 8.82773703 21.54222276 181.27168292

TABLES WITH PRESCRIBED α_p AND ω_s

TABLE 2.57 $\quad \alpha_p = 0.50$ dB $\quad \omega_s = 2.00$

n	α_s (dB)	K	a_i	b_i	ω_{zi}^2
2	13.92186	2.01329344E-01	1.24504055	1.59178574	7.46410139
3	31.18839	1.54253060E-01	0.53787176	1.14848975	5.15320907
			0.69212482		
4	48.63889	3.69875657E-03	0.30115579	1.06257595	4.59326050
			0.88455764	0.41031748	24.22719723
5	66.09276	4.62049374E-03	0.19255238	1.03401946	4.36495093
			0.58054406	0.52499728	10.56773170
			0.39261217		
6	83.54670	6.64759860E-05	0.13368862	1.02137648	4.24815516
			0.40525243	0.63205081	7.46410139
			0.61575433	0.18108320	52.35682627
7	101.00065	1.16257849E-04	0.09821820	1.01471478	4.18004286
			0.29782444	0.71252068	6.20177632
			0.47573552	0.28611837	18.96109238
			0.27624553		
8	118.45459	1.19473248E-06	0.07520054	1.01077538	4.13673416
			0.22780621	0.77129580	5.54506294
			0.37249221	0.39599231	11.76667271
			0.46818338	0.10152817	91.76149959
9	135.90853	2.68641198E-06	0.05942007	1.00824862	4.10744179
			0.17978498	0.81460682	5.15320907
			0.29739094	0.49140863	8.92219104
			0.39056435	0.17777704	30.20105343
			0.21354100		
10	153.36247	2.14722002E-08	0.04813210	1.00652788	4.08668580
			0.14546640	0.84710366	4.89797143
			0.24205564	0.56989269	7.46410139
			0.32607737	0.26660816	17.36345159
			0.37683542	0.06487136	142.43090662
11	170.81641	5.90104135E-08	0.03977992	1.00530116	4.07143320
			0.12010593	0.87196638	4.72125424
			0.20047471	0.63348580	6.59999740
			0.27421292	0.35214933	12.39639884
			0.32823866	0.12061577	44.26654989
			0.17417450		
12	188.27035	3.85906792E-10	0.03342713	1.00439455	4.05989139
			0.10084131	0.89134460	4.59326050
			0.16858702	0.68499607	6.03826664
			0.23277776	0.42889392	9.88735452
			0.28510084	0.19034413	24.22719723
			0.31505005	0.04500776	204.36255442

TABLE 2.58 $\alpha_p = 0.50$ dB $\omega_s = 2.50$

n	α_s (dB)	K	a_i	b_i	ω_{zi}^2
2	18.14936	1.23746232E-01	1.32126772	1.57008859	11.97821693
3	37.70658	9.35507678E-02	0.57200103 0.66555179	1.14676857	8.15849933
4	57.33338	1.35934920E-03	0.32005530 0.87003231	1.06309198 0.38847951	7.23214692 39.65890130
5	76.96095	1.69878450E-03	0.20449529 0.58328055 0.38048404	1.03475243 0.50587948	6.85427947 17.10487343
6	96.58852	1.48106402E-05	0.14191177 0.41298946 0.60148777	1.02203201 0.61559701 0.17129298	6.66092931 11.97821693 86.09932205
7	116.21610	2.59124552E-05	0.10422518 0.30639799 0.47037891 0.26823202	1.01526032 0.69867968 0.27315868	6.54815664 9.89216907 30.96435184
8	135.84368	1.61367536E-07	0.07978149 0.23589601 0.37246362 0.45645162	1.01122459 0.75971590 0.38112634 0.09604924	6.47644452 8.80650605 19.08488647 151.15262816
9	155.47125	3.62990526E-07	0.06302940 0.18703497 0.30017030 0.38367091 0.20750654	1.00862056 0.80488327 0.47605436 0.16911934	6.42793820 8.15849933 14.38699382 49.52163751
10	175.09883	1.75816036E-09	0.05104960 0.15184864 0.24617920 0.32296686 0.36709362	1.00683899 0.83887785 0.55493876 0.25509746 0.06137803	6.39356610 7.73630801 11.97821693 28.32648570 234.80245735
11	194.72641	4.83378947E-09	0.04218732 0.12569774 0.20513918 0.27371252 0.32140140 0.16931765	1.00556429 0.86494660 0.61938340 0.33874796 0.11454229	6.36830687 7.44393946 10.55034060 20.12480324 72.74293386
12	214.35398	1.91558219E-11	0.03544759 0.10574537 0.17336313 0.23396824 0.28087609 0.30677635	1.00461949 0.88530067 0.67192837 0.41450872 0.18153102 0.04258770	6.34919249 7.23214692 9.62189218 15.98117334 39.65890130 337.04486595

TABLES WITH PRESCRIBED α_p AND ω_s

TABLE 2.59 $\alpha_p = 0.50$ dB $\omega_s = 3.00$

n	α_s (dB)	K	a_i	b_i	ω_{zi}^2
2	21.51703	8.39747089E-02	1.35715330	1.55532367	17.48526726
3	42.81532	6.32111702E-02	0.58942022 0.65263139	1.14559266	11.82781034
4	64.14574	6.20458612E-04	0.32979126 0.86258186	1.06328212 0.37787137	10.45539578 58.47082241
5	85.47641	7.75488936E-04	0.21065859 0.58440861 0.37452551	1.03510134 0.49638918	9.89549927 25.07686613
6	106.80707	4.56716216E-06	0.14615717 0.41673931 0.59437424	1.02235673 0.60732765 0.16655401	9.60898577 17.48526726 127.22848130
7	128.13774	7.99165650E-06	0.10732664 0.31065258 0.46760122 0.26428327	1.01553477 0.69167214 0.26681474	9.44186761 14.39580351 45.59780555
8	149.46840	3.36186183E-08	0.08214660 0.23995560 0.37233402 0.45063023	1.01145243 0.75382575 0.37377898 0.09339793	9.33559418 12.78772800 28.00868586 223.54276641
9	170.79907	7.56335518E-08	0.06489278 0.19069753 0.30146898 0.38019364 0.20452949	1.00881013 0.79992189 0.46840774 0.16490184	9.26370909 11.82781034 21.05233091 73.07327598
10	192.12974	2.47464689E-10	0.05255575 0.15508720 0.24818148 0.32134368 0.36226791	1.00699808 0.83467149 0.54744729 0.24945159 0.05968754	9.21276986 11.20235213 17.48526726 41.69217489 347.38975581
11	213.46040	6.80452653E-10	0.04343008 0.12854415 0.20743923 0.27338640 0.31798140 0.16692016	1.00569915 0.86135123 0.61228572 0.33213347 0.11159033	9.17533545 10.76919323 15.37060791 29.54847187 107.45369485
12	234.79107	1.82157302E-12	0.03649055 0.10824750 0.17573977 0.23449509 0.27872895 0.30268119	1.00473498 0.88220142 0.66532733 0.40736980 0.17722593 0.04141653	9.14700756 10.45539578 13.99548719 23.41295818 58.47082241 498.76368903

TABLE 2.60 $\alpha_p = 0.50$ dB $\omega_s = 4.00$

n	α_s (dB)	K	a_i	b_i	ω_{zi}^2
2	26.71901	4.61369996E-02	1.38925022	1.53902944	31.49180683
3	50.65225	3.46408594E-02	0.60603933	1.14429231	21.16360355
			0.64068019		
4	74.59522	1.86311265E-04	0.33914026	1.06342014	18.65772768
			0.85545981	0.36806818	106.30049620
5	98.53824	2.32880974E-04	0.21658478	1.03542063	17.63533663
			0.58532841	0.48749717	45.34922431
			0.36897651		
6	122.48125	7.51514653E-07	0.15024078	1.02266240	17.11212973
			0.42019990	0.59951752	31.49180683
			0.58768915	0.16218406	231.79455244
7	146.42428	1.31510105E-06	0.11031022	1.01579598	16.80694455
			0.31464113	0.68502191	25.85195013
			0.46492891	0.26092304	82.80479184
			0.26059933		
8	170.36729	3.03134533E-09	0.08442196	1.01167060	16.61286855
			0.24378958	0.74821893	22.91617547
			0.37214541	0.36691335	50.70063383
			0.44517602	0.09095361	407.58268170
9	194.31032	6.82025856E-09	0.06668548	1.00899239	16.48159086
			0.19417186	0.79518953	21.16360355
			0.30263945	0.46122736	38.00312814
			0.37690323	0.16099711	132.95254493
			0.20175016		
10	218.25334	1.22273739E-11	0.05400481	1.00715151	16.38856405
			0.15816845	0.83065361	20.02161792
			0.25003340	0.54038558	31.49180683
			0.31977732	0.24420146	75.67621657
			0.35775155	0.05812907	633.62151974
11	242.19637	3.36239196E-11	0.04462576	1.00582954	16.32019979
			0.13125801	0.85791345	19.23070999
			0.20958802	0.60557504	27.63151622
			0.27303654	0.32595783	53.51115407
			0.31476193	0.10886124	195.70245541
			0.16468117		
12	266.13938	4.93208859E-14	0.03749406	1.00484690	16.26846596
			0.11063690	0.87923577	18.65772768
			0.17797335	0.65907133	25.12113176
			0.23495285	0.40068109	42.31207505
			0.27668883	0.17323308	106.30049620
			0.29885061	0.04033682	909.90062565

TABLE 2.61 $\alpha_p = 1.00$ dB $\omega_s = 1.02$

n	α_s (dB)	K	a_i	b_i	ω_{zi}^2
2	1.97414	7.96696489E-01	0.18786570	1.11328884	1.24541746
3	5.28836	1.05807691E+00	0.07239110 1.13046801	1.02856704	1.09893914
4	11.06172	2.79842617E-01	0.04126494 0.76228784	1.00926444 0.84043596	1.06865720 2.52788509
5	17.88219	3.40487159E-01	0.02651891 0.29665775 0.61062600	1.00314593 0.86257174	1.05724593 1.46776956
6	24.95945	5.64972778E-02	0.01836981 0.14864854 0.73816205	1.00101503 0.90240334 0.43886627	1.05165532 1.24541746 4.77482651
7	32.08900	9.20467434E-02	0.01344933 0.08732885 0.39655458 0.41472181	1.00021260 0.92967115 0.61442733	1.04847856 1.16210734 2.11268545
8	39.22876	1.09285420E-02	0.01026633 0.05703222 0.22821065 0.61467995	0.99989653 0.94746264 0.73580428 0.25532639	1.04649212 1.12170834 1.55734772 7.93983423
9	46.37049	2.28524419E-02	0.00809269 0.04010433 0.14263488 0.40360641 0.31583572	0.99977421 0.95939757 0.81167933 0.43191789	1.04516373 1.09893914 1.34765647 3.00246311
10	53.51260	2.11042608E-03	0.00654194 0.02975709 0.09564420 0.26437305 0.51368029	0.99973349 0.96771234 0.86008146 0.57994957 0.16532230	1.04423001 1.08476940 1.24541746 1.98772325 12.01481726
11	60.65478	5.39339845E-03	0.00534697 0.02297812 0.06786415 0.17892438 0.37896953 0.25571335	0.99971161 0.97372942 0.89224473 0.68571242 0.31256861	1.04354791 1.07531017 1.18770145 1.60490835 4.12640292
12	67.79698	4.07521863E-04	0.00489031 0.01842289 0.05036978 0.12597112 0.27275455 0.43778430	0.99987613 0.97805278 0.91450359 0.75924377 0.45629483 0.11541496	1.04303406 1.06865720 1.15182069 1.41763838 2.52788509 16.99758869

TABLE 2.62 $\alpha_p = 1.00$ dB $\omega_s = 1.05$

n	α_s (dB)	K	a_i	b_i	ω_{zi}^2
2	2.81612	7.23092732E-01	0.31416642	1.16722177	1.43866402
3	8.13423	8.16797083E-01	0.13100749	1.03879592	1.20541018
			0.94780457		
4	15.84033	1.61429806E-01	0.07392526	1.01067091	1.15363363
			0.80185190	0.68485736	3.31251806
5	24.13454	1.96541681E-01	0.04711818	1.00288504	1.13342204
			0.36237082	0.76982021	1.77373854
			0.51179432		
6	32.52332	2.36501683E-02	0.03256680	1.00045596	1.12332578
			0.19850539	0.83875218	1.43866402
			0.68110850	0.33365602	6.52876832
7	40.92597	3.97266826E-02	0.02384012	0.99964614	1.11752125
			0.12390531	0.88300756	1.30834085
			0.41258678	0.50707100	2.71437208
			0.35224828		
8	49.33064	3.41560941E-03	0.01820481	0.99938744	1.11386414
			0.08452359	0.91175529	1.24311809
			0.26074262	0.64035726	1.90613949
			0.54815699	0.19149694	11.04660615
9	57.73559	7.37439460E-03	0.01435661	0.99933139	1.11140594
			0.06139367	0.93119522	1.20541018
			0.17502816	0.73097818	1.59427075
			0.39049460	0.34264673	3.99367360
			0.26987790		
10	66.14059	4.93140426E-04	0.01161236	0.99935169	1.10967176
			0.04669379	0.94487782	1.18146195
			0.12406156	0.79260103	1.43866402
			0.27644504	0.48249274	2.53364818
			0.45195413	0.12345216	16.85961025
11	74.54559	1.30129617E-03	0.00958587	0.99939873	1.10840151
			0.03677356	0.95485043	1.16521287
			0.09198888	0.83563142	1.34886071
			0.19996140	0.59157382	1.97608100
			0.35301573	0.24274702	5.60218350
			0.21915731		
12	82.95059	7.11984054E-05	0.00805915	0.99945775	1.10744263
			0.02976281	0.96233233	1.15363363
			0.07075039	0.86661667	1.29189837
			0.14884032	0.67310398	1.69915905
			0.27027002	0.36852427	3.31251806
			0.38259664	0.08602258	23.96609125

TABLE 2.63 $\alpha_p = 1.00$ dB $\omega_s = 1.10$

n	α_s (dB)	K	a_i	b_i	ω_{zi}^2
2	4.02540	6.29114683E-01	0.45825757	1.20993420	1.71408333
3	11.47971	6.20859625E-01	0.19530166	1.04240720	1.37031362
			0.81616129		
4	20.83168	9.08690616E-02	0.10896887	1.00968127	1.29092536
			0.79845781	0.56704195	4.34993045
5	30.47050	1.11514122E-01	0.06924145	1.00164018	1.25932043
			0.40428916	0.68854089	2.19309252
			0.44656183		
6	40.14168	9.83821033E-03	0.04785365	0.99940406	1.24336198
			0.23746089	0.77887251	1.71408333
			0.63017899	0.26676230	8.82645503
7	49.81636	1.68246861E-02	0.03504774	0.99879529	1.23412774
			0.15529191	0.83733891	1.52394347
			0.41359438	0.42873444	3.51476933
			0.31017489		
8	59.49143	1.06029968E-03	0.02677676	0.99869763	1.22828554
			0.10947161	0.87594025	1.42710316
			0.27937660	0.56377991	2.38041134
			0.49732835	0.15204536	15.10622386
9	69.16653	2.33120520E-03	0.02112558	0.99876552	1.22434749
			0.08144684	0.90243799	1.37031362
			0.19758387	0.66191034	1.93771872
			0.37347281	0.28220604	5.29924776
			0.23854140		
10	78.84164	1.14266248E-04	0.01709329	0.99888121	1.22156377
			0.06307375	0.92132146	1.33383389
			0.14590452	0.73214923	1.71408333
			0.27875186	0.41096741	3.26194236
			0.40677479	0.09779051	23.18380252
11	88.51675	3.07057523E-04	0.01411533	0.99900278	1.21952174
			0.05036846	0.93522329	1.30885579
			0.11176310	0.78318810	1.58345232
			0.21129859	0.51787623	2.47910056
			0.32955332	0.19720185	7.53784368
			0.19407174		
12	98.19186	1.23142235E-05	0.01185392	0.99911587	1.21797858
			0.04120671	0.94574367	1.29092536
			0.08824138	0.82111389	1.49966651
			0.16369917	0.60215574	2.08721567
			0.26288974	0.30746981	4.34993045
			0.34295213	0.06807097	33.05778965

TABLE 2.64 $\alpha_p = 1.00$ dB $\omega_s = 1.20$

n	α_s (dB)	K	a_i	b_i	ω_{zi}^2
2	6.15029	4.92589694E-01	0.64113098	1.23581985	2.23598995
3	16.20894	4.29076230E-01	0.27292268 0.70199891	1.03884107	1.69961711
4	27.43186	4.25017611E-02	0.15134613 0.77394242	1.00623818 0.46384747	1.57243034 6.22440210
5	38.75676	5.26104421E-02	0.09616740 0.43513568 0.39157872	0.99927119 0.60708927	1.52112676 2.96836736
6	50.08926	3.12994639E-03	0.06652229 0.27316053 0.57893349	0.99771765 0.71463665 0.21326742	1.49503501 2.23598995 12.95267133
7	61.42233	5.41862217E-03	0.04875970 0.18674163 0.40663213 0.27406882	0.99753875 0.78644042 0.35960632	1.47987220 1.94134077 4.96669734
8	72.75544	2.30265128E-04	0.03727570 0.13578212 0.29141946 0.45009825	0.99772653 0.83506451 0.49104367 0.12097447	1.47025268 1.78950851 3.25283137 22.38359942
9	84.08855	5.12533459E-04	0.02942231 0.10331100 0.21613779 0.35315589 0.21141932	0.99799314 0.86909159 0.59275848 0.23152223	1.46375630 1.69961711 2.57910431 7.65239273
10	95.42166	1.69401428E-05	0.02381472 0.08135244 0.16574258 0.27587922 0.36584144	0.99825254 0.89369801 0.66925858 0.34733837 0.07767713	1.45915806 1.64143114 2.23598995 4.58549178 34.51224856
11	106.75477	4.60851792E-05	0.01967100 0.06579823 0.13083692 0.21796908 0.30548024 0.17226695	0.99848130 0.91201776 0.72704580 0.44898492 0.15995404	1.45578169 1.60134652 2.03396257 3.40244526 11.01683847
12	118.08788	1.24625223E-06	0.01652229 0.05436681 0.10583419 0.17505883 0.25232975 0.30744557	0.99867622 0.92600384 0.77132452 0.53310901 0.25519763 0.05402932	1.45322828 1.57243034 1.90342059 2.80722454 6.22440210 49.33737292

TABLES WITH PRESCRIBED α_p AND ω_s

TABLE 2.65 $\alpha_p = 1.00$ dB $\omega_s = 1.30$

n	α_s (dB)	K	a_i	b_i	ω_{zi}^2
2	8.01830	3.97269372E-01	0.75320002	1.23464777	2.76986110
3	19.75419	3.26680990E-01	0.32006511 0.64674610	1.03320805	2.04549178
4	32.24204	2.44285695E-02	0.17749578 0.75463672	1.00319821 0.41408595	1.87203529 8.09590074
5	44.77642	3.03569743E-02	0.11290255 0.44750702 0.36496144	0.99744756 0.56366476	1.80172617 3.75154942
6	57.31340	1.36247922E-03	0.07816121 0.29091929 0.55141795	0.99649942 0.67853152 0.18864880	1.76587349 2.76986110 17.05900371
7	69.85053	2.36958567E-03	0.05732201 0.20359260 0.40026896 0.25636796	0.99666431 0.75695235 0.32565932	1.74500515 2.37295089 6.41928757
8	82.38768	7.59654715E-05	0.04383784 0.15046567 0.29549920 0.42580064	0.99706694 0.81092848 0.45345100 0.10679493	1.73175245 2.16753699 4.13190506 29.61890227
9	94.92482	1.69864561E-04	0.03461117 0.11583376 0.22454997 0.34120848 0.19805096	0.99747722 0.84914817 0.55563896 0.20743159	1.72279628 2.04549178 3.23035976 9.99874919
10	107.46196	4.23547513E-06	0.02802014 0.09201014 0.17557385 0.27258909 0.34508939	0.99783763 0.87702745 0.63453623 0.31586892 0.06852322	1.71645385 1.96626858 2.76986110 5.91089265 45.77053523
11	119.99910	1.15754758E-05	0.02314811 0.07491173 0.14077198 0.21988353 0.29235411 0.16149053	0.99814021 0.89792025 0.69538217 0.41372386 0.14253017	1.71179511 1.91156744 2.49791955 4.33182903 14.48062467
12	132.53624	2.36150045E-07	0.01944512 0.06221552 0.11530883 0.17984778 0.24562276 0.28956832	0.99839079 0.91395134 0.74277883 0.49674688 0.22999211 0.04764630	1.70827095 1.87203529 2.32172020 3.53591217 8.09590074 65.51264289

TABLE 2.66 $\alpha_p = 1.00$ dB $\omega_s = 1.40$

n	α_s (dB)	K	a_i	b_i	ω_{zi}^2
2	9.68711	3.27826865E-01	0.82749483	1.22549710	3.33171426
3	22.66848	2.61279582E-01	0.35213684 0.61341642	1.02806319	2.41362466
4	36.16016	1.55593664E-02	0.19555786 0.74053290	1.00076034 0.38423948	2.19272298 10.04514922
5	49.67613	1.93750814E-02	0.12452015 0.45393531 0.34879025	0.99604999 0.53614070	2.10296851 4.57138649
6	63.19319	6.92373593E-04	0.08625764 0.30170704 0.53385322	0.99558911 0.65493800 0.17417279	2.05714050 3.33171426 21.32988118
7	76.71029	1.20687111E-03	0.06328449 0.21431187 0.39536404 0.24554353	0.99602151 0.73733352 0.30502533	2.03044519 2.82928574 7.93356016
8	90.22740	3.08056185E-05	0.04841026 0.16003816 0.29728807 0.41058962	0.99658750 0.79468552 0.42996899 0.09848851	2.01348356 2.56871159 5.05111905 37.14090391
9	103.74451	6.90390299E-05	0.03822810 0.12412458 0.22936323 0.33325176 0.18985404	0.99710521 0.83562222 0.53196413 0.19302637	2.00201703 2.41362466 3.91358937 12.44120228
10	117.26161	1.37062691E-06	0.03095232 0.09914104 0.18154120 0.26991755 0.33218790	0.99754021 0.86565880 0.61203714 0.29665875 0.06316755	1.99389491 2.31281310 3.33171426 7.29313530 57.47276113
11	130.77872	3.75434498E-06	0.02557295 0.08105597 0.14699084 0.22054021 0.28390268 0.15487405	0.99789679 0.88826728 0.67461436 0.39180192 0.13219420	1.98792788 2.24312851 2.98760207 5.30320197 18.08392129
12	144.29583	6.09829703E-08	0.02148365 0.06753719 0.12135974 0.18244520 0.24100728 0.27849095	0.99818777 0.90567329 0.72387795 0.47378734 0.21480514 0.04391386	1.98341344 2.19272298 2.76434238 4.29930231 10.04514922 82.32410735

TABLE 2.67 $\alpha_p = 1.00$ dB $\omega_s = 1.50$

n	α_s (dB)	K	a_i	b_i	ω_{zi}^2
2	11.19387	2.75617220E-01	0.87941826	1.21443112	3.92705098
3	25.17584	2.15619224E-01	0.37539605 0.59101528	1.02371395	2.80601409
4	39.51826	1.05702894E-02	0.20881889 0.72997679	0.99881116 0.36428121	2.53555301 12.09930946
5	53.87453	1.31782287E-02	0.13308128 0.45774932 0.33784626	0.99495747 0.51706855	2.42551467 5.43764461
6	68.23130	3.87645779E-04	0.09223297 0.30896048 0.52160761	0.99488729 0.63825477 0.16459994	2.36928876 3.92705098 25.82724179
7	82.58809	6.76559336E-04	0.06768826 0.22175674 0.39158024 0.23818831	0.99553059 0.72329118 0.29109535	2.33652227 3.31399017 9.53007807
8	96.94488	1.42152962E-05	0.05178884 0.16679963 0.29816955 0.40010554	0.99622376 0.78296820 0.41383781 0.09300754	2.31569730 2.99566041 6.02182423 45.05997715
9	111.30167	3.18985672E-05	0.04090141 0.13004272 0.23246106 0.32756290 0.18427506	0.99682433 0.82581278 0.51547885 0.18339923	2.30161638 2.80601409 4.63633606 15.01434140
10	125.65847	5.21286800E-07	0.03311992 0.10426784 0.18555369 0.26780552 0.32333253	0.99731647 0.85738256 0.59620675 0.28365233 0.05963622	2.29164107 2.68264144 3.92705098 8.75076419 69.79149744
11	140.01526	1.42969094E-06	0.02736573 0.08549623 0.15126385 0.22074550 0.27797777 0.15036705	0.99771417 0.88122036 0.65988396 0.37678521 0.12532049	2.28431184 2.59730854 3.50725258 6.32873878 21.87869979
12	154.37205	1.91160230E-08	0.02299097 0.07139784 0.12557521 0.18404630 0.23764491 0.27090285	0.99803578 0.89961726 0.71038679 0.45790177 0.20460635 0.04145362	2.27876640 2.53555301 3.23468279 5.10624978 12.09930946 100.02032819

TABLE 2.68 $\alpha_p = 1.00$ dB $\omega_s = 1.60$

n	α_s (dB)	K	a_i	b_i	ω_{zi}^2
2	12.56685	2.35319309E-01	0.91721534	1.20356607	4.55839935
3	27.39309	1.81935514E-01	0.39299745 0.57493296	1.02009323	3.22358844
4	42.48228	7.51425224E-03	0.21895290 0.72185008	0.99723604 0.35001373	2.90102026 14.27074081
5	57.57988	9.37518215E-03	0.13964223 0.46021048 0.32994343	0.99408634 0.50309019	2.76967413 6.35478784
6	72.67774	2.32334173E-04	0.09681752 0.31415718 0.51258680	0.99433260 0.62584864 0.15780539	2.70253061 4.55839935 30.57924331
7	87.77560	4.05808590E-04	0.07106899 0.22722151 0.38860899 0.23286228	0.99514496 0.71275650 0.28106678	2.66339126 3.82874670 11.21820455
8	102.87347	7.18334283E-06	0.05438341 0.17182468 0.29862962 0.39244055	0.99593931 0.77412743 0.40208249 0.08912285	2.63851172 3.44960098 7.04920364 53.42629009
9	117.97133	1.61316648E-05	0.04295478 0.13447499 0.23460657 0.32330097 0.18023073	0.99660540 0.81838257 0.50335014 0.17651609	2.62168732 3.22358844 5.40205514 17.73389920
10	133.06920	2.22095665E-07	0.03478510 0.10812756 0.18842935 0.26612280 0.31687626	0.99714248 0.85109620 0.58447333 0.27426899 0.05713458	2.60976747 3.07648771 4.55839935 10.29222642 82.80517953
11	148.16706	6.09597044E-07	0.02874309 0.08885165 0.15437616 0.22076632 0.27359610 0.14709799	0.99757243 0.87585673 0.64890273 0.36586291 0.12042243	2.60100900 2.97470394 4.05882609 7.41399622 25.88858945
12	163.26493	6.86678687E-09	0.02414910 0.07432343 0.12867701 0.18511583 0.23509493 0.26537799	0.99791799 0.89500061 0.70028360 0.44626596 0.19728989 0.03971113	2.59438186 2.90102026 3.73431012 5.96080521 14.27074081 118.71427715

TABLE 2.69 $\alpha_p = 1.00$ dB $\omega_s = 1.70$

n	α_s (dB)	K	a_i	b_i	ω_{zi}^2
2	13.82798	2.03517139E-01	0.94564480	1.19361131	5.22711358
3	29.39017	1.56119662E-01	0.40673591 0.56285557	1.01707637	3.66684818
4	45.14933	5.52756254E-03	0.22692525 0.71543964	0.99594689 0.33933723	3.28939231 16.56602649
5	60.91384	6.89986521E-03	0.14481524 0.46189541 0.32398004	0.99337962 0.49243541	3.13561449 7.32520020
6	76.67849	1.46580236E-04	0.10043552 0.31804826 0.50568176	0.99388532 0.61628873 0.15274616	3.05698115 5.22711358 35.60087619
7	92.44315	2.56155037E-04	0.07373819 0.23139118 0.38623209 0.22883526	0.99483537 0.70458430 0.27352166	3.01113617 4.37445896 13.00292897
8	108.20781	3.88695654E-06	0.05643243 0.17569546 0.29887430 0.38660473	0.99571166 0.76723939 0.39315857 0.08623322	2.98199086 3.93118859 8.13602356 62.26654812
9	123.97246	8.73336535E-06	0.04457667 0.13790925 0.23617006 0.31999907 0.17717032	0.99643058 0.81257623 0.49407708 0.17136339	2.96228030 3.66684818 6.21259416 20.60825371
10	139.73712	1.03072770E-07	0.03610050 0.11113013 0.19058341 0.26476361 0.31197051	0.99700381 0.84617325 0.57545268 0.26719811 0.05527437	2.94831492 3.49474815 5.22711358 11.92202402 96.55555865
11	155.50178	2.83051893E-07	0.02983121 0.09146937 0.15673701 0.22070834 0.27023246 0.14462326	0.99745962 0.87164975 0.64042370 0.35758270 0.11676470	2.93805302 3.37563695 4.64337158 8.56193928 30.12617057
12	171.26644	2.73324277E-09	0.02506407 0.07661067 0.13104836 0.18587151 0.23310224 0.26118404	0.99782433 0.89137520 0.69245579 0.43739869 0.19179921 0.03841563	2.93028807 3.28939231 4.26406728 6.86513277 16.56602649 138.46608852

TABLE 2.70 $\alpha_p = 1.00$ dB $\omega_s = 1.80$

n	α_s (dB)	K	a_i	b_i	ω_{zi}^2
2	14.99446	1.77941322E-01	0.96761055	1.18474221	5.93399326
3	31.21286	1.35764369E-01	0.41771747 0.55348183	1.01454756	4.13608997
4	47.58210	4.17729429E-03	0.23333866 0.71027949	0.99487878 0.33107533	3.70082806 18.98903968
5	63.95488	5.21612403E-03	0.14898421 0.46310133 0.31933324	0.99279769 0.48407285	3.52343541 8.35028662
6	80.32775	9.62969915E-05	0.10335344 0.32105870 0.50024315	0.99351865 0.60872179 0.14884537	3.43270883 5.93399326 40.90095694
7	96.70061	1.68340768E-04	0.07589169 0.23466611 0.38429863 0.22569255	0.99458238 0.69808189 0.26765813	3.37980700 4.95166137 14.88718755
8	113.07348	2.21986257E-06	0.05808592 0.17875855 0.29900183 0.38202661	0.99552608 0.76174000 0.38617568 0.08400692	3.34617284 4.44081128 9.28391360 71.59645675
9	129.44634	4.98938635E-06	0.04588565 0.14063950 0.23735311 0.31737478 0.17478052	0.99628833 0.80792958 0.48678110 0.16737427	3.32342538 4.13608997 7.06904278 23.64233337
10	145.81921	5.11728323E-08	0.03716221 0.11352465 0.19225067 0.26365034 0.30812776	0.99689112 0.84222691 0.56832477 0.26169632 0.05384155	3.30730769 3.93765782 5.93399326 13.64280678 111.06718827
11	162.19208	1.40575835E-07	0.03070953 0.09356166 0.15858279 0.22061790 0.26757728 0.14269019	0.99736803 0.86827316 0.63370117 0.35111016 0.11393819	3.29546394 3.80029884 5.26150905 9.77431436 34.59884246
12	178.56494	1.17964904E-09	0.02580266 0.07844187 0.13291384 0.18642823 0.23150832 0.25790124	0.99774836 0.88846263 0.68623299 0.43043935 0.18754035 0.03741789	3.28650187 3.70082806 4.82445294 7.82050820 18.98903968 159.31112624

TABLE 2.71 $\alpha_p = 1.00$ dB $\omega_s = 1.90$

n	α_s (dB)	K	a_i	b_i	ω_{zi}^2
2	16.07992	1.57037757E-01	0.98496645	1.17693069	6.67954382
3	32.89308	1.19355858E-01	0.42666395 0.54601981	1.01241176	4.63150184
4	49.82394	3.22702829E-03	0.23859114 0.70605476	0.99398383 0.32451477	4.13542838 21.54222276
5	66.75723	4.03049914E-03	0.15240360 0.46399502 0.31562192	0.99231233 0.47735782	3.93320015 9.43093402
6	83.69057	6.53840317E-05	0.10574817 0.32344772 0.49586310	0.99321386 0.60260455 0.14575646	3.82975716 6.67954382 46.48504382
7	100.62390	1.14328162E-04	0.07765959 0.23729715 0.38270278 0.22317956	0.99437262 0.69280319 0.26298618	3.76943549 5.56069213 16.87283215
8	117.55724	1.32476262E-06	0.05944357 0.18123437 0.29906297 0.37835093	0.99537248 0.75726329 0.38058158 0.08224499	3.73108188 4.97871484 10.49390223 81.42591673
9	134.49058	2.97826987E-06	0.04696054 0.14285452 0.23827471 0.31524640 0.17286865	0.99617076 0.80413987 0.48091072 0.16420526	3.70514162 4.63150184 7.97208925 26.83924564
10	151.42391	2.68413545E-08	0.03803411 0.11547219 0.19357431 0.26272671 0.30504605	0.99679808 0.83900400 0.56257000 0.25730825 0.05270782	3.68676121 4.40536580 6.67954382 15.45624603 126.35554653
11	168.35725	7.37531511E-08	0.03143087 0.09526645 0.16006023 0.22051653 0.26543517 0.14114336	0.99729247 0.86551279 0.62825910 0.34592903 0.11169601	3.67325450 4.24881096 5.91363068 11.05222352 39.31127005
12	185.29058	5.43839555E-10	0.02640926 0.07993593 0.13441454 0.18685192 0.23020923 0.25527009	0.99768573 0.88607977 0.68118471 0.42485080 0.18415199 0.03662849	3.66303393 4.13542838 5.41578269 8.82773703 21.54222276 181.27168292

TABLES FOR ELLIPTIC-FUNCTION FILTERS

TABLE 2.72 $\alpha_p = 1.00$ dB $\omega_s = 2.00$

n	α_s (dB)	K	a_i	b_i	ω_{zi}^2
2	17.09526	1.39713065E-01	0.99894160	1.17007729	7.46410139
3	34.45413	1.05891039E-01	0.43406744	1.01059375	5.15320907
			0.53995848		
4	51.90635	2.53911717E-03	0.24295683	0.99322637	4.59326050
			0.70254593	0.31919696	24.22719723
5	69.36026	3.17185852E-03	0.15524922	0.99190298	4.36495093
			0.46467628	0.47186556	10.56773170
			0.31259892		
6	86.81420	4.56341757E-05	0.10774206	0.99295748	4.24815516
			0.32538263	0.59757374	7.46410139
			0.49227166	0.14325813	52.35682627
7	104.26814	7.98082345E-05	0.07913194	0.99419652	4.18004286
			0.23944986	0.68844714	6.20177632
			0.38136881	0.25918867	18.96109238
			0.22113070		
8	121.72208	8.20155292E-07	0.06057442	0.99524372	4.13673416
			0.18327021	0.75356073	5.54506294
			0.29908553	0.37601457	11.76667271
			0.37534440	0.08082058	91.76149959
9	139.17602	1.84415762E-06	0.04785594	0.99607231	4.10744179
			0.14468148	0.80100064	5.15320907
			0.23900955	0.47610126	8.92219104
			0.31349147	0.16163552	30.20105343
			0.17130931		
10	156.62996	1.47401522E-08	0.03876046	0.99672023	4.08668580
			0.11708186	0.83633132	4.89797143
			0.19464676	0.55784218	7.46410139
			0.26195155	0.25373862	17.36345159
			0.30252769	0.05179141	142.43090662
11	174.08390	4.05092385E-08	0.03203181	0.99722930	4.07143320
			0.09667756	0.86322179	4.72125424
			0.16126545	0.62377839	6.59999740
			0.22041452	0.34170184	12.39639884
			0.26367627	0.10987994	44.26654989
			0.13988150		
12	191.53784	2.64915790E-10	0.02691463	0.99763339	4.05989139
			0.08117397	0.88410085	4.59326050
			0.13564380	0.67702099	6.03826664
			0.18718289	0.42027948	9.88735452
			0.22913390	0.18140105	24.22719723
			0.25312090	0.03599045	204.36255442

TABLES WITH PRESCRIBED α_p AND ω_s

TABLE 2.73 $\alpha_p = 1.00$ dB $\omega_s = 2.50$

n	α_s (dB)	K	a_i	b_i	ω_{zi}^2
2	21.38154	8.52948412E-02	1.04039940	1.14634394	11.97821693
3	40.97368	6.42203662E-02	0.45732738	1.00459032	8.15849933
			0.52154774		
4	60.60087	9.33161195E-04	0.25678857	0.99074691	7.23214692
			0.69145784	0.30311112	39.65890130
5	80.22844	1.16617496E-03	0.16428642	0.99057106	6.85427947
			0.46648849	0.45497721	17.10487343
			0.30336824		
6	99.85601	1.01671505E-05	0.11408050	0.99212723	6.66092931
			0.33122194	0.58194707	11.97821693
			0.48117421	0.13572977	86.09932205
7	119.48359	1.77882812E-05	0.08381471	0.99362826	6.54815664
			0.24607303	0.67483003	9.89216907
			0.37710444	0.24764226	30.96435184
			0.21486391		
8	139.11117	1.10774957E-07	0.06417202	0.99482935	6.47644452
			0.18959275	0.74193771	8.80650605
			0.29899919	0.36201726	19.08488647
			0.36609473	0.07653179	151.15262816
9	158.73875	2.49184321E-07	0.05070499	0.99575611	6.42793820
			0.15038787	0.79111736	8.15849933
			0.24116093	0.46126539	14.38699382
			0.30801430	0.15385567	49.52163751
			0.16653651		
10	178.36632	1.20693507E-09	0.04107188	0.99647060	6.39356610
			0.12212898	0.82789926	7.73630801
			0.19788604	0.54318340	11.97821693
			0.25945628	0.24286886	28.32648570
			0.29479267	0.04903295	234.80245735
11	197.99390	3.31828095E-09	0.03394430	0.99702697	6.36830687
			0.10111436	0.85598269	7.44393946
			0.16495300	0.60982947	10.55034060
			0.21999247	0.32876070	20.12480324
			0.25822743	0.10439330	72.74293386
			0.13601791		
12	217.62148	1.31500139E-11	0.02852306	0.99746591	6.34919249
			0.08507462	0.87784050	7.23214692
			0.13943408	0.66401703	9.62189218
			0.18811203	0.40621872	15.98117334
			0.22575450	0.17305433	39.65890130
			0.24652512	0.03407016	337.04486595

TABLE 2.74 $\alpha_p = 1.00$ dB $\omega_s = 3.00$

n	α_s (dB)	K	a_i	b_i	ω_{zi}^2
2	24.76830	5.77544033E-02	1.05994919	1.13307166	17.48526726
3	46.08269	4.33929576E-02	0.46914628 0.51253924	1.00137440	11.82781034
4	67.41323	4.25930051E-04	0.26388604 0.68579273	0.98942905 0.29527951	10.45539578 58.47082241
5	88.74390	5.32354620E-04	0.16893670 0.46722777 0.29882342	0.98986760 0.44660159	9.89549927 25.07686613
6	110.07456	3.13524767E-06	0.11734583 0.33405478 0.47563842	0.99169101 0.57410773 0.13207975	9.60898577 17.48526726 127.22848130
7	131.40523	5.48608119E-06	0.08622849 0.24935981 0.37489846 0.21177262	0.99333089 0.66794909 0.24198746	9.44186761 14.39580351 45.59780555
8	152.73589	2.30783780E-08	0.06602705 0.19276450 0.29886890 0.36150268	0.99461318 0.73603616 0.35510025 0.07445428	9.33559418 12.78772800 28.00868586 223.54276641
9	174.06656	5.19206257E-08	0.05217435 0.15326942 0.24216688 0.30525218 0.16418043	0.99559155 0.78608245 0.45388024 0.15006382	9.26370909 11.82781034 21.05233091 73.07327598
10	195.39723	1.69878594E-10	0.04226414 0.12468893 0.19945959 0.25815624 0.29095958	0.99634095 0.82359339 0.53584402 0.23753638 0.04769717	9.21276986 11.20235213 17.48526726 41.69217489 347.38975581
11	216.72789	4.67114484E-10	0.03493088 0.10337188 0.16677162 0.21972248 0.25550180 0.13410995	0.99692205 0.85227946 0.60281336 0.32237357 0.10172539	9.17533545 10.76919323 15.37060791 29.54847187 107.45369485
12	238.05856	1.25046634E-12	0.02935285 0.08706403 0.14132019 0.18852319 0.22403765 0.24325954	0.99737919 0.87463363 0.65745220 0.39924197 0.16897609 0.03314040	9.14700756 10.45539578 13.99548719 23.41295818 58.47082241 498.76368903

TABLE 2.75 $\alpha_p = 1.00$ dB $\omega_s = 4.00$

n	α_s (dB)	K	a_i	b_i	ω_{zi}^2
2	29.98161	3.16897862E-02	1.07754849	1.11973921	31.49180683
3	53.91972	2.37801220E-02	0.48039254	0.99821571	21.16360355
			0.50417267		
4	77.86271	1.27898232E-04	0.27068467	0.98814065	18.65772768
			0.68038915	0.28803139	106.30049620
5	101.80573	1.59867223E-04	0.17339993	0.98918312	17.63533663
			0.46782547	0.43875808	45.34922431
			0.29458540		
6	125.74874	5.15896848E-07	0.12048252	0.99126844	17.11212973
			0.33667150	0.56671186	31.49180683
			0.47043472	0.12871055	231.79455244
7	149.69177	9.02785438E-07	0.08854821	0.99304391	16.80694455
			0.25244169	0.66142667	25.85195013
			0.37277942	0.23673411	82.80479184
			0.20888685		
8	173.63478	2.08094612E-09	0.06781033	0.99440528	16.61286855
			0.19575985	0.73042458	22.91617547
			0.29869641	0.34863717	50.70063383
			0.35719913	0.07253777	407.58268170
9	197.57781	4.68194450E-09	0.05358716	0.99543376	16.48159086
			0.15600252	0.78128454	21.16360355
			0.24307450	0.44694717	38.00312814
			0.30263918	0.14655198	132.95254493
			0.16198005		
10	221.52083	8.39379992E-12	0.04341071	0.99621698	16.38856405
			0.12712421	0.81948387	20.02161792
			0.20091589	0.52892802	31.49180683
			0.25690325	0.23257704	75.67621657
			0.28737154	0.04646520	633.62151974
11	245.46386	2.30820172E-11	0.03587978	0.99682199	16.32019979
			0.10552401	0.84874106	19.23070999
			0.16847130	0.59618223	27.63151622
			0.21943551	0.31641024	53.51115407
			0.25293616	0.09925826	195.70245541
			0.13232772		
12	269.40687	3.38576094E-14	0.03015105	0.99729670	16.26846596
			0.08896362	0.87156687	18.65772768
			0.14309326	0.65123278	25.12113176
			0.18888093	0.39270577	42.31207505
			0.22240709	0.16519305	106.30049620
			0.24020455	0.03228301	909.90062565

TABLE 2.76 $\alpha_p = 2.00$ dB $\omega_s = 1.02$

n	α_s (dB)	K	a_i	b_i	ω_{zi}^2
2	3.61724	6.59383764E-01	0.20089458	1.03383969	1.24541746
3	8.04469	7.03989677E-01	0.06936328	1.00037352	1.09893914
			0.77335295		
4	14.40694	1.90393950E-01	0.03593277	0.99555549	1.06865720
			0.60003867	0.65040432	2.52788509
5	21.38161	2.26542554E-01	0.02193105	0.99549930	1.05724593
			0.23783735	0.79814105	1.46776956
			0.44244886		
6	28.49074	3.76238475E-02	0.01477893	0.99622656	1.05165532
			0.11813722	0.87453283	1.24541746
			0.55493566	0.33999689	4.77482651
7	35.62652	6.12431446E-02	0.01064720	0.99694217	1.04847856
			0.06873745	0.91534575	1.16210734
			0.30432842	0.56185500	2.11268545
			0.30748132		
8	42.76749	7.27152890E-03	0.00804441	0.99751884	1.04649212
			0.04455204	0.93913176	1.12170834
			0.17609631	0.70703141	1.55734772
			0.46152454	0.20060988	7.93983423
9	49.90945	1.52048335E-02	0.00629722	0.99796466	1.04516373
			0.03115126	0.95409363	1.09893914
			0.11007352	0.79491707	1.34765647
			0.30635842	0.39502477	3.00246311
			0.23634380		
10	57.05161	1.40417016E-03	0.00506267	0.99830737	1.04423001
			0.02301497	0.96409768	1.08476940
			0.07370045	0.84966209	1.24541746
			0.20175899	0.55578496	1.98772325
			0.38651989	0.13103974	12.01481726
11	64.19380	3.58848851E-03	0.00407082	0.99854800	1.04354791
			0.01769547	0.97114110	1.07531017
			0.05219969	0.88538437	1.18770145
			0.13683176	0.66979119	1.60490835
			0.28682709	0.28651769	4.12640292
			0.19222632		
12	71.33600	2.71143993E-04	0.00468209	0.99923439	1.04303406
			0.01460944	0.97582751	1.06865720
			0.03868266	0.90973632	1.15182069
			0.09638117	0.74849609	1.41763838
			0.20723175	0.43715100	2.52788509
			0.33002907	0.09197184	16.99758869

TABLE 2.77 $\alpha_p = 2.00$ dB $\omega_s = 1.05$

n	α_s (dB)	K	a_i	b_i	ω_{zi}^2
2	4.85916	5.71533602E-01	0.31366395	1.03514491	1.43866402
3	11.28442	5.43454554E-01	0.11698740	0.99188981	1.20541018
			0.66044196		
4	19.31581	1.08195601E-01	0.06146807	0.98861646	1.15363363
			0.61243127	0.52651158	3.31251806
5	27.66421	1.30768674E-01	0.03786494	0.99051328	1.13342204
			0.28277712	0.70648935	1.77373854
			0.37568085		
6	36.06098	1.57380525E-02	0.02570332	0.99258034	1.12332578
			0.15473051	0.80820302	1.43866402
			0.51114156	0.26059208	6.52876832
7	44.46479	2.64320809E-02	0.01861562	0.99418507	1.11752125
			0.09615833	0.86603199	1.30834085
			0.31398583	0.46347535	2.71437208
			0.26287520		
8	52.86963	2.27257732E-03	0.01411779	0.99536931	1.11386414
			0.06532610	0.90128490	1.24311809
			0.19943159	0.61390112	1.90613949
			0.41219438	0.15146143	11.04660615
9	61.27461	4.90654094E-03	0.01108139	0.99624527	1.11140594
			0.04729191	0.92421377	1.20541018
			0.13402926	0.71422522	1.59427075
			0.29563933	0.31392931	3.99367360
			0.20272714		
10	69.67961	3.28110168E-04	0.00893316	0.99690343	1.10967176
			0.03587478	0.93993787	1.18146195
			0.09497569	0.78146841	1.43866402
			0.21010396	0.46222623	2.53364818
			0.34064446	0.09832613	16.85961025
11	78.08461	8.65815199E-04	0.00735583	0.99740700	1.10840151
			0.02819534	0.95118964	1.16521287
			0.07036976	0.82789202	1.34886071
			0.15225523	0.57723233	1.97608100
			0.26701926	0.22299052	5.60218350
			0.16516062		
12	86.48961	4.73717383E-05	0.00616975	0.99780180	1.10744263
			0.02278292	0.95952065	1.15363363
			0.05407665	0.86101881	1.29189837
			0.11341327	0.66279221	1.69915905
			0.20494904	0.35324889	3.31251806
			0.28883829	0.06879500	23.96609125

TABLE 2.78 $\alpha_p = 2.00 \text{ dB}$ $\omega_s = 1.10$

n	α_s (dB)	K	a_i	b_i	ω_{zi}^2
2	6.48216	4.74123975E-01	0.42559969	1.02311358	1.71408333
3	14.84307	4.13087899E-01	0.16532818 0.57841608	0.97863802	1.37031362
4	24.35067	6.05991703E-02	0.08791208 0.60249184	0.97990538 0.43718574	1.29092536 4.34993045
5	34.00734	7.41957323E-02	0.05462650 0.31095880 0.33052804	0.98466282 0.62961677	1.25932043 2.19309252
6	43.68046	6.54601312E-03	0.03730122 0.18299877 0.47318836	0.98842226 0.74785408 0.20971684	1.24336198 1.71408333 8.82645503
7	53.35536	1.11942764E-02	0.02712194 0.11947379 0.31357635 0.23241878	0.99108757 0.81898117 0.39225154	1.23412774 1.52394347 3.51476933
8	63.03044	7.05468816E-04	0.02062413 0.08404013 0.21269337 0.37452123	0.99297606 0.86406478 0.54004810 0.12081558	1.22828554 1.42710316 2.38041134 15.10622386
9	72.70555	1.55106342E-03	0.01621902 0.06240510 0.15063726 0.28251666 0.17961654	0.99434226 0.89421853 0.64595293 0.25901947	1.22434749 1.37031362 1.93771872 5.29924776
10	82.38066	7.60268545E-05	0.01309296 0.04825052 0.11126562 0.21145053 0.30698194	0.99535491 0.91532843 0.72100087 0.39383683 0.07813953	1.22156377 1.33383389 1.71408333 3.26194236 23.18380252
11	92.05577	2.04300202E-04	0.01079330 0.03848147 0.08521129 0.16052309 0.24928215 0.14648655	0.99612303 0.93067185 0.77510747 0.50516599 0.18146508	1.21952174 1.30885579 1.58345232 2.47910056 7.53784368
12	101.73088	8.19324776E-06	0.00905332 0.03144974 0.06725167 0.12445260 0.19920078 0.25916986	0.99671852 0.94217283 0.81506016 0.59260447 0.29493888 0.05456640	1.21797858 1.29092536 1.49966651 2.08721567 4.34993045 33.05778965

TABLE 2.79 $\quad \alpha_p = 2.00$ dB $\quad \omega_s = 1.20$

n	α_s (dB)	K	a_i	b_i	ω_{zi}^2
2	9.05833	3.52438815E-01	0.54834458	0.99209573	2.23598995
3	19.68962	2.85485142E-01	0.22055057	0.95885611	1.69961711
			0.50603571		
4	30.96651	2.82927198E-02	0.11908356	0.96826250	1.57243034
			0.58096757	0.36003991	6.22440210
5	42.29545	3.50042684E-02	0.07470250	0.97711620	1.52112676
			0.33148752	0.55435569	2.96836736
			0.29178928		
6	53.62826	2.08251021E-03	0.05130688	0.98314367	1.49503501
			0.20874431	0.68445174	2.23598995
			0.43532113	0.16869720	12.95267133
7	64.96135	3.60527107E-03	0.03744309	0.98719033	1.47987220
			0.14270021	0.76742605	1.94134077
			0.30769162	0.32956654	4.96669734
			0.20603977		
8	76.29446	1.53206515E-04	0.02854250	0.98998182	1.47025268
			0.10367638	0.82216248	1.78950851
			0.22119124	0.47033987	3.25283137
			0.33946110	0.09651566	22.38359942
9	87.62757	3.41013268E-04	0.02248454	0.99197044	1.46375630
			0.07881248	0.85982057	1.69961711
			0.16426958	0.57807255	2.57910431
			0.26710478	0.21291016	7.65239273
			0.15950416		
10	98.96068	1.12710953E-05	0.01817336	0.99343011	1.45915806
			0.06201071	0.88673255	1.64143114
			0.12602968	0.65850925	2.23598995
			0.20904778	0.33309284	4.58549178
			0.27641195	0.06223906	34.51224856
11	110.29379	3.06626958E-05	0.01499539	0.99453005	1.45578169
			0.05011994	0.90659744	1.60134652
			0.09949732	0.71893698	2.03396257
			0.16534949	0.43799388	3.40244526
			0.23114180	0.14743309	11.01683847
			0.13019574		
12	121.62690	8.29191811E-07	0.01258476	0.99537789	1.45322828
			0.04138844	0.92166574	1.57243034
			0.08047710	0.76503842	1.90342059
			0.13288058	0.52452665	2.80722454
			0.19113960	0.24500952	6.22440210
			0.23254313	0.04339609	49.33737292

TABLE 2.80 $\alpha_p = 2.00$ dB $\omega_s = 1.30$

n	α_s (dB)	K	a_i	b_i	ω_{zi}^2
2	11.15747	2.76774694E-01	0.61570128	0.96512679	2.76986110
3	23.26752	2.17356643E-01	0.25301294 0.47036959	0.94521678	2.04549178
4	35.77961	1.62562108E-02	0.13799548 0.56593889	0.96063404 0.32287956	1.87203529 8.09590074
5	48.31535	2.01979614E-02	0.08704124 0.33966162 0.27281834	0.97225507 0.51469888	1.80172617 3.75154942
6	60.85242	9.06523708E-04	0.05996940 0.22151818 0.41503021	0.97977177 0.64924490 0.14969832	1.76587349 2.76986110 17.05900371
7	73.38955	1.57659981E-03	0.04384990 0.15510541 0.30271123 0.19303232	0.98471320 0.73786845 0.29879617	1.74500515 2.37295089 6.41928757
8	85.92669	5.05434978E-05	0.03346908 0.11460138 0.22403413 0.32139469	0.98808484 0.79763431 0.43442416 0.08537385	1.73175245 2.16753699 4.13190506 29.61890227
9	98.46384	1.13019098E-04	0.02638881 0.08818399 0.17044589 0.25809428 0.14955660	0.99047117 0.83939568 0.54177743 0.19096114	1.72279628 2.04549178 3.23035976 9.99874919
10	111.00098	2.81806620E-06	0.02134261 0.07001455 0.13334027 0.20648763 0.26088733	0.99221539 0.86957839 0.62414240 0.30306280 0.05497841	1.71645385 1.96626858 2.76986110 5.91089265 45.77053523
11	123.53812	7.70172322E-06	0.01761878 0.05697975 0.10693075 0.16671238 0.22126090 0.12212601	0.99352592 0.89204592 0.68737356 0.40366037 0.13148701	1.71179511 1.91156744 2.49791955 4.33182903 14.48062467
12	136.07526	1.57122032E-07	0.01479204 0.04730559 0.08759175 0.13643084 0.18605177 0.21911785	0.99453407 0.90919847 0.73645498 0.48873972 0.22092282 0.03830599	1.70827095 1.87203529 2.32172020 3.53591217 8.09590074 65.51264289

TABLE 2.81 $\alpha_p = 2.00$ dB $\omega_s = 1.40$

n	α_s (dB)	K	a_i	b_i	ω_{zi}^2
2	12.95789	2.24960001E-01	0.65794412	0.94356767	3.33171426
3	26.19439	1.73841927E-01	0.27476418 0.44860610	0.93531755	2.41362466
4	39.69859	1.03530965E-02	0.15093987 0.55530226	0.95520289 0.30054866	2.19272298 10.04514922
5	53.21513	1.28911775E-02	0.09555347 0.34388808 0.26122579	0.96881775 0.48968316	2.10296851 4.57138649
6	66.73221	4.60669658E-04	0.06596829 0.22927346 0.40207923	0.97739632 0.62636961 0.13848680	2.05714050 3.33171426 21.32988118
7	80.24931	8.02989646E-04	0.04829634 0.16298633 0.29894210 0.18505509	0.98297217 0.71830544 0.28008814	2.03044519 2.82928574 7.93356016
8	93.76642	2.04964661E-05	0.03689289 0.12171323 0.22526147 0.31007299	0.98675366 0.78120077 0.41201694 0.07883081	2.01348356 2.56871159 5.05111905 37.14090391
9	107.28353	4.59350015E-05	0.02910463 0.09437988 0.17397974 0.25210526 0.14344671	0.98942024 0.82559515 0.51866891 0.17782389	2.00201703 2.41362466 3.91358937 12.44120228
10	120.80063	9.11944290E-07	0.02354858 0.07536306 0.13777692 0.20443668 0.25122675	0.99136459 0.85791705 0.60191519 0.28473115 0.05072315	1.99389491 2.31281310 3.33171426 7.29313530 57.47276113
11	134.31774	2.49794706E-06	0.01944567 0.06159941 0.11158199 0.16716558 0.21490057 0.11716573	0.99282305 0.88210898 0.66670886 0.38232616 0.12201876	1.98792788 2.24312851 2.98760207 5.30320197 18.08392129
12	147.83485	4.05749159E-08	0.01632956 0.05131360 0.09213331 0.13835567 0.18255793 0.21079291	0.99394363 0.90065542 0.71756090 0.46616106 0.20640478 0.03532588	1.98341344 2.19272298 2.76434238 4.29930231 10.04514922 82.32410735

TABLE 2.82 $\alpha_p = 2.00$ dB $\omega_s = 1.50$

n	α_s (dB)	K	a_i	b_i	ω_{zi}^2
2	14.54502	1.87391049E-01	0.68659485	0.92643591	3.92705098
3	28.70751	1.43461885E-01	0.29040042 0.43386230	0.92784294	2.80601409
4	43.05701	7.03314308E-03	0.16038813 0.54745258	0.95113952 0.28558705	2.53555301 12.09930946
5	57.41354	8.76811213E-03	0.10180061 0.34638500 0.25335251	0.96625522 0.47239333	2.42551467 5.43764461
6	71.77032	2.57919473E-04	0.07038244 0.23448800 0.39304863	0.97562913 0.61024862 0.13105546	2.36928876 3.92705098 25.82724179
7	86.12711	4.50147607E-04	0.05157304 0.16845629 0.29605809 0.17962498	0.98167873 0.70434743 0.26745424	2.33652227 3.31399017 9.53007807
8	100.48390	9.45812321E-06	0.03941834 0.12673240 0.22585362 0.30226418	0.98576563 0.76937875 0.39663361 0.07450665	2.31569730 2.99566041 6.02182423 45.05997715
9	114.84069	2.12236576E-05	0.03110912 0.09879888 0.17625447 0.24782730 0.13928382	0.98864073 0.81561023 0.50259397 0.16903829	2.30161638 2.80601409 4.63633606 15.01434140
10	129.19748	3.46837289E-07	0.02517748 0.07920538 0.14076024 0.20282441 0.24459194	0.99073384 0.84944486 0.58629337 0.27231850 0.04791436	2.29164107 2.68264144 3.92705098 8.75076419 69.79149744
11	143.55428	9.51242446E-07	0.02079507 0.06493552 0.11477737 0.16729529 0.21044195 0.11378454	0.99230215 0.87486730 0.65206762 0.36771575 0.11571819	2.28431184 2.59730854 3.50725258 6.32873878 21.87869979
12	157.91107	1.27188135E-08	0.01746550 0.05421939 0.09529647 0.13954185 0.18001533 0.20508759	0.99350617 0.89441484 0.70408853 0.45054576 0.19665260 0.03336002	2.27876640 2.53555301 3.23468279 5.10624978 12.09930946 100.02032819

TABLE 2.83 $\alpha_p = 2.00$ dB $\omega_s = 1.60$

n	α_s (dB)	K	a_i	b_i	ω_{zi}^2
2	15.96973	1.59042662E-01	0.70710362	0.91269570	4.55839935
3	30.92770	1.21050486E-01	0.30216570 0.42321619	0.92202746	3.22358844
4	46.02117	4.99967366E-03	0.16757896 0.54145611	0.94799371 0.27487389	2.90102026 14.27074081
5	61.11890	6.23776155E-03	0.10657428 0.34798986 0.24765334	0.96427554 0.45974093	2.76967413 6.35478784
6	76.21676	1.54583151E-04	0.07376200 0.23822470 0.38639467	0.97426572 0.59828712 0.12577224	2.70253061 4.55839935 30.57924331
7	91.31462	2.70004057E-04	0.05408448 0.17246994 0.29380369 0.17568824	0.98068172 0.69389844 0.25835601	2.66339126 3.82874670 11.21820455
8	106.41249	4.77942497E-06	0.04135532 0.13046056 0.22615336 0.29655223	0.98500451 0.76047590 0.38542729 0.07143852	2.63851172 3.44960098 7.04920364 53.42629009
9	121.51035	1.07331759E-05	0.03264723 0.10210651 0.17783022 0.24462410 0.13626389	0.98804052 0.80805947 0.49077468 0.16275374	2.62168732 3.22358844 5.40205514 17.73389920
10	136.60822	1.47770974E-07	0.02642778 0.08209652 0.14289849 0.20154381 0.23975263	0.99024833 0.84301869 0.57472298 0.26336268 0.04592310	2.60976747 3.07648771 4.55839935 10.29222642 82.80517953
11	151.70608	4.05594359E-07	0.02183111 0.06745533 0.11710464 0.16729462 0.20714470 0.11133090	0.99190130 0.86936208 0.64116088 0.35709046 0.11122658	2.60100900 2.97470394 4.05882609 7.41399622 25.88858945
12	166.80395	4.56880500E-09	0.01833780 0.05642041 0.09762363 0.14033405 0.17808821 0.20093224	0.99316960 0.88966248 0.69400649 0.43911101 0.18965510 0.03196694	2.59438186 2.90102026 3.73431012 5.96080521 14.27074081 118.71427715

TABLE 2.84 $\alpha_p = 2.00$ dB $\omega_s = 1.70$

n	α_s (dB)	K	a_i	b_i	ω_{zi}^2
2	17.26557	1.37000232E-01	0.72238366	0.90153634	5.22711358
3	32.92640	1.03873952E-01	0.31131235	0.91739542	3.66684818
			0.41518630		
4	48.68827	3.67778568E-03	0.17321885	0.94549523	3.28939231
			0.53674875	0.26684625	16.56602649
5	64.45286	4.59081362E-03	0.11032994	0.96270540	3.13561449
			0.34908440	0.45010672	7.32520020
			0.24334527		
6	80.21751	9.75269122E-05	0.07642480	0.97318535	3.05698115
			0.24102335	0.58908423	5.22711358
			0.38130024	0.12183355	35.60087619
7	95.98217	1.70432320E-04	0.05606495	0.97989219	3.01113617
			0.17553175	0.68580521	4.37445896
			0.29200543	0.25150908	13.00292897
			0.17270907		
8	111.74683	2.58617994E-06	0.04288357	0.98440205	2.98199086
			0.13333128	0.75354905	3.93118859
			0.22630528	0.37692207	8.13602356
			0.29220175	0.06915448	62.26654812
9	127.51148	5.81072983E-06	0.03386121	0.98756558	2.96228030
			0.10466834	0.80216600	3.66684818
			0.17897873	0.48174217	6.21259416
			0.24214327	0.15804738	20.60825371
			0.13397747		
10	143.27614	6.85792927E-08	0.02741485	0.98986424	2.94831492
			0.08434472	0.83799144	3.49474815
			0.14450037	0.56583224	5.22711358
			0.20051142	0.25661337	11.92202402
			0.23607438	0.04444161	96.55555865
11	159.04080	1.88328097E-07	0.02264915	0.99158424	2.93805302
			0.06942043	0.86504790	3.37563695
			0.11886995	0.63274379	4.64337158
			0.16723956	0.34903609	8.56193928
			0.20461350	0.10787126	30.12617057
			0.10947280		
12	174.80545	1.81855844E-09	0.01902663	0.99290341	2.93028807
			0.05814061	0.88593338	3.28939231
			0.09940259	0.68619902	4.26406728
			0.14089368	0.43039855	6.86513277
			0.17658286	0.18440294	16.56602649
			0.19777713	0.03093080	138.46608852

TABLES WITH PRESCRIBED α_p AND ω_s

TABLE 2.85 $\alpha_p = 2.00$ dB $\omega_s = 1.80$

n	α_s (dB)	K	a_i	b_i	ω_{zi}^2
2	18.45616	1.19451582E-01	0.73412739	0.89235766	5.93399326
3	34.75005	9.03305926E-02	0.31860218	0.91363540	4.13608997
			0.40893277		
4	51.12108	2.77936919E-03	0.17774539	0.94347062	3.70082806
			0.53297176	0.26062722	18.98903968
5	67.49390	3.47053928E-03	0.11335158	0.96143425	3.52343541
			0.34986495	0.44255062	8.35028662
			0.23998391		
6	83.86676	6.40710402E-05	0.07856969	0.97231129	3.43270883
			0.24318920	0.58180829	5.93399326
			0.37728695	0.11879387	40.90095694
7	100.23963	1.12005245E-04	0.05766128	0.97925373	3.37980700
			0.17793622	0.67937309	4.95166137
			0.29054553	0.24618697	14.88718755
			0.17038259		
8	116.61250	1.47698180E-06	0.04411591	0.98391503	3.34617284
			0.13560237	0.74802446	4.44081128
			0.22637790	0.37026781	9.28391360
			0.28878785	0.06739367	71.59645675
9	132.98536	3.31967975E-06	0.03484040	0.98718173	3.32342538
			0.10670437	0.79745393	4.13608997
			0.17984793	0.47463771	7.06904278
			0.24017200	0.15440274	23.64233337
			0.13219136		
10	149.35823	3.40477572E-08	0.02821116	0.98955387	3.30730769
			0.08613711	0.83396469	3.93765782
			0.14574035	0.55880967	5.93399326
			0.19966692	0.25136137	13.64280678
			0.23319248	0.04330002	111.06718827
11	165.73110	9.35318934E-08	0.02330920	0.99132807	3.29546394
			0.07099066	0.86158763	3.80029884
			0.12025011	0.62607301	5.26150905
			0.16716313	0.34274043	9.77431436
			0.20261541	0.10527779	34.59884246
			0.10802103		
12	182.10396	7.84877491E-10	0.01958249	0.99268837	3.28650187
			0.05951749	0.88293929	3.70082806
			0.10080197	0.67999477	4.82445294
			0.14130590	0.42356160	7.82050820
			0.17537908	0.18032858	18.98903968
			0.19530705	0.03013258	159.31112624

TABLE 2.86 $\alpha_p = 2.00$ dB $\omega_s = 1.90$

n	α_s (dB)	K	a_i	b_i	ω_{zi}^2
2	19.55883	1.05210301E-01	0.74338080	0.88471841	6.67954382
3	36.43085	7.94132175E-02	0.32452786 0.40394108	0.91053493	4.63150184
4	53.36294	2.14710403E-03	0.18144577 0.52988657	0.94180297 0.25568429	4.13542838 21.54222276
5	70.29625	2.68168577E-03	0.11582662 0.35044142 0.23729648	0.96038793 0.43648634	3.93320015 9.43093402
6	87.22958	4.35031547E-05	0.08032825 0.24490844 0.37405424	0.97159219 0.57593151 0.11638505	3.82975716 6.67954382 46.48504382
7	104.16292	7.60680488E-05	0.05897079 0.17986779 0.28934226 0.16852132	0.97872865 0.67415617 0.24194562	3.76943549 5.56069213 16.87283215
8	121.09626	8.81428561E-07	0.04512716 0.13743767 0.22640639 0.28604626	0.98351460 0.74353092 0.36493755 0.06599947	3.73108188 4.97871484 10.49390223 81.42591673
9	138.02959	1.98158681E-06	0.03564409 0.10835580 0.18052517 0.23857350 0.13076202	0.98686619 0.79361362 0.46892281 0.15150671	3.70514162 4.63150184 7.97208925 26.83924564
10	154.96293	1.78588497E-08	0.02886486 0.08759459 0.14672488 0.19896693 0.23088090	0.98929877 0.83067816 0.55314162 0.24717225 0.04239643	3.68676121 4.40536580 6.67954382 15.45624603 126.35554653
11	171.89627	4.90715340E-08	0.02385110 0.07226981 0.12135487 0.16708051 0.20100339 0.10685908	0.99111754 0.85876038 0.62067447 0.33770107 0.10322005	3.67325450 4.24881096 5.91363068 11.05222352 39.31127005
12	188.82960	3.61842726E-10	0.02003890 0.06064066 0.10192767 0.14161958 0.17439816 0.19332700	0.99251166 0.88049090 0.67496303 0.41807186 0.17708666 0.02950089	3.66303393 4.13542838 5.41578269 8.82773703 21.54222276 181.27168292

TABLE 2.87 $\alpha_p = 2.00$ dB $\omega_s = 2.00$

n	α_s (dB)	K	a_i	b_i	ω_{zi}^2
2	20.58677	9.34676388E-02	0.75082246	0.87829175	7.46410139
3	37.99228	7.04544232E-02	0.32942300	0.90794417	5.15320907
			0.39987742		
4	55.44535	1.68940034E-03	0.18451687	0.94041043	4.59326050
			0.52732855	0.25167460	24.22719723
5	72.89927	2.11039069E-03	0.11788412	0.95951466	4.36495093
			0.35087940	0.43152830	10.56773170
			0.23510567		
6	90.35321	3.03626214E-05	0.08179129	0.97099227	4.24815516
			0.24630122	0.57110182	7.46410139
			0.37140318	0.11443560	52.35682627
7	107.80716	5.31002735E-05	0.06006071	0.97829071	4.18004286
			0.18144813	0.66985417	6.20177632
			0.28833752	0.23849757	18.96109238
			0.16700320		
8	125.26110	5.45688933E-07	0.04596908	0.98318069	4.13673416
			0.13894658	0.73981687	5.54506294
			0.22640984	0.36058627	11.76667271
			0.28380335	0.06487191	91.76149959
9	142.71504	1.22700715E-06	0.03631332	0.98660311	4.10744179
			0.10971765	0.79043432	5.15320907
			0.18106525	0.46424160	8.92219104
			0.23725563	0.14915787	30.20105343
			0.12959594		
10	160.16898	9.80733530E-09	0.02940927	0.98908611	4.08668580
			0.08879898	0.82795409	4.89797143
			0.14752264	0.54848610	7.46410139
			0.19837988	0.24376425	17.36345159
			0.22899160	0.04166586	142.43090662
11	177.62292	2.69527532E-08	0.02430244	0.99094205	4.07143320
			0.07332841	0.85641491	4.72125424
			0.12225610	0.61623067	6.59999740
			0.16699882	0.33358965	12.39639884
			0.19967972	0.10155310	44.26654989
			0.10591105		
12	195.07686	1.76261272E-10	0.02041906	0.99236437	4.05989139
			0.06157120	0.87845833	4.59326050
			0.10284973	0.67081394	6.03826664
			0.14186458	0.41358170	9.88735452
			0.17358631	0.17445439	24.22719723
			0.19170946	0.02899023	204.36255442

TABLE 2.88 $\alpha_p = 2.00$ dB $\omega_s = 2.50$

n	α_s (dB)	K	a_i	b_i	ω_{zi}^2
2	24.90292	5.68661787E-02	0.77291136	0.85752387	11.97821693
3	44.51250	4.27289118E-02	0.34475526	0.89965946	8.15849933
			0.38748417		
4	64.13988	6.20877370E-04	0.19422072	0.93596092	7.23214692
			0.51926743	0.23952786	39.65890130
5	83.76746	7.75912533E-04	0.12440531	0.95672667	6.85427947
			0.35203558	0.41629262	17.10487343
			0.22840618		
6	103.39503	6.76469637E-06	0.08643524	0.96907826	6.66092931
			0.25050676	0.55611832	11.97821693
			0.36320912	0.10855479	86.09932205
7	123.02261	1.18354027E-05	0.06352323	0.97689423	6.54815664
			0.18631005	0.65642335	9.89216907
			0.28513134	0.22801047	30.96435184
			0.16235635		
8	142.65019	7.37039298E-08	0.04864509	0.98211633	6.47644452
			0.14363148	0.72817163	8.80650605
			0.22630782	0.34725173	19.08488647
			0.27690059	0.06147452	151.15262816
9	162.27776	1.65794365E-07	0.03844121	0.98576475	6.42793820
			0.11396995	0.78043537	8.15849933
			0.18264697	0.44980598	14.38699382
			0.23314334	0.14204425	49.52163751
			0.12602528		
10	181.90534	8.03032202E-10	0.03114066	0.98840855	6.39356610
			0.09257414	0.81936778	7.73630801
			0.14993276	0.53405740	11.97821693
			0.19649238	0.23338548	28.32648570
			0.22318715	0.03946574	234.80245735
11	201.53292	2.20781260E-09	0.02573811	0.99038301	6.36830687
			0.07665583	0.84900960	7.44393946
			0.12501367	0.60240267	10.55034060
			0.16666748	0.32100335	20.12480324
			0.19557903	0.09651545	72.74293386
			0.10300751		
12	221.16049	8.74933947E-12	0.02162846	0.99189521	6.34919249
			0.06450221	0.87203273	7.23214692
			0.10569273	0.65786122	9.62189218
			0.14255226	0.39977230	15.98117334
			0.17103564	0.16646646	39.65890130
			0.18674430	0.02745277	337.04486595

TABLES WITH PRESCRIBED α_p AND ω_s

TABLE 2.89 $\alpha_p = 2.00$ dB $\omega_s = 3.00$

n	α_s (dB)	K	a_i	b_i	ω_{zi}^2
2	28.29924	3.84625610E-02	0.78337482	0.84666279	17.48526726
3	49.62165	2.88714308E-02	0.35252055	0.89536704	11.82781034
			0.38139198		
4	70.95225	2.83391852E-04	0.19918514	0.93365639	10.45539578
			0.51516003	0.23360383	58.47082241
5	92.28292	3.54201244E-04	0.12775343	0.95528390	9.89549927
			0.35250145	0.40874156	25.07686613
			0.22510223		
6	113.61358	2.08603172E-06	0.08882364	0.96808854	9.60898577
			0.25254859	0.54861156	17.48526726
			0.35912024	0.10570001	127.22848130
7	134.94425	3.65015482E-06	0.06530574	0.97617254	9.44186761
			0.18872288	0.64964606	14.39580351
			0.28347578	0.22287257	45.59780555
			0.16006229		
8	156.27491	1.53551597E-08	0.05002355	0.98156653	9.33559418
			0.14598115	0.72226649	12.78772800
			0.22619401	0.34066292	28.00868586
			0.27347236	0.05982752	223.54276641
9	177.60558	3.45453003E-08	0.03953777	0.98533184	9.26370909
			0.11611654	0.77534743	11.82781034
			0.18338700	0.44262251	21.05233091
			0.23106998	0.13857569	73.07327598
			0.12426178		
10	198.93625	1.13028435E-10	0.03203316	0.98805878	9.21276986
			0.09448830	0.81498758	11.20235213
			0.15110394	0.52683638	17.48526726
			0.19551022	0.22829312	41.69217489
			0.22030992	0.03839977	347.38975581
11	220.26691	3.10793830E-10	0.02647833	0.99009450	9.17533545
			0.07834835	0.84522469	10.76919323
			0.12637384	0.59545064	15.37060791
			0.16645836	0.31479150	29.54847187
			0.19352773	0.09406504	107.45369485
			0.10157319		
12	241.59758	8.31995659E-13	0.02225214	0.99165314	9.14700756
			0.06599666	0.86874374	10.45539578
			0.10710751	0.65132529	13.99548719
			0.14285657	0.39292114	23.41295818
			0.16974023	0.16256279	58.47082241
			0.18428552	0.02670810	498.76368903

TABLE 2.90 $\alpha_p = 2.00$ dB $\omega_s = 4.00$

n	α_s (dB)	K	a_i	b_i	ω_{zi}^2
2	33.51820	2.10906483E-02	0.79285015	0.83615638	31.49180683
3	57.45873	1.58220639E-02	0.35989518 0.37571725	0.89123374	21.16360355
4	81.40173	8.50968720E-05	0.20393169 0.51124839	0.93143763 0.22811501	18.65772768 106.30049620
5	105.34475	1.06367386E-04	0.13096242 0.35287434 0.22201829	0.95389584 0.40167277	17.63533663 45.34922431
6	129.28776	3.43251093E-07	0.09111564 0.25443616 0.35527600	0.96713711 0.54153503 0.10306286	17.11212973 31.49180683 231.79455244
7	153.23079	6.00666761E-07	0.06701753 0.19098580 0.28188743 0.15791976	0.97547926 0.64322735 0.21809823	16.80694455 25.85195013 82.80479184
8	177.17380	1.38455397E-09	0.05134796 0.14820020 0.22605139 0.27025892	0.98103873 0.71665591 0.33450676 0.05830745	16.61286855 22.91617547 50.70063383 407.58268170
9	201.11683	3.11512383E-09	0.04059170 0.11815249 0.18405543 0.22910904 0.12261441	0.98491651 0.77050235 0.43588001 0.13536246	16.48159086 21.16360355 38.00312814 132.95254493
10	225.05985	5.58480054E-12	0.03289120 0.09630918 0.15218857 0.19456465 0.21761629	0.98772343 0.81080960 0.52003360 0.22355661 0.03741636	16.38856405 20.02161792 31.49180683 75.67621657 633.62151974
11	249.00288	1.53575810E-11	0.02719012 0.07996181 0.12764562 0.16623777 0.19159703 0.10023319	0.98981804 0.84161006 0.58888186 0.30899182 0.09179857	16.32019979 19.23070999 27.63151622 53.51115407 195.70245541
12	272.94589	2.25271030E-14	0.02285196 0.06742363 0.10843793 0.14312182 0.16851048 0.18198511	0.99142133 0.86559981 0.64513493 0.38650298 0.15894124 0.02602124	16.26846596 18.65772768 25.12113176 42.31207505 106.30049620 909.90062565

TABLE 2.91 $\alpha_p = 3.00$ dB $\omega_s = 1.02$

n	α_s (dB)	K	a_i	b_i	ω_{zi}^2
2	5.06783	5.57966665E-01	0.19254588	0.98157436	1.24541746
3	10.06290	5.39679342E-01	0.06272314 0.60240248	0.98451580	1.09893914
4	16.65014	1.47059393E-01	0.03111868 0.49559758	0.98862809 0.56761723	1.06865720 2.52788509
5	23.67718	1.73667797E-01	0.01857625 0.19852501 0.35361655	0.99180605 0.76841149	1.05724593 1.46776956
6	30.79681	2.88509081E-02	0.01236998 0.09831551 0.45050944	0.99396120 0.86158245 0.29760429	1.05165532 1.24541746 4.77482651
7	37.93464	4.69490691E-02	0.00884902 0.05697563 0.24936253 0.24818499	0.99541248 0.90870154 0.53835378	1.04847856 1.16210734 2.11268545
8	45.07600	5.57442366E-03	0.00665554 0.03680788 0.14467043 0.37457569	0.99641459 0.93528003 0.69396454 0.17672333	1.04649212 1.12170834 1.55734772 7.93983423
9	52.21804	1.16560438E-02	0.00519376 0.02567227 0.09044300 0.24985034 0.19154179	0.99712827 0.95164858 0.78726284 0.37857777	1.04516373 1.09893914 1.34765647 3.00246311
10	59.36021	1.07643898E-03	0.00416447 0.01893047 0.06051924 0.16494938 0.31401480	0.99765058 0.96243529 0.84489656 0.54488691 0.11589138	1.04423001 1.08476940 1.24541746 1.98772325 12.01481726
11	66.50241	2.75093966E-03	0.00331587 0.01452136 0.04282982 0.11197597 0.23363154 0.15610241	0.99801861 0.96994822 0.88224598 0.66256923 0.27487714	1.04354791 1.07531017 1.18770145 1.60490835 4.12640292
12	73.64461	2.07859318E-04	0.00387569 0.01204746 0.03172186 0.07889180 0.16909128 0.26834795	0.99868047 0.97504328 0.90757326 0.74360738 0.42853113 0.08153483	1.04303406 1.06865720 1.15182069 1.41763838 2.52788509 16.99758869

TABLE 2.92 $\alpha_p = 3.00$ dB $\omega_s = 1.05$

n	α_s (dB)	K	a_i	b_i	ω_{zi}^2
2	6.53951	4.71003643E-01	0.28868607	0.95715804	1.43866402
3	13.45772	4.16612922E-01	0.10232450	0.96772643	1.20541018
			0.51893742		
4	21.60340	8.31437794E-02	0.05216776	0.97796378	1.15363363
			0.50009575	0.45891595	3.31251806
5	29.96975	1.00247425E-01	0.03167312	0.98468099	1.13342204
			0.23335179	0.67788852	1.77373854
			0.30192609		
6	38.36915	1.20654263E-02	0.02133246	0.98891096	1.12332578
			0.12768196	0.79422651	1.43866402
			0.41472394	0.22894832	6.52876832
7	46.77334	2.02628654E-02	0.01537743	0.99165805	1.11752125
			0.07920677	0.85824709	1.30834085
			0.25635472	0.44404298	2.71437208
			0.21278825		
8	55.17823	1.74216239E-03	0.01162642	0.99351820	1.11386414
			0.05371427	0.89648510	1.24311809
			0.16320648	0.60195574	1.90613949
			0.33477408	0.13382379	11.04660615
9	63.58321	3.76136025E-03	0.00910674	0.99482784	1.11140594
			0.03882872	0.92101672	1.20541018
			0.10974717	0.70661929	1.59427075
			0.24084050	0.30110498	3.99367360
			0.16457667		
10	71.98822	2.51529659E-04	0.00733042	0.99578147	1.10967176
			0.02942065	0.93767815	1.18146195
			0.07776165	0.77640251	1.43866402
			0.17145947	0.45310060	2.53364818
			0.27695487	0.08714797	16.85961025
11	80.39322	6.63734984E-04	0.00602961	0.99649583	1.10840151
			0.02310173	0.94951662	1.16521287
			0.05759690	0.82436705	1.34886071
			0.12435587	0.57074453	1.97608100
			0.21744087	0.21413854	5.60218350
			0.13427371		
12	88.79822	3.63152322E-05	0.00505163	0.99704537	1.10744263
			0.01865339	0.95823659	1.15363363
			0.04424455	0.85846858	1.29189837
			0.09266284	0.65811543	1.69915905
			0.16708623	0.34636928	3.31251806
			0.23500720	0.06108609	23.96609125

TABLES WITH PRESCRIBED α_p AND ω_s

TABLE 2.93 $\alpha_p = 3.00$ dB $\omega_s = 1.10$

n	α_s (dB)	K	a_i	b_i	ω_{zi}^2
2	8.36834	3.81577679E-01	0.37728316	0.92387857	1.71408333
3	17.09257	3.16673685E-01	0.14122708	0.94767753	1.37031362
			0.45790076		
4	26.65270	4.64906079E-02	0.07363685	0.96590890	1.29092536
			0.48976466	0.38177941	4.34993045
5	36.31524	5.68785385E-02	0.04532389	0.97678096	1.25932043
			0.25503583	0.60325345	2.19309252
			0.26659048		
6	45.98900	5.01822594E-03	0.03078717	0.98335720	1.24336198
			0.15025534	0.73378342	1.71408333
			0.38405319	0.18479356	8.82645503
7	55.66396	8.58154586E-03	0.02231406	0.98754688	1.23412774
			0.09803245	0.81061968	1.52394347
			0.25560920	0.37598354	3.51476933
			0.18847235		
8	65.33905	5.40813307E-04	0.01693263	0.99035475	1.22828554
			0.06889392	0.85865018	1.42710316
			0.17370286	0.52935795	2.38041134
			0.30437936	0.10696791	15.10622386
9	75.01416	1.18904711E-03	0.01329679	0.99231953	1.22434749
			0.05111460	0.89047078	1.37031362
			0.12310446	0.63872954	1.93771872
			0.23006839	0.24864201	5.29924776
			0.14597079		
10	84.68927	5.82822791E-05	0.01072287	0.99374453	1.22156377
			0.03949292	0.91259665	1.33383389
			0.09094087	0.71594230	1.71408333
			0.17241168	0.38612341	3.26194236
			0.24972923	0.06935687	23.18380252
11	94.36438	1.56616783E-04	0.00883261	0.99480925	1.21952174
			0.03147880	0.92859799	1.30885579
			0.06963969	0.77143658	1.58345232
			0.13097589	0.49942199	2.47910056
			0.20300190	0.17439773	7.53784368
			0.11917623		
12	104.03949	6.28095368E-06	0.00740675	0.99562615	1.21797858
			0.02571617	0.94054601	1.29092536
			0.05495278	0.81230844	1.49966651
			0.10157879	0.58827862	2.08721567
			0.16234520	0.28929079	4.34993045
			0.21096392	0.04850310	33.05778965

TABLES FOR ELLIPTIC-FUNCTION FILTERS

TABLE 2.94 $\alpha_p = 3.00$ dB $\omega_s = 1.20$

n	α_s (dB)	K	a_i	b_i	ω_{zi}^2
2	11.13861	2.77376415E-01	0.46814071	0.87607115	2.23598995
3	21.97896	2.18853257E-01	0.18468018	0.92177428	1.69961711
			0.40353344		
4	33.27368	2.16928136E-02	0.09866277	0.95079369	1.57243034
			0.47137415	0.31542684	6.22440210
5	44.60396	2.68343147E-02	0.06155675	0.96696365	1.52112676
			0.27075916	0.53086469	2.96836736
			0.23603673		
6	55.93686	1.59645628E-03	0.04214703	0.97648136	1.49503501
			0.17075930	0.67083720	2.23598995
			0.35355084	0.14905841	12.95267133
7	67.26996	2.76380519E-03	0.03069909	0.98246741	1.47987220
			0.11673767	0.75880969	1.94134077
			0.25060002	0.31614668	4.96669734
			0.16732524		
8	78.60307	1.17448301E-04	0.02337180	0.98645121	1.47025268
			0.08478538	0.81630496	1.78950851
			0.18040113	0.46102132	3.25283137
			0.27607165	0.08560811	22.38359942
9	89.93618	2.61421185E-04	0.01839501	0.98922707	1.46375630
			0.06442673	0.85560830	1.69961711
			0.13405818	0.57143615	2.57910431
			0.21750394	0.20455867	7.65239273
			0.12973890		
10	101.26929	8.64043535E-06	0.01485848	0.99123479	1.45915806
			0.05067358	0.88356688	1.64143114
			0.10287456	0.65364116	2.23598995
			0.17037176	0.32667393	4.58549178
			0.22497854	0.05531206	34.51224856
11	112.60240	2.35060599E-05	0.01225437	0.99273213	1.45578169
			0.04094412	0.90413381	1.60134652
			0.08122086	0.71526020	2.03396257
			0.13482592	0.43302807	3.40244526
			0.18825533	0.14179705	11.01683847
			0.10598403		
12	123.93551	6.35659450E-07	0.01028044	0.99387757	1.45322828
			0.03380228	0.91969404	1.57243034
			0.06569224	0.76218610	1.90342059
			0.10838143	0.52064240	2.80722454
			0.15575408	0.24041231	6.22440210
			0.18936543	0.03860840	49.33737292

TABLES WITH PRESCRIBED α_p AND ω_s

TABLE 2.95 $\alpha_p = 3.00$ dB $\omega_s = 1.30$

n	α_s (dB)	K	a_i	b_i	ω_{zi}^2
2	13.32669	2.15608200E-01	0.51582260	0.84357416	2.76986110
3	25.56769	1.66625866E-01	0.20988719 0.37651306	0.90523245	2.04549178
4	38.08775	1.24627099E-02	0.11373248 0.45903739	0.94125353 0.28345562	1.87203529 8.09590074
5	50.62394	1.54837817E-02	0.07148321 0.27699734 0.22099792	0.96078509 0.49290368	1.80172617 3.75154942
6	63.16103	6.94942294E-04	0.04914783 0.18092135 0.33721862	0.97215939 0.63606356 0.13245916	1.76587349 2.76986110 17.05900371
7	75.69816	1.20862333E-03	0.03589009 0.12671398 0.24648590 0.15687063	0.97927696 0.72923932 0.28677812	1.74500515 2.37295089 6.41928757
8	88.23530	3.87467068E-05	0.02736976 0.09361467 0.18262804 0.26147372	0.98400060 0.79161039 0.42585991 0.07579365	1.73175245 2.16753699 4.13190506 29.61890227
9	100.77245	8.66405775E-05	0.02156666 0.07202086 0.13901933 0.21017668 0.12169819	0.98728634 0.83497199 0.53551677 0.18355970	1.72279628 2.04549178 3.23035976 9.99874919
10	113.30959	2.16033297E-06	0.01743491 0.05716992 0.10878147 0.16826104 0.21239947	0.98966016 0.86619771 0.61943868 0.29728898 0.04888915	1.71645385 1.96626858 2.76986110 5.91089265 45.77053523
11	125.84673	5.90415038E-06	0.01438816 0.04651775 0.08724406 0.13590456 0.18022665 0.09944247	0.99142914 0.88937915 0.68374501 0.39911313 0.12651008	1.71179511 1.91156744 2.49791955 4.33182903 14.48062467
12	138.38387	1.20449941E-07	0.01207669 0.03861360 0.07146670 0.11124599 0.15160563 0.17846844	0.99278177 0.90704048 0.73358767 0.48511638 0.21682766 0.03409462	1.70827095 1.87203529 2.32172020 3.53591217 8.09590074 65.51264289

TABLES FOR ELLIPTIC-FUNCTION FILTERS

TABLE 2.96 $\alpha_p = 3.00$ dB $\omega_s = 1.40$

n	α_s (dB)	K	a_i	b_i	ω_{zi}^2
2	15.17492	1.74282521E-01	0.54513796	0.82020343	3.33171426
3	28.49870	1.33267432E-01	0.22667158 0.35993901	0.89364461	2.41362466
4	42.00701	7.93687176E-03	0.12400522 0.45040794	0.93458692 0.26422252	2.19272298 10.04514922
5	55.52373	9.88239237E-03	0.07831197 0.28021426 0.21178468	0.95646875 0.46900500	2.10296851 4.57138649
6	69.04082	3.53149935E-04	0.05398609 0.18708957 0.32679456	0.96914057 0.61352494 0.12264794	2.05714050 3.33171426 21.32988118
7	82.55792	6.15572838E-04	0.03948721 0.13304817 0.24339614 0.15045076	0.97704882 0.70971180 0.26891993	2.03044519 2.82928574 7.93356016
8	96.07503	1.57126158E-05	0.03014490 0.09935851 0.18358185 0.25232136	0.98228934 0.77509726 0.40393489 0.07002369	2.01348356 2.56871159 5.05111905 37.14090391
9	109.59214	3.52138280E-05	0.02377078 0.07703849 0.14185789 0.20531066 0.11675569	0.98593126 0.82105135 0.51266519 0.17098559	2.00201703 2.41362466 3.91358937 12.44120228
10	123.10924	6.99097601E-07	0.01922686 0.06150859 0.11236602 0.16657994 0.20456854	0.98856078 0.85440651 0.59733614 0.27935097 0.04512194	1.99389491 2.31281310 3.33171426 7.29313530 57.47276113
11	136.62635	1.91492925E-06	0.01587317 0.05026937 0.09101225 0.13625767 0.17505916 0.09541946	0.99051948 0.87931535 0.66312848 0.37804386 0.11742932	1.98792788 2.24312851 2.98760207 5.30320197 18.08392129
12	150.14346	3.11047798E-08	0.01332709 0.04187103 0.07515197 0.11279878 0.14875954 0.17170901	0.99201669 0.89837857 0.71469787 0.46271016 0.20260989 0.03145045	1.98341344 2.19272298 2.76434238 4.29930231 10.04514922 82.32410735

TABLES WITH PRESCRIBED α_p AND ω_s

TABLE 2.97 $\alpha_p = 3.00$ dB $\omega_s = 1.50$

n	α_s (dB)	K	a_i	b_i	ω_{zi}^2
2	16.79029	1.44705613E-01	0.56482662	0.80269751	3.92705098
3	31.01370	1.09978056E-01	0.23869311	0.88507455	2.80601409
			0.34867116		
4	45.36553	5.39167101E-03	0.13148385	0.92965637	2.53555301
			0.44407403	0.25132415	12.09930946
5	59.72214	6.72164542E-03	0.08331436	0.95327547	2.42551467
			0.28211023	0.45250467	5.43764461
			0.20551751		
6	74.07893	1.97721384E-04	0.05754144	0.96690700	2.36928876
			0.19123709	0.59766413	3.92705098
			0.31952525	0.11613799	25.82724179
7	88.43572	3.45083702E-04	0.04213535	0.97540025	2.33652227
			0.13744331	0.69579822	3.31399017
			0.24104016	0.25685805	9.53007807
			0.14607728		
8	102.79251	7.25060874E-06	0.03219026	0.98102323	2.31569730
			0.10341067	0.76323226	2.99566041
			0.18403696	0.38888665	6.02182423
			0.24600680	0.06620775	45.05997715
9	117.14930	1.62700817E-05	0.02539656	0.98492870	2.30161638
			0.08061578	0.81098989	2.80601409
			0.14368518	0.49677597	4.63633606
			0.20183629	0.16257403	15.01434140
			0.11338660		
10	131.50609	2.65885887E-07	0.02054935	0.98774742	2.29164107
			0.06462435	0.84584750	2.68264144
			0.11477638	0.58180956	3.92705098
			0.16526168	0.26720437	8.75076419
			0.19918888	0.04263411	69.79149744
11	145.86289	7.29223615E-07	0.01696956	0.98984648	2.28431184
			0.05297774	0.87198674	2.59730854
			0.09360082	0.64852851	3.50725258
			0.13635392	0.36361649	6.32873878
			0.17143684	0.11138492	21.87869979
			0.09267629		
12	160.21968	9.75025786E-09	0.01425057	0.99145067	2.27876640
			0.04423196	0.89205527	2.53555301
			0.07771844	0.70123476	3.23468279
			0.11375557	0.44721713	5.10624978
			0.14668929	0.19305825	12.09930946
			0.16707561	0.02970559	100.02032819

TABLE 2.98 $\alpha_p = 3.00$ dB $\omega_s = 1.60$

n	α_s (dB)	K	a_i	b_i	ω_{zi}^2
2	18.23280	1.22563110E-01	0.57884963	0.78917286	4.55839935
3	33.23486	9.27974494E-02	0.24771679 0.34051424	0.87849714	3.22358844
4	48.32973	3.83277565E-03	0.13716523 0.43925024	0.92586919 0.24208119	2.90102026 14.27074081
5	63.42750	4.78187558E-03	0.08713186 0.28332607 0.20097608	0.95082160 0.44043780	2.76967413 6.35478784
6	78.52537	1.18503632E-04	0.06026086 0.19420949 0.31416846	0.96519036 0.58590688 0.11150640	2.70253061 4.55839935 30.57924331
7	93.62323	2.06985438E-04	0.04416354 0.14066778 0.23920214 0.14290488	0.97413315 0.68539216 0.24817054	2.66339126 3.82874670 11.21820455
8	108.72110	3.66391299E-06	0.03375813 0.10641982 0.18426352 0.24138681	0.98005007 0.75430441 0.37792615 0.06349891	2.63851172 3.44960098 7.04920364 53.42629009
9	123.81896	8.22806565E-06	0.02664351 0.08329269 0.14495110 0.19923541 0.11094172	0.98415810 0.80338668 0.48509654 0.15655571	2.62168732 3.22358844 5.40205514 17.73389920
10	138.91683	1.13281408E-07	0.02156409 0.06696821 0.11650406 0.16421603 0.19526431	0.98712225 0.83935945 0.57031344 0.25844011 0.04086979	2.60976747 3.07648771 4.55839935 10.29222642 82.80517953
11	154.01469	3.10929129E-07	0.01781108 0.05502295 0.09548607 0.13634736 0.16875807 0.09068521	0.98932920 0.86641837 0.63765606 0.35312498 0.10707506	2.60100900 2.97470394 4.05882609 7.41399622 25.88858945
12	169.11256	3.50245147E-09	0.01495956 0.04601995 0.07960649 0.11439450 0.14512061 0.16370047	0.99101564 0.88724210 0.69116280 0.43587327 0.18620400 0.02846881	2.59438186 2.90102026 3.73431012 5.96080521 14.27074081 118.71427715

TABLES WITH PRESCRIBED α_p AND ω_s

TABLE 2.99 $\alpha_p = 3.00$ dB $\omega_s = 1.70$

n	α_s (dB)	K	a_i	b_i	ω_{zi}^2
2	19.54044	1.05433306E-01	0.58927115	0.77846620	5.22711358
3	35.23410	7.96298980E-02	0.25472016 0.33435006	0.87330850	3.66684818
4	50.99686	2.81940283E-03	0.14161521 0.43547076	0.92287857 0.23515087	3.28939231 16.56602649
5	66.76146	3.51932330E-03	0.09013232 0.28415350 0.19754051	0.94888297 0.43125338	3.13561449 7.32520020
6	82.52612	7.47642495E-05	0.06240198 0.19643599 0.31006676	0.96383393 0.57686722 0.10805162	3.05698115 5.22711358 35.60087619
7	98.29078	1.30653623E-04	0.04576206 0.14312733 0.23773782 0.14050320	0.97313186 0.67733758 0.24163192	3.01113617 4.37445896 13.00292897
8	114.05544	1.98256869E-06	0.03499463 0.10873650 0.18437517 0.23786741	0.97928105 0.74736228 0.36960830 0.06148160	2.98199086 3.93118859 8.13602356 62.26654812
9	129.82009	4.45451255E-06	0.02762734 0.08536563 0.14587386 0.19722138 0.10909026	0.98354914 0.79745536 0.47617264 0.15204796	2.96228030 3.66684818 6.21259416 20.60825371
10	145.58475	5.25729691E-08	0.02236496 0.06879051 0.11779841 0.16337376 0.19228092	0.98662821 0.83428608 0.56148180 0.25183490 0.03955682	2.94831492 3.49474815 5.22711358 11.92202402 96.55555865
11	161.34941	1.44372548E-07	0.01847538 0.05661767 0.09691608 0.13629840 0.16670164 0.08917718	0.98892042 0.86205640 0.62926742 0.34517232 0.10385504	2.93805302 3.37563695 4.64337158 8.56193928 30.12617057
12	177.11406	1.39410911E-09	0.01551928 0.04741710 0.08104971 0.11484582 0.14389546 0.16113749	0.99067183 0.88346657 0.68336491 0.42723077 0.18105899 0.02754877	2.93028807 3.28939231 4.26406728 6.86513277 16.56602649 138.46608852

TABLE 2.100 $\alpha_p = 3.00$ dB $\omega_s = 1.80$

n	α_s (dB)	K	a_i	b_i	ω_{zi}^2
2	20.73915	9.18422945E-02	0.59727154	0.76982104	5.93399326
3	37.05806	6.92475421E-02	0.26029482 0.32954236	0.86912670	4.13608997
4	53.42967	2.13067119E-03	0.14518302 0.43244223	0.92046574 0.22977920	3.70082806 18.98903968
5	69.80251	2.66051963E-03	0.09254453 0.28474233 0.19485833	0.94731822 0.42405218	3.52343541 8.35028662
6	86.17537	4.91169373E-05	0.06412569 0.19815928 0.30683522	0.96273893 0.56972388 0.10538427	3.43270883 5.93399326 40.90095694
7	102.54824	8.58633566E-05	0.04704997 0.14505874 0.23655005 0.13862714	0.97232350 0.67093940 0.23654894	3.37980700 4.95166137 14.88718755
8	118.92111	1.13225604E-06	0.03599138 0.11056906 0.18442563 0.23510532	0.97866018 0.74182803 0.36310108 0.05992600	3.34617284 4.44081128 9.28391360 71.59645675
9	135.29397	2.54487053E-06	0.02842068 0.08701290 0.14657227 0.19562118 0.10764367	0.98305749 0.79271492 0.46915460 0.14855666	3.32342538 4.13608997 7.06904278 23.64233337
10	151.66684	2.61010520E-08	0.02301092 0.07024316 0.11880040 0.16268519 0.18994319	0.98622934 0.83022380 0.55450710 0.24669485 0.03854489	3.30730769 3.93765782 5.93399326 13.64280678 111.06718827
11	168.03971	7.17016631E-08	0.01901128 0.05789178 0.09803410 0.13623322 0.16507832 0.08799877	0.98859038 0.85855885 0.62262034 0.33895630 0.10136585	3.29546394 3.80029884 5.26150905 9.77431436 34.59884246
12	184.41257	6.01688038E-10	0.01597092 0.04853530 0.08218497 0.11517823 0.14291588 0.15913082	0.99039426 0.88043599 0.67716933 0.42044912 0.17706753 0.02683989	3.28650187 3.70082806 4.82445294 7.82050820 18.98903968 159.31112624

TABLES WITH PRESCRIBED α_p AND ω_s

TABLE 2.101 $\alpha_p = 3.00$ dB $\omega_s = 1.90$

n	α_s (dB)	K	a_i	b_i	ω_{zi}^2
2	21.84758	8.08390333E-02	0.60357301	0.76272488	6.67954382
3	38.73906	6.08782690E-02	0.26482195	0.86569736	4.63150184
			0.32570021		
4	55.67154	1.64597413E-03	0.14809726	0.91848510	4.13542838
			0.42997073	0.22550798	21.54222276
5	72.60486	2.05578357E-03	0.09451918	0.94603328	3.93320015
			0.28517633	0.41827401	9.43093402
			0.19271293		
6	89.53819	3.33495713E-05	0.06553831	0.96183961	3.82975716
			0.19952738	0.56395640	6.67954382
			0.30423201	0.10326980	46.48504382
7	106.47153	5.83138586E-05	0.04810611	0.97165955	3.76943549
			0.14661023	0.66575203	5.56069213
			0.23557169	0.23249782	16.87283215
			0.13712588		
8	123.40487	6.75704206E-07	0.03680908	0.97815021	3.73108188
			0.11204983	0.73732823	4.97871484
			0.18444235	0.35788883	10.49390223
			0.23288693	0.05869401	81.42591673
9	140.33820	1.51908685E-06	0.02907170	0.98265365	3.70514162
			0.08834886	0.78885270	4.63150184
			0.14711648	0.46350981	7.97208925
			0.19432367	0.14578217	26.83924564
			0.10648587		
10	157.27154	1.36906159E-08	0.02354110	0.98590170	3.68676121
			0.07142425	0.82690916	4.40536580
			0.11959599	0.54887841	6.67954382
			0.16211468	0.24259490	15.45624603
			0.18806793	0.03774382	126.35554653
11	174.20488	3.76182976E-08	0.01945119	0.98831928	3.67325450
			0.05892961	0.85570181	4.24881096
			0.09892903	0.61724172	5.91363068
			0.13616376	0.33398076	11.05222352
			0.16376864	0.09939068	39.31127005
			0.08705554		
12	191.13821	2.77389073E-10	0.01634167	0.99016625	3.66303393
			0.04944735	0.87795827	4.13542838
			0.08309819	0.67214529	5.41578269
			0.11543117	0.41500402	8.82773703
			0.14211772	0.17389141	21.54222276
			0.15752214	0.02627885	181.27168292

TABLE 2.102 $\alpha_p = 3.00$ dB $\omega_s = 2.00$

n	α_s (dB)	K	a_i	b_i	ω_{zi}^2
2	22.87971	7.17818059E-02	0.60864102	0.75681880	7.46410139
3	40.30061	5.40104464E-02	0.26855892	0.86284424	5.15320907
			0.32256937		
4	57.75395	1.29509711E-03	0.15051431	0.91683576	4.59326050
			0.42792297	0.22204196	24.22719723
5	75.20788	1.61782807E-03	0.09615991	0.94496291	4.36495093
			0.28550543	0.41355067	10.56773170
			0.19096335		
6	92.66182	2.32760225E-05	0.06671310	0.96109036	4.24815516
			0.20063583	0.55921797	7.46410139
			0.30209705	0.10155812	52.35682627
7	110.11577	4.07067342E-05	0.04898491	0.97110638	4.18004286
			0.14787957	0.66147573	6.20177632
			0.23475512	0.22920418	18.96109238
			0.13590117		
8	127.56971	4.18325799E-07	0.03748971	0.97772531	4.13673416
			0.11326719	0.73361008	5.54506294
			0.18444020	0.35363403	11.76667271
			0.23107191	0.05769746	91.76149959
9	145.02365	9.40625169E-07	0.02961370	0.98231718	4.10744179
			0.08945047	0.78565607	5.15320907
			0.14755050	0.45888642	8.92219104
			0.19325401	0.14353172	30.20105343
			0.10554121		
10	162.47759	7.51831516E-09	0.02398258	0.98562871	4.08668580
			0.07240017	0.82416239	4.89797143
			0.12024069	0.54425571	7.46410139
			0.16163637	0.23925935	17.36345159
			0.18653515	0.03709606	142.43090662
11	179.93153	2.06620133E-08	0.01981754	0.98809340	4.07143320
			0.05978842	0.85333208	4.72125424
			0.09965909	0.61281481	6.59999740
			0.13609557	0.32992146	12.39639884
			0.16269323	0.09779049	44.26654989
			0.08628589		
12	197.38547	1.35122105E-10	0.01665046	0.98997627	4.05989139
			0.05020294	0.87590169	4.59326050
			0.08384619	0.66800300	6.03826664
			0.11562871	0.41055051	9.88735452
			0.14145718	0.17131248	24.22719723
			0.15620792	0.02582526	204.36255442

TABLES WITH PRESCRIBED α_p AND ω_s

TABLE 2.103 $\alpha_p = 3.00$ dB $\omega_s = 2.50$

n	α_s (dB)	K	a_i	b_i	ω_{zi}^2
2	27.20573	4.36227737E-02	0.62370175	0.73808342	11.97821693
3	46.82105	3.27560357E-02	0.28024806	0.85379105	8.15849933
			0.31300410		
4	66.44849	4.75965384E-04	0.15814229	0.91159211	7.23214692
			0.42147728	0.21153524	39.65890130
5	86.07607	5.94815490E-04	0.10135547	0.94155760	6.85427947
			0.28637026	0.39904015	17.10487343
			0.18560961		
6	105.70364	5.18582446E-06	0.07043960	0.95870607	6.66092931
			0.20398367	0.54452540	11.97821693
			0.29549729	0.09639198	86.09932205
7	125.33122	9.07303411E-06	0.05177527	0.96934581	6.54815664
			0.15178463	0.64813262	9.89216907
			0.23215147	0.21918531	30.96435184
			0.13215118		
8	144.95880	5.65015221E-08	0.03965220	0.97637292	6.47644452
			0.11704642	0.72195798	8.80650605
			0.18434373	0.34059582	19.08488647
			0.22548512	0.05469388	151.15262816
9	164.58637	1.27098162E-07	0.03133649	0.98124619	6.42793820
			0.09288967	0.77560721	8.15849933
			0.14882182	0.44463114	14.38699382
			0.18991653	0.13671497	49.52163751
			0.10264801		
10	184.21395	6.15605462E-10	0.02538624	0.98475980	6.39356610
			0.07545873	0.81550803	7.73630803
			0.12218858	0.52993130	11.97821693
			0.16009931	0.22910066	28.32648570
			0.18182544	0.03514491	234.80245735
11	203.84153	1.69251182E-09	0.02098262	0.98737442	6.36830687
			0.06248750	0.84585279	7.44393946
			0.10189299	0.59904198	10.55034060
			0.13582130	0.31749490	20.12480324
			0.15936158	0.09295396	72.74293386
			0.08392839		
12	223.46910	6.70725427E-12	0.01763266	0.98937158	6.34919249
			0.05258258	0.86940218	7.23214692
			0.08615249	0.65507394	9.62189218
			0.11618314	0.39685460	15.98117334
			0.13938212	0.16348581	39.65890130
			0.15217343	0.02445942	337.04486595

TABLE 2.104 $\alpha_p = 3.00$ dB $\omega_s = 3.00$

n	α_s (dB)	K	a_i	b_i	ω_{zi}^2
2	30.60520	2.94944428E-02	0.63085536	0.72847134	17.48526726
3	51.93024	2.21328739E-02	0.28615975	0.84913947	11.82781034
			0.30829263		
4	73.26086	2.17248542E-04	0.16203947	0.90889123	10.45539578
			0.41819674	0.20640710	58.47082241
5	94.59153	2.71531104E-04	0.10402028	0.93980216	9.89549927
			0.28671618	0.39185045	25.07686613
			0.18296742		
6	115.92219	1.59915445E-06	0.07235472	0.95747659	9.60898577
			0.20560966	0.53716859	17.48526726
			0.29220349	0.09388275	127.22848130
7	137.25286	2.79821312E-06	0.05321094	0.96843784	9.44186761
			0.15372264	0.64140371	14.39580351
			0.23080813	0.21427598	45.59780555
			0.13029923		
8	158.58352	1.17712841E-08	0.04076565	0.97567543	9.33559418
			0.11894167	0.71605272	12.78772800
			0.18424549	0.33415372	28.00868586
			0.22271001	0.05323728	223.54276641
9	179.91419	2.64824692E-08	0.03222398	0.98069383	9.26370909
			0.09462556	0.77049645	11.82781034
			0.14941680	0.43753846	21.05233091
			0.18823399	0.13339054	73.07327598
			0.10121879		
10	201.24486	8.66477354E-11	0.02610960	0.98431167	9.21276986
			0.07700933	0.81109506	11.20235213
			0.12313532	0.52276386	17.48526726
			0.15929997	0.22411595	41.69217489
			0.17949056	0.03419934	347.38975581
11	222.57552	2.38254928E-10	0.02158318	0.98700363	9.17533545
			0.06386022	0.84203153	10.76919323
			0.10299496	0.59211914	15.37060791
			0.13564923	0.31136194	29.54847187
			0.15769497	0.09060102	107.45369485
			0.08276365		
12	243.90619	6.37808883E-13	0.01813907	0.98905974	9.14700756
			0.05379576	0.86607647	10.45539578
			0.08730023	0.64855132	13.99548719
			0.11642851	0.39006013	23.41295818
			0.13832842	0.15966063	58.47082241
			0.15017533	0.02379775	498.76368903

TABLES WITH PRESCRIBED α_p AND ω_s

TABLE 2.105 $\alpha_p = 3.00$ dB $\omega_s = 4.00$

n	α_s (dB)	K	a_i	b_i	ω_{zi}^2
2	35.82601	1.61695995E-02	0.63735166	0.71927811	31.49180683
3	59.76734	1.21292134E-02	0.29176921 0.30389842	0.84468312	21.16360355
4	83.71034	6.52353656E-05	0.16576253 0.41507467	0.90629952 0.20165333	18.65772768 106.30049620
5	107.65336	8.15413672E-05	0.10657281 0.28699139 0.18050012	0.93811696 0.38512093	17.63533663 45.34922431
6	131.59637	2.63136705E-07	0.07419173 0.20711343 0.28910654	0.95629631 0.53023574 0.09156401	17.11212973 31.49180683 231.79455244
7	155.53940	4.60471869E-07	0.05458920 0.15554049 0.22952008 0.12856925	0.96756632 0.63503311 0.20971352	16.80694455 25.85195013 82.80479184
8	179.48241	1.06140076E-09	0.04183519 0.12073166 0.18412498 0.22010857	0.97500609 0.71044391 0.32813472 0.05189266	16.61286855 22.91617547 50.70063383 407.58268170
9	203.42544	2.38805771E-09	0.03307683 0.09627201 0.14995455 0.18664291 0.09988354	0.98016391 0.76563108 0.43088172 0.13031047	16.48159086 21.16360355 38.00312814 132.95254493
10	227.36846	4.28131488E-12	0.02680495 0.07848438 0.12401242 0.15853084 0.17730458	0.98388187 0.80688688 0.51601230 0.21947935 0.03332689	16.38856405 20.02161792 31.49180683 75.67621657 633.62151974
11	251.31149	1.17731402E-11	0.02216064 0.06516885 0.10402557 0.13546838 0.15612646 0.08167543	0.98664812 0.83838298 0.58557870 0.30563591 0.08842450	16.32019979 19.23070999 27.63151622 53.51115407 195.70245541
12	275.25450	1.72693045E-14	0.01862610 0.05495418 0.08837975 0.11664262 0.13732839 0.14830589	0.98876087 0.86289801 0.64237427 0.38369525 0.15611170 0.02318741	16.26846596 18.65772768 25.12113176 42.31207505 106.30049620 909.90062565

Chapter 3

TABLES WITH PRESCRIBED α_p AND α_s

This chapter contains tables of network function coefficients for a number of combinations of α_p and α_s. Each table is a tabulation for a specific pair of α_p and α_s as n is increased from 2 through 12. Specifically, it contains all combinations of the the following two groups of values of α_p and α_s.

α_p (dB)	α_s (dB)	
0.01	25	100
0.05	30	110
0.10	35	120
0.50	40	130
1.00	45	140
2.00	50	150
3.00	55	160
	60	170
	65	180
	70	190
	75	200
	80	
	85	
	90	
	95	

A matrix showing the table numbers for all combinations of these two parameters to facilitate locating a particular pair of α_p and α_s is given on the next page.

TABLE NUMBERS FOR VARIOUS COMBINATIONS OF α_p AND α_s

α_s (dB)	α_p (dB)						
	0.01	0.05	0.10	0.50	1.00	2.00	3.00
25	1	21	41	61	81	101	121
30	2	22	42	62	82	102	122
35	3	23	43	63	83	103	123
40	4	24	44	64	84	104	124
45	5	25	45	65	85	105	125
50	6	26	46	66	86	106	126
55	7	27	47	67	87	107	127
60	8	28	48	68	88	108	128
65	9	29	49	69	89	109	129
70	10	30	50	70	90	110	130
75	11	31	51	71	91	111	131
80	12	32	52	72	92	112	132
85	13	33	53	73	93	113	133
90	14	34	54	74	94	114	134
95	15	35	55	75	95	115	135
100	16	36	56	76	96	116	136
110	17	37	57	77	97	117	137
120	18	38	58	78	98	118	138
150	19	39	59	79	99	119	139
200	20	40	60	80	100	120	140

TABLES WITH PRESCRIBED α_p AND α_s

TABLE 3.1 $\alpha_p = 0.01$ dB $\alpha_s = 25$ dB

n	ω_s	K	a_i	b_i	ω_{zi}^2
2	9.64191	5.62341325E-02	4.32490615	0.43855018	185.41300100
3	2.93656	4.81248438E-01	1.29641677 1.77766521	3.06601478	11.32543480
4	1.71353	5.62341325E-02	2.15543472 0.51136773	1.81386222 1.75248387	16.88621680 3.34368966
5	1.31351	3.01353874E-01	1.11291122 0.22803778 1.18622732	1.35877325 1.32871890	3.85985692 1.84119605
6	1.14860	5.62341325E-02	1.77948690 0.54979199 0.10834745	1.21412380 1.16950361 1.15535400	10.85824347 1.96828054 1.36343059
7	1.07298	2.71191797E-01	1.01997003 0.27240043 0.05321024 1.07197163	1.10927935 1.08299464 1.07619040	3.09725414 1.40940777 1.17071071
8	1.03647	5.62341325E-02	1.69132893 0.53048289 0.13629301 0.02658264	1.09550138 1.05502809 1.04139786 1.03804944	9.77120858 1.76084552 1.19050542 1.08345470
9	1.01839	2.64125947E-01	0.99459834 0.26968323 0.06868949 0.01339716 1.04433340	1.05279432 1.02773714 1.02084721 1.01917444	2.93615464 1.33189742 1.09271920 1.04160889

TABLE 3.2 $\alpha_p = 0.01$ dB $\alpha_s = 30$ dB

n	ω_s	K	a_i	b_i	ω_{zi}^2
2	12.85084	3.16227766E-02	4.38373267	0.43863704	329.71886566
3	3.52486	3.27654469E-01	1.71404714		
			1.38639267	3.13414697	16.39555127
4	1.93171	3.16227766E-02	0.57839743	1.81125918	4.27808916
			2.12266588	1.67346139	22.37929836
5	1.41856	1.90384733E-01	1.09530945		
			0.27102429	1.37019784	2.16120190
			1.17594901	1.29636310	4.72845560
6	1.20505	3.16227766E-02	0.13489180	1.18286286	1.50822628
			1.69963817	1.04908651	13.15780122
			0.62238863	1.14545499	2.26242350
7	1.10476	1.66841583E-01	0.06937010	1.09383695	1.24541896
			0.96716256		
			0.32720140	1.07476439	1.54388038
			1.05815228	1.01181781	3.58619770
8	1.05468	3.16227766E-02	1.59180120	0.91854516	11.46080458
			0.17271455	1.03920809	1.26086060
			0.03631384	1.04909143	1.12442253
			0.59477065	1.00363602	1.95380354
9	1.02886	1.60916516E-01	0.01919273	1.02594142	1.06467375
			0.93339120		
			0.09159634	1.02075452	1.13182360
			1.02275360	0.94246979	3.33261249
			0.32268253	1.00150686	1.42773698
10	1.01532	3.16227766E-02	1.56195633	0.88429568	11.02879477
			0.58456736	0.96626984	1.87884159
			0.01019610	1.01378083	1.03405815
			0.17318672	1.00073735	1.20927857
			0.04873552	1.01103692	1.06840911

TABLES WITH PRESCRIBED α_p AND α_s

TABLE 3.3 $\alpha_p = 0.01$ dB $\alpha_s = 35$ dB

n	ω_s	K	a_i	b_i	ω_{zi}^2
2	17.13160	1.77827941E-02	4.41618820	0.43721344	586.25230720
3	4.24287	2.23183844E-01	1.44952866 1.67271250	3.17997563	23.83319904
4	2.18994	1.77827941E-02	0.63303437 2.09286794	1.85735635 1.57309254	5.52697190 29.69355880
5	1.54256	1.20254321E-01	0.30967895 1.21899813 1.02957350	1.40604337 1.24251351	2.56931887 5.82154820
6	1.27265	1.77827941E-02	0.16052983 0.68235385 1.62891907	1.20837355 1.12016774 0.92774186	1.68979317 2.62141929 15.92360448
7	1.14380	1.02463911E-01	0.08592655 0.37755402 1.07745028 0.88828672	1.11118696 1.06382240 0.92763058	1.33950362 1.70642317 4.15894266
8	1.07780	1.77827941E-02	0.04683129 0.20885657 0.64567601 1.50198107	1.06053959 1.03484715 0.95205080 0.78680747	1.17700778 1.34652160 2.17728337 13.38209408
9	1.04267	9.77294773E-02	0.02578425 0.11580819 0.37075672 1.03126783 0.84826453	1.03332163 1.01924327 0.97164856 0.84616506	1.09514719 1.18039515 1.53909789 3.77761111
10	1.02358	1.77827941E-02	0.01427731 0.06435379 0.20932131 0.63089660 1.46399131	1.01844922 1.01067969 0.98384966 0.90446899 0.74732853	1.05199736 1.09689623 1.27127761 2.06386775 12.69943654

TABLE 3.4 $\alpha_p = 0.01$ dB $\alpha_s = 40$ dB

n	ω_s	K	a_i	b_i	ω_{zi}^2
3	5.11744	1.52044337E-01	1.49339148 1.64543582	3.21092090	34.74883952
4	2.49364	1.00000000E-02	0.67662331 2.06806602	1.89309550 1.50073659	7.19490185 39.44138182
5	1.68718	7.59335644E-02	0.34353667 1.24851393 0.98091082	1.43649054 1.19757661	3.08748068 7.19776339
6	1.35211	1.00000000E-02	0.18456946 0.73119325 1.56862201	1.23154006 1.09561946 0.83701728	1.91505577 3.05867611 19.25873633
7	1.19055	6.28314937E-02	0.10232920 0.42273540 1.08491937 0.82734466	1.12782382 1.05141415 0.85653238	1.45583755 1.90156048 4.83108740
8	1.10619	1.00000000E-02	0.05777039 0.24366870 0.68514984 1.42341826	1.07206032 1.02889000 0.90288515 0.68693264	1.24273631 1.44944551 2.43585656 15.57407409
9	1.06016	5.91911402E-02	0.03295952 0.14051608 0.41327001 1.02760235 0.78108005	1.04109260 1.01651596 0.94010519 0.76387488	1.13403575 1.23950203 1.66774520 4.27796658
10	1.03439	1.00000000E-02	0.01891966 0.08112317 0.24402756 0.66512466 1.37694681	1.02358446 1.00950719 0.96437270 0.84496940 0.64257158	1.07552759 1.13231344 1.34359010 2.27088030 14.54424705
11	1.01977	5.80417087E-02	0.01089741 0.04688040 0.14268142 0.40690411 1.00825833 0.76609636	1.01358534 1.00548891 0.97911785 0.90470621 0.73489814	1.04305045 1.07457933 1.18629042 1.60147360 4.11240520

TABLE 3.5 $\alpha_p = 0.01$ dB $\alpha_s = 45$ dB

n	ω_s	K	a_i	b_i	ω_{zi}^2
3	6.18100	1.03584789E-01	1.52367032 1.62725511	3.23189034	50.77106517
4	2.84913	5.62341325E-03	0.71084602 2.04826962	1.92056046 1.44815091	9.42117998 52.43683904
5	1.85434	4.79353414E-02	0.37258456 1.26892343 0.94427421	1.46199050 1.16079116	3.74336826 8.93055386
6	1.44418	5.62341325E-03	0.20658232 0.77064455 1.51813107	1.25221615 1.07291537 0.76812896	2.19244775 3.59039881 23.28664732
7	1.24540	3.84832756E-02	0.11815032 0.46257117 1.08528437 0.77934679	1.14345293 1.03849445 0.79718259	1.59777260 2.13463792 5.62082173
8	1.14019	5.62341325E-03	0.06880726 0.27643083 0.71530495 1.35566623	1.08337742 1.02187962 0.85756842 0.60992225	1.32327049 1.57187714 2.73480738 18.08126491
9	1.08162	3.57697056E-02	0.04050471 0.16503975 0.45016428 1.01680821 0.72694867	1.04904694 1.01282295 0.90838983 0.69431170	1.18235709 1.31030184 1.81572197 4.84143628
10	1.04805	5.62341325E-03	0.02399774 0.09855866 0.27657957 0.68954957 1.30056255	1.02905138 1.00760635 0.94328100 0.78950840 0.56104357	1.10538298 1.17539326 1.42716900 2.50231421 16.58475939
11	1.02847	3.48680858E-02	0.01427259 0.05888519 0.16785519 0.44135158 0.99218509 0.70894442	1.01727685 1.00453359 0.96548317 0.86454233 0.66043341	1.06176317 1.10148020 1.23680661 1.72190727 4.59866535
12	1.01693	5.62341325E-03	0.00850165 0.03519787 0.10121931 0.27390262 0.67971061 1.28121592	1.01029834 1.00270799 0.97916543 0.91577267 0.76622393 0.54443836	1.03649945 1.05951836 1.13551102 1.38261849 2.42660263 16.08801099

TABLE 3.6 $\alpha_p = 0.01$ dB $\alpha_s = 50$ dB

n	ω_s	K	a_i	b_i	ω_{zi}^2
3	7.47293	7.05711681E-02	1.54448998 1.61506114	3.24615618	74.29012236
4	3.26378	3.16227766E-03	0.73739883 2.03282306	1.94152991 1.40966783	12.39159604 69.76436178
5	2.04622	3.02551751E-02	0.39710336 1.28319551 0.91634733	1.48310852 1.13102021	4.57194796 11.11226185
6	1.54970	3.16227766E-03	0.22635895 0.80238211 1.47623136	1.27040967 1.05257008 0.71510597	2.53227401 4.23624539 28.15615893
7	1.30879	2.35497433E-02	0.13308491 0.49724725 1.08160652 0.74099393	1.15789060 1.02574191 0.74790819	1.76927813 2.41200157 6.54950825
8	1.18006	3.16227766E-03	0.07967421 0.30671165 0.73809926 1.29760843	1.09427776 1.01428395 0.81671793 0.54963774	1.42048357 1.71642464 3.08027142 20.95491084
9	1.10730	2.15775942E-02	0.04822231 0.18884883 0.48174933 1.00219190 0.68264669	1.05700446 1.00842312 0.87758478 0.63577936	1.24118231 1.39408604 1.98539859 5.47690511
10	1.06477	3.16227766E-03	0.02938160 0.11622538 0.30655492 0.70631274 1.23387618	1.03471946 1.00509719 0.92142924 0.73891480 0.49660215	1.14229172 1.22690391 1.52311033 2.76099430 18.84565208
11	1.03940	2.08939840E-02	0.01797570 0.07153144 0.19235223 0.47015426 0.97200064 0.66153664	1.02123821 1.00311681 0.95053938 0.82509906 0.59720326	1.08537097 1.13417643 1.29529995 1.85632486 5.13247025
12	1.02408	3.16227766E-03	0.01101780 0.04403228 0.11975375 0.30279237 0.69342034 1.21025447	1.01302406 1.00191536 0.96916908 0.88708756 0.71095637 0.47771879	1.05174217 1.08061483 1.17263502 1.46140346 2.65297085 18.11700561

TABLES WITH PRESCRIBED α_p AND α_s

TABLE 3.7 $\alpha_p = 0.01$ dB $\alpha_s = 55$ dB

n	ω_s	K	a_i	b_i	ω_{zi}^2
3	9.04105	4.80796103E-02	1.55877571 1.60685532	3.25591577	108.81505803
4	3.74618	1.77827941E-03	0.75782160 2.02093111	1.95746520 1.38134735	16.35398971 92.86952601
5	2.26535	1.90937658E-02	0.41753612 1.29330316 0.89486081	1.50044329 1.10709238	5.61736177 13.85909757
6	1.66964	1.77827941E-03	0.24385515 0.82788119 1.44161950	1.28623458 1.03472704 0.67381697	2.94711719 5.02007543 34.04711165
7	1.38115	1.44019854E-02	0.14693727 0.52715570 1.07582144 0.71000500	1.17104438 1.01360241 0.70707562	1.97507825 2.74118504 7.64228506
8	1.22608	1.77827941E-03	0.09016343 0.33430791 0.75520176 1.24798605	1.10460811 1.00647894 0.78044025 0.50181597	1.53652826 1.88613002 3.47936700 24.25407035
9	1.13741	1.29982919E-02	0.05594096 0.21155891 0.50853273 0.98586322 0.64594674	1.06481703 1.00355805 0.84839933 0.58658130	1.31167705 1.49231864 2.17951411 6.19452873
10	1.08476	1.77827941E-03	0.03494682 0.13375685 0.33376995 0.71724801 1.17575119	1.04047036 1.00211276 0.89951328 0.69342440 0.44496695	1.18699923 1.28767456 1.63267395 3.05016723 21.35507454
11	1.05276	1.24943739E-02	0.02192555 0.08453811 0.21577014 0.49389521 0.94993900 0.62169575	1.02538564 1.00130080 0.93478449 0.78729466 0.54356137	1.11442028 1.17321964 1.36244300 2.00605370 5.71904302
12	1.03303	1.77827941E-03	0.01379522 0.05342476 0.13824861 0.32873457 0.70101262 1.14766856	1.01596913 1.00081282 0.95814990 0.85799903 0.66080416 0.42389832	1.07086397 1.10622518 1.21571319 1.54940991 2.90045914 20.32104486

TABLE 3.8 $\alpha_p = 0.01$ dB $\alpha_s = 60$ dB

n	ω_s	K	a_i	b_i	ω_{zi}^2
3	10.94344	3.27564432E-02	1.56857413 1.60133057	3.26265460	159.49804207
4	4.30633	1.00000000E-03	0.77342889 2.01185319	1.96953534 1.36041505	21.63896443 123.67978811
5	2.51461	1.20489695E-02	0.43439330 1.30055671 0.87821238	1.51457387 1.08794277	6.93529061 17.31735243
6	1.80507	1.00000000E-03	0.25914170 0.84837844 1.41309219	1.29987002 1.01931353 0.64134762	3.45231570 5.97083967 41.17705595
7	1.46298	8.80353461E-03	0.15960184 0.55278468 1.06912572 0.68474641	1.18289209 1.00234107 0.67323424	2.22079805 3.13112045 8.92875068
8	1.27852	1.00000000E-03	0.10012392 0.35918301 0.76796601 1.20560140	1.11426776 0.99874900 0.74854724 0.46343913	1.67390261 2.08454171 3.94034008 28.04680239
9	1.17215	7.82164675E-03	0.06351950 0.23291431 0.53110046 0.96913519 0.61525119	1.07236893 0.99843789 0.82124853 0.54518730	1.39514027 1.60667239 2.40121936 7.00588223
10	1.10818	1.00000000E-03	0.04058122 0.15086037 0.35821385 0.72384727 1.12508324	1.04620194 0.99878483 0.87806470 0.65291558 0.40309562	1.24029223 1.35861867 1.75730235 3.37353295 24.14493487
11	1.06870	7.45883577E-03	0.02604236 0.09765491 0.23784012 0.51323943 0.92741910 0.58786610	1.02964053 0.99915832 0.91865828 0.75170524 0.49800168	1.14945939 1.21918748 1.43899308 2.17262342 6.36432569
12	1.04392	1.00000000E-03	0.01676072 0.06319486 0.15639083 0.35174372 0.70405496 1.09242652	1.01907356 0.99944023 0.94640910 0.82920286 0.61573047 0.37995117	1.09428886 1.13676736 1.26520288 1.64736593 3.17105347 22.71763418

TABLES WITH PRESCRIBED α_p AND α_s

TABLE 3.9 $\alpha_p = 0.01$ dB $\alpha_s = 65$ dB

n	ω_s	K	a_i	b_i	ω_{zi}^2
3	13.25060	2.23170030E-02	1.57530519 1.59762219	3.26738392	233.90439405
4	4.95586	5.62341325E-04	0.78530017 2.00496333	1.97865855 1.34489332	28.68750516 164.76535988
5	2.79728	7.60303021E-03	0.44819088 1.30583061 0.86524275	1.52602987 1.07265812	8.59592558 21.67120034
6	1.95722	5.62341325E-04	0.27236243 0.86488121 1.38960368	1.31152876 1.00614277 0.61560265	4.06653708 7.12365251 49.80930089
7	1.55482	5.37955379E-03	0.17104312 0.57464728 1.06223936 0.66401475	1.19346240 0.99209105 0.64515270	2.51312730 3.59238368 10.44376440
8	1.33768	5.62341325E-04	0.10945476 0.38141398 0.77745585 1.16938703	1.12319950 0.99129684 0.72069902 0.43233065	1.83551661 2.31579384 4.47273133 32.41153163
9	1.21170	4.70265855E-03	0.07084727 0.25276559 0.55004173 0.95279941 0.58937866	1.07957457 0.99323566 0.79633059 0.51028334	1.49304114 1.73906469 2.65412601 7.92413119
10	1.13521	5.62341325E-04	0.04618811 0.16731441 0.37999117 0.72728428 1.08087340	1.05182969 0.99523476 0.85746474 0.61707081 0.36878407	1.30302236 1.44075575 1.89864023 3.73528237 27.25122544
11	1.08738	4.44657730E-03	0.03025093 0.11066920 0.25840442 0.52885186 0.90531947 0.55890035	1.03393215 0.99676503 0.90252791 0.71864465 0.45921628	1.19105297 1.27269859 1.52580401 2.35777574 7.07501867
12	1.05690	5.62341325E-04	0.01987201 0.07316881 0.17393927 0.37195569 0.70379320 1.04359299	1.02228648 0.99783733 0.93422885 0.80122223 0.57547749 0.34368158	1.12243670 1.17266865 1.32160538 1.75610850 3.46701583 25.32661126

142   TABLES FOR ELLIPTIC-FUNCTION FILTERS

TABLE 3.10 $\alpha_p = 0.01$ dB $\alpha_s = 70$ dB

n	ω_s	K	a_i	b_i	ω_{zi}^2
3	16.04810	1.52047880E-02	1.57994925 1.59515404	3.27079761	343.14362136
4	5.70825	3.16227766E-04	0.79429921 1.99975674	1.98554710 1.33335777	38.08782024 219.55370566
5	3.11712	4.79744298E-03	0.45941395 1.30971336 0.85509684	1.53527804 1.06047918	10.68770979 27.15251183
6	2.12747	3.16227766E-04	0.28370185 0.87819683 1.37027079	1.32143481 0.99497769 0.59504851	4.81247121 8.52109004 60.26264107
7	1.65728	3.28647621E-03	0.18127720 0.59323956 1.05557886 0.64690298	1.20281851 0.98289420 0.62180933	2.86000859 4.13748271 12.22838859
8	1.40386	3.16227766E-04	0.11809686 0.40114936 0.78449065 1.13841949	1.13138063 0.98425721 0.69649274 0.40689288	2.02476269 2.58469559 5.08757079 37.43863690
9	1.25627	2.82555570E-03	0.07784200 0.27104649 0.56590691 0.93731030 0.56743344	1.08637492 0.98808720 0.77369281 0.48076921	1.60705501 1.89169499 2.94236342 8.96423212
10	1.16597	3.16227766E-04	0.05168752 0.18296130 0.39927654 0.72846152 1.04224621	1.05728647 0.99156859 0.83796735 0.58548064 0.34040696	1.37612870 1.53523238 2.05855612 4.14014341 30.71441375
11	1.10891	2.64782838E-03	0.03448421 0.12340754 0.27739252 0.54135086 0.88416342 0.53392959	1.03819941 0.99419376 0.88668520 0.68823696 0.42609928	1.23979688 1.33442672 1.62383769 2.56347735 7.85863022
12	1.07209	3.16227766E-04	0.02307847 0.08319408 0.19071867 0.38957895 0.70119484 1.00034638	1.02555876 0.99604934 0.92185920 0.77442712 0.53967448 0.31346653	1.15573197 1.21437536 1.38547427 1.87658825 3.79089308 28.17023924

TABLES WITH PRESCRIBED α_p AND α_s

TABLE 3.11 $\alpha_p = 0.01$ dB $\alpha_s = 75$ dB

n	ω_s	K	a_i	b_i	ω_{zi}^2
3	19.43981	1.03593645E-02	1.58318141 1.59354078	3.27337694	503.53085189
4	6.57913	1.77827941E-04	0.80110502 1.99583697	1.99074904 1.32477368	50.62449731 292.61560591
5	3.47835	3.02708196E-03	0.46849813 1.31260533 0.84713428	1.54271923 1.05078577	13.32205200 34.05320765
6	2.31738	1.77827941E-04	0.29336170 0.88896687 1.35435834	1.32980841 0.98556878 0.57854440	5.71767031 10.21476310 72.92312961
7	1.77103	2.00742404E-03	0.19035586 0.60901844 1.04936956 0.63271440	1.21104507 0.97473248 0.60236590	3.27085692 4.78119746 14.33099966
8	1.47740	1.77827941E-04	0.12602463 0.41857792 0.78969313 1.11191123	1.13881467 0.97771120 0.67551470 0.38593393	2.24559299 2.89683318 5.79760414 43.23229783
9	1.30605	1.69684919E-03	0.08444660 0.28775294 0.57918745 0.92290641 0.54872215	1.09273338 0.98309417 0.75328315 0.45573547	1.73909964 2.06708501 3.27064441 10.14316601
10	1.20061	1.77827941E-04	0.05701593 0.19769796 0.41628110 0.72806127 1.00844560	1.06252129 0.98787502 0.81972456 0.55770715 0.31674620	1.46065941 1.64334310 2.23916684 4.59343636 34.57990918
11	1.13342	1.57526598E-03	0.03868451 0.13573434 0.29479901 0.55128591 0.86424239 0.51228091	1.04239130 0.99151100 0.87135114 0.66047583 0.39772856	1.29633269 1.40511428 1.73417604 2.79193643 8.72353844
12	1.08960	1.77827941E-04	0.02633188 0.09313999 0.20661095 0.40485848 0.69699845 0.96197508	1.02884590 0.99412197 0.90951241 0.74905964 0.50790581 0.28808605	1.19461334 1.26236240 1.45742342 2.00987543 4.14552994 31.27332684

TABLE 3.12 $\alpha_p = 0.01$ dB $\alpha_s = 80$ dB

n	ω_s	K	a_i	b_i	ω_{zi}^2
4	7.58661	1.00000000E-04	0.80624480	1.99468384	67.34409579
			1.99289777	1.31838448	390.04671478
5	3.88576	1.90999804E-03	0.47582265	1.54869139	16.63926454
			1.31478235	1.04307667	42.74081203
			0.84086970		
6	2.52868	1.00000000E-04	0.30154495	1.33685686	6.81556785
			0.89769938	0.97767519	12.26722391
			1.34125891	0.56522916	88.25833405
7	1.89684	1.22600798E-03	0.19835376	1.21823826	3.75681748
			0.62239226	0.96755104	5.54098095
			1.04371801	0.58613803	16.80859807
			0.62090552		
8	1.55867	1.00000000E-04	0.13323823	1.14552423	2.50260596
			0.43390646	0.97169927	3.25868719
			0.79353236	0.65736897	6.61755544
			1.08919505	0.36855125	49.91263652
9	1.36124	1.01861755E-03	0.09062534	1.09863163	1.89137303
			0.30292521	0.97832875	2.26812289
			0.59030964	0.73498841	3.64434118
			0.90968981	0.43443491	11.48020819
			0.53269866		
10	1.23926	1.00000000E-04	0.06212513	1.06749757	1.55779298
			0.21146600	0.98422544	1.76655192
			0.43122934	0.80281034	2.44286515
			0.72659261	0.53332048	5.10113891
			0.97882286	0.29687538	38.89861117
11	1.16101	9.36466739E-04	0.04280375	1.04646665	1.36136159
			0.14754849	0.98877503	1.48558550
			0.31066464	0.85668422	1.85803380
			0.55913073	0.63527018	3.04562285
			0.84569766	0.37334036	9.67906663
			0.49342330		
12	1.10952	1.00000000E-04	0.02959041	1.03210964	1.23954320
			0.10289804	0.99209807	1.31714243
			0.22154542	0.89736178	1.53813473
			0.41805049	0.72526022	2.15716740
			0.69176013	0.47975161	4.53408654
			0.92786614	0.26660916	34.66338185

TABLES WITH PRESCRIBED α_p AND α_s

TABLE 3.13 $\quad \alpha_p = 0.01$ dB $\quad \alpha_s = 85$ dB

n	ω_s	K	a_i	b_i	ω_{zi}^2
4	8.75163	5.62341325E-05	0.81012432	1.99767167	89.64267970
			1.99070514	1.31363427	519.97654156
5	4.34475	1.20514144E-03	0.48171053	1.55347562	20.81604284
			1.31643706	1.03694944	53.67803588
			0.83593168		
6	2.76332	5.62341325E-05	0.30844565	1.34276945	8.14671432
			0.90479656	0.97107548	14.75427687
			1.33047254	0.55444429	106.83460277
7	2.03555	7.48700729E-04	0.20535854	1.22449849	4.33106947
			0.63371876	0.96127456	6.43743278
			1.03865835	0.57256756	19.72835270
			0.61104683		
8	1.64810	5.62341325E-05	0.13975674	1.15154502	2.80114481
			0.44734492	0.96623233	3.67776793
			0.79635963	0.64169138	7.56443142
			1.06970717	0.35405207	57.61819617
9	1.42207	6.11288356E-04	0.09636003	1.10406585	2.06639406
			0.31663350	0.97383861	2.49811260
			0.59963611	0.71866124	4.06957233
			0.89767783	0.41625467	12.99723823
			0.51892647		
10	1.28208	5.62341325E-05	0.06698048	1.07219106	1.66885935
			0.22424244	0.98067509	1.90651482
			0.44434381	0.78724124	2.67235121
			0.72443096	0.51191824	5.66996136
			0.95282261	0.28008050	43.72754357
11	1.19179	5.56372819E-04	0.04680328	1.05039348	1.43565787
			0.15877906	0.98603516	1.57675937
			0.32506095	0.84279034	1.99677252
			0.56528499	0.61247772	3.32729222
			0.82857436	0.35230377	10.73557251
			0.47693091		
12	1.13194	5.62341325E-05	0.03281811	1.03531777	1.29101699
			0.11238119	0.99001651	1.37927467
			0.23548929	0.88554343	1.62836605
			0.42940600	0.70309150	2.31979769
			0.68589350	0.45481072	4.96006048
			0.89749226	0.24831571	38.37080084

TABLES FOR ELLIPTIC-FUNCTION FILTERS

TABLE 3.14 $\alpha_p = 0.01$ dB $\alpha_s = 90$ dB

n	ω_s	K	a_i	b_i	ω_{zi}^2
4	10.09844	3.16227766E-05	0.81305401	1.99995680	119.38264073
			1.98908184	1.31011333	693.24748101
5	4.86142	7.60397553E-04	0.48643243	1.55730345	26.07488645
			1.31770591	1.03208227	67.44743502
			0.83203388		
6	3.02343	3.16227766E-05	0.31424297	1.34771530	9.76027586
			0.91057730	0.96557222	17.76777921
			1.32158847	0.54568045	129.33797929
7	2.18808	4.57188162E-04	0.21146343	1.22992535	5.00918443
			0.64330737	0.95581829	7.49485784
			1.03418190	0.56119881	23.16942127
			0.60279515		
8	1.74613	3.16227766E-05	0.14561243	1.15692115	3.14741040
			0.45909681	0.96130065	4.16277187
			0.79843704	0.62815512	8.65787353
			1.05297143	0.34189793	66.50880636
9	1.48880	3.66756695E-04	0.10164640	1.10904324	2.26704694
			0.32896668	0.96965186	2.76082948
			0.60747126	0.70413862	4.55330247
			0.88683663	0.40069176	14.71909428
			0.50705240		
10	1.32920	3.16227766E-05	0.07155913	1.07658788	1.79536188
			0.23603139	0.97726489	2.06510410
			0.45583588	0.77299324	2.93066816
			0.72185012	0.49313432	6.30743265
			0.92996937	0.26580455	49.13058084
11	1.22586	3.30387822E-04	0.05065313	1.05414806	1.52008207
			0.16938070	0.98333182	1.67966280
			0.33807835	0.82973271	2.15191589
			0.57008081	0.59192867	3.64001377
			0.81285721	0.33409759	11.90455163
			0.46245757		
12	1.15695	3.16227766E-05	0.03598455	1.03844385	1.34957225
			0.12152234	0.98791158	1.44937347
			0.24843901	0.87415980	1.72895933
			0.43916086	0.68255892	2.49924663
			0.67970239	0.43271236	5.42731342
			0.87039938	0.23264175	42.42909656

TABLE 3.15 $\alpha_p = 0.01$ dB $\alpha_s = 95$ dB

n	ω_s	K	a_i	b_i	ω_{zi}^2
4	11.65509	1.77827941E-05	0.81527033 1.98789456	2.00172587 1.30751916	159.04862907 924.32081303
5	5.44262	4.79779608E-04	0.49021251 1.31868697 0.82895424	1.56036416 1.02821854	32.69596492 84.78245956
6	3.31142	1.77827941E-05	0.31909833 0.91529519 1.31426939	1.35184305 0.96099284 0.53853980	11.71585134 21.41903506 156.59953710
7	2.35545	2.79165250E-04	0.21676203 0.65142332 1.03025592 0.59587380	1.23461417 0.95109542 0.55165894	5.80954905 8.74192539 27.22509622
8	1.85326	1.77827941E-05	0.15084616 0.46935355 0.79995956 1.03858532	1.16170138 0.95688082 0.61647139 0.33166560	3.54859125 4.72376245 9.92056493 76.76889294
9	1.56169	2.20003773E-04	0.10649088 0.34002393 0.61406846 0.87710302 0.49678761	1.11357913 0.96578147 0.69125395 0.38733242	2.49663081 3.06058300 5.10345580 16.67397720
10	1.38078	1.77827941E-05	0.07584803 0.24685697 0.46590061 0.71904731 0.90985555	1.08068258 0.97402352 0.76001498 0.47664165 0.25360817	1.93900039 2.24443490 3.22124223 7.02199815 55.17927323
11	1.26333	1.96113306E-04	0.05433118 0.17932906 0.34981720 0.57379100 0.79849411 0.44971855	1.05771388 0.98069702 0.81754104 0.57344190 0.31829056	1.61559409 1.79544424 2.32516676 3.98720221 13.19875576
12	1.18463	1.77827941E-05	0.03906509 0.13027207 0.26041271 0.44753039 0.67340696 0.84619566	1.04146698 0.98581248 0.86328410 0.66362737 0.41312099 0.21914076	1.41579729 1.52811673 1.84084928 2.69715377 5.94010216 46.87516407

TABLE 3.16 $\alpha_p = 0.01$ dB $\alpha_s = 100$ dB

n	ω_s	K	a_i	b_i	ω_{zi}^2
4	13.45405	1.00000000E-05	0.81695298 1.98704377	2.00312208 1.30562841	211.95570894 1232.48570706
5	6.09609	3.02720450E-04	0.49323470 1.31945172 0.82651974	1.56281168 1.02515405	41.03206311 106.60655203
6	3.62993	1.00000000E-05	0.32315452 0.91915257 1.30823839	1.35528176 0.95718868 0.53270891	14.08567532 25.84290855 189.62607069
7	2.53879	1.70456308E-04	0.22134478 0.65829272 1.02683546 0.59005798	1.23865402 0.94702158 0.54364198	6.75386420 10.21244667 32.00533395
8	1.97004	1.00000000E-05	0.15550373 0.47829151 0.80107205 1.02620813	1.16593637 0.95294094 0.60638751 0.32301893	4.01301355 5.37237911 11.37870082 88.61130013
9	1.64102	1.31953328E-04	0.11090781 0.34990851 0.61963734 0.86839843 0.48789374	1.11769454 0.96222902 0.67984469 0.37583517	2.75891535 3.40228812 5.72904572 18.89391067
10	1.43700	1.00000000E-05	0.07984217 0.25675741 0.47471452 0.71616257 0.89213105	1.08447636 0.97096953 0.74823783 0.46215138 0.24314129	2.10169606 2.44689450 3.54792814 7.82313008 61.95377995
11	1.30430	1.16371819E-04	0.05782214 0.18861667 0.36038142 0.57663775 0.78541174 0.43847725	1.06108057 0.97815525 0.80621946 0.55683558 0.30452487	1.72326658 1.92538805 2.51842598 4.37265389 14.63232676
12	1.21505	1.00000000E-05	0.04204027 0.13859631 0.27144405 0.45470727 0.66716398 0.82454206	1.04437120 0.98374349 0.85296484 0.64623436 0.39573706 0.20745564	1.49033974 1.61625434 1.96507264 2.91533194 6.50311442 51.74958665

TABLE 3.17 $\alpha_p = 0.01$ dB $\alpha_s = 110$ dB

n	ω_s	K	a_i	b_i	ω_{zi}^2
4	17.93491	3.16227766E-06	0.81922984	2.00521453	376.66610978
			1.98607682	1.30334283	2191.60843384
5	7.65560	1.20514641E-04	0.49757673	1.56634222	64.74136397
			1.32053046	1.02080725	168.67385052
			0.82307425		
6	4.37057	3.16227766E-06	0.32935059	1.36051965	20.43677395
			0.92490232	0.95141838	37.69672770
			1.29917161	0.52403161	278.11079721
7	2.95845	6.35459282E-05	0.22869616	1.24510551	9.18135916
			0.66903053	0.94051064	13.99047134
			1.02131104	0.53121342	44.28106366
			0.58104021		
8	2.23498	3.16227766E-06	0.16328257	1.17297113	5.17164265
			0.49283488	0.94635303	6.98841637
			0.80246897	0.59017048	15.00699063
			1.00636819	0.30945629	118.06370413
9	1.82034	4.74534521E-05	0.11854246	1.12476506	3.39940362
			0.36656887	0.95604549	4.23473726
			0.62835129	0.66084765	7.24893980
			0.85373543	0.35734309	24.27934986
			0.47345799		
10	1.56410	3.16227766E-06	0.08695656	1.09119039	2.49321627
			0.27397948	0.96545857	2.93230905
			0.48920161	0.72796825	4.32750907
			0.71050601	0.43819742	9.72887976
			0.86268567	0.22632316	78.05036049
11	1.39724	4.09453319E-05	0.06420978	1.06719977	1.98003211
			0.20524225	0.97341671	2.23367388
			0.37839444	0.78611419	2.97369145
			0.58042488	0.52857060	5.27568933
			0.76274752	0.28197536	17.98200935
			0.41972556		
12	1.28446	3.16227766E-06	0.04761963	1.04978050	1.66731484
			0.15389477	0.97977001	1.82412461
			0.29086250	0.83409261	2.25523811
			0.46614058	0.61573471	3.42071666
			0.65523641	0.36656351	7.80096266
			0.78774653	0.18843383	62.96639664

TABLE 3.18 $\alpha_p = 0.01$ dB $\alpha_s = 120$ dB

n	ω_s	K	a_i	b_i	ω_{zi}^2
5	9.62320	4.79774596E-05	0.50034651	1.56863246	102.32530481
			1.32122695	1.01810651	267.05419796
			0.82092842		
6	5.27268	1.00000000E-06	0.33363241	1.36413316	29.76078272
			0.92878010	0.94746610	55.09699464
			1.29301358	0.51819715	407.98407175
7	3.45838	2.36886131E-05	0.23411467	1.24983906	12.55673477
			0.67673006	0.93573341	19.24145680
			1.01721787	0.52237780	61.33693091
			0.57462618		
8	2.54641	1.00000000E-06	0.16932679	1.17840550	6.71995738
			0.50381512	0.94123260	9.14569258
			0.80319489	0.57808056	19.84540100
			0.99162124	0.29960868	157.32273553
9	2.02965	1.70607600E-05	0.12474522	1.13047156	4.23068990
			0.37972423	0.95099035	5.31297375
			0.63466150	0.64605370	9.21300953
			0.84217630	0.34347240	31.22981506
			0.46251088		
10	1.71215	1.00000000E-06	0.09296496	1.09682028	2.99082699
			0.28813215	0.96074595	3.54722526
			0.50034521	0.71152360	5.31092278
			0.70533236	0.41961251	12.12613569
			0.83968123	0.21366986	98.27715308
11	1.50568	1.43963673E-05	0.06979340	1.07250894	2.30176970
			0.21940674	0.96919741	2.61813553
			0.39288657	0.76916257	3.53773854
			0.58249646	0.50585613	6.38879377
			0.74416176	0.26460324	22.10072428
			0.40495293		
12	1.36585	1.00000000E-06	0.05265133	1.05462169	1.88719095
			0.16736617	0.97609977	2.08076296
			0.30710803	0.81759572	2.61019644
			0.47456866	0.59033343	4.03402366
			0.64441834	0.34343625	9.36864235
			0.75808415	0.17384856	76.49224126

TABLE 3.19 $\alpha_p = 0.01$ dB $\alpha_s = 150$ dB

n	ω_s	K	a_i	b_i	ω_{zi}^2
5	19.17082	3.02732762E-06	0.50403229	1.57211685	406.15010363
			1.32239904	1.01505237	1062.12801040
			0.81836978		
6	9.31910	3.16227766E-08	0.34000316	1.36957064	93.04146668
			0.93444796	0.94173682	173.17417868
			1.28411334	0.50983448	1289.09079265
7	5.58844	1.22699232E-06	0.24307560	1.25764063	32.83114068
			0.68908387	0.92789683	50.77084530
			1.01044305	0.50835451	163.71762418
			0.56443601		
8	3.82955	3.16227766E-08	0.18025256	1.18816438	15.22549825
			0.52298676	0.93199016	20.98546230
			0.80381286	0.55728639	46.37552461
			0.96632349	0.28316948	372.50649297
9	2.87425	7.92264167E-07	0.13684277	1.14151066	8.50199843
			0.40445440	0.94107855	10.84236477
			0.64523811	0.61873443	19.26259571
			0.82052166	0.31898423	66.74999204
			0.44289597		
10	2.30279	3.16227766E-08	0.10548887	1.10844732	5.42251522
			0.31655204	0.95079680	6.54196927
			0.52079278	0.67909602	10.07958763
			0.69377338	0.38497818	23.71685374
			0.79632221	0.19095142	195.96740932
11	1.93668	6.24358815E-07	0.08214358	1.08413545	3.81691873
			0.24960952	0.95967292	4.41929729
			0.42137892	0.73361053	6.16136825
			0.58399685	0.46116459	11.53747445
			0.70656797	0.23219749	41.10028974
			0.37648473		
12	1.69005	3.16227766E-08	0.06439738	1.06580511	2.89596790
			0.19772344	0.96729186	3.24973201
			0.34106623	0.78092482	4.21000969
			0.48896325	0.53754781	6.77291401
			0.61957605	0.29840138	16.33205526
			0.69871490	0.14660922	136.45296764

TABLES FOR ELLIPTIC-FUNCTION FILTERS

TABLE 3.20 $\alpha_p = 0.01$ dB $\alpha_s = 200$ dB

n	ω_s	K	a_i	b_i	ω_{zi}^2
6	24.28593	1.00000000E-10	0.34274667	1.37270708	631.80410467
			0.93718701	0.94023930	1178.19733684
			1.28127276	0.50707142	8781.82796679
7	12.63866	8.83021583E-09	0.24752613	1.26167662	168.01541369
			0.69511332	0.92426726	260.96127707
			1.00728182	0.50185443	846.01492773
			0.55969465		
8	7.76035	1.00000000E-10	0.18659790	1.19383924	62.58474008
			0.53375323	0.92670308	86.88310745
			0.80386312	0.54586674	193.97156996
			0.95245644	0.27439258	1569.29131549
9	5.32547	4.74999392E-09	0.14489180	1.14880431	29.22662015
			0.42026817	0.93448066	37.64562185
			0.65117987	0.60162340	67.92322481
			0.80676559	0.30433591	238.63214622
			0.43096210		
10	3.95496	1.00000000E-10	0.11486576	1.11706849	16.02130932
			0.33693653	0.94327613	19.57029012
			0.53398458	0.65634155	30.77510015
			0.68470624	0.36212073	73.93741336
			0.76726753	0.17653531	618.97702452
11	3.11413	3.33419905E-09	0.09240561	1.09368373	9.88759376
			0.27361561	0.95161771	11.61280337
			0.44188309	0.70596647	16.59321225
			0.58288807	0.42886028	31.93823271
			0.67847626	0.21011074	116.25522053
			0.35626128		
12	2.56429	1.00000000E-10	0.07511378	1.07588505	6.68041896
			0.22421108	0.95904909	7.61379882
			0.36799461	0.74957811	10.13987043
			0.49734982	0.49592590	16.86151866
			0.59787132	0.26545156	41.88756576
			0.65354678	0.12758316	356.20474899

TABLE 3.21 $\alpha_p = 0.05$ dB $\alpha_s = 25$ dB

n	ω_s	K	a_i	b_i	ω_{zi}^2
2	6.46161	5.62341325E-02	2.80371977	4.69434339	82.99938124
3	2.29219	3.67657336E-01	0.91887091 1.28652825	1.95154352	6.82895626
4	1.46767	5.62341325E-02	0.36592328 1.62810893	1.35918330 1.15136054	2.42224825 11.42275130
5	1.19600	2.55092771E-01	0.15835904 0.83839173 0.93512545	1.15362214 1.04910285	1.51031932 2.93754548
6	1.08725	5.62341325E-02	0.07135585 0.39999876 1.41243040	1.06904311 1.02042977 0.85594210	1.21247879 1.64609441 8.27168215
7	1.03989	2.37409471E-01	0.03278627 0.18743151 0.78945429 0.87221851	1.03170573 1.00926610 0.91345449	1.09426107 1.26176986 2.53089778
8	1.01846	5.62341325E-02	0.01520517 0.08757489 0.39107637 1.36752876	1.01470223 1.00429811 0.95647440 0.80191935	1.04302051 1.11479648 1.53561035 7.73990873

TABLE 3.22 $\alpha_p = 0.05$ dB $\alpha_s = 30$ dB

n	ω_s	K	a_i	b_i	ω_{zi}^2
2	8.59897	3.16227766E-01	2.84204729	4.68722506	147.37228163
3	2.73317	2.50346835E-01	0.98584550 1.23619233	1.98198296	9.78687084
4	1.63666	3.16227766E-02	0.41850170 1.59842777	1.39017299 1.05031315	3.04073801 15.09762551
5	1.27659	1.61470683E-01	0.19244959 0.88900893 0.85803002	1.17648753 0.98906166	1.73421785 3.56546224
6	1.12905	3.16227766E-02	0.09201824 0.45921450 1.34489989	1.08404160 0.98939254 0.73147186	1.31466547 1.86658277 10.05193549
7	1.06224	1.46778262E-01	0.04487563 0.23116977 0.82293384 0.78341796	1.04094406 0.99404291 0.82629255	1.14576694 1.36276205 2.92268374
8	1.03049	3.16227766E-02	0.02210461 0.11545110 0.44529078 1.28586662	1.02016296 0.99694861 0.90474646 0.66800555	1.07004002 1.16633972 1.69154964 9.15460156
9	1.01506	1.43450972E-01	0.01094290 0.05751756 0.22932800 0.80516874 0.76586637	1.00998107 0.99847039 0.95078303 0.78978635	1.03425385 1.07954567 1.29768088 2.79031285

TABLE 3.23 $\alpha_p = 0.05$ dB $\alpha_s = 35$ dB

n	ω_s	K	a_i	b_i	ω_{zi}^2
2	11.45280	1.77827941E-02	2.86307375	4.68225791	261.79137346
3	3.27481	1.70534883E-01	1.03287593 1.20341081	2.00206572	14.12794549
4	1.83972	1.77827941E-02	0.46153787 1.57175311	1.41428260 0.97839234	3.87069344 19.98759150
5	1.37426	1.02115869E-01	0.22342953 0.92328974 0.80197608	1.19628356 0.93819009	2.02341730 4.35619887
6	1.18112	1.77827941E-02	0.11237199 0.50840353 1.28437646	1.09813531 0.95855836 0.63995612	1.44611617 2.13740347 12.18526341
7	1.09118	9.04641012E-02	0.05764519 0.27197104 0.83998172 0.71611997	1.05025987 0.97674206 0.75107301	1.21329442 1.48683792 3.38094807
8	1.04681	1.77827941E-02	0.02988086 0.14382398 0.48863568 1.21092502	1.02604093 0.98754242 0.85303582 0.56798280	1.10668870 1.23092346 1.87302919 10.75775956
9	1.02428	8.76087546E-02	0.01557435 0.07570568 0.26890038 0.81509219 0.69393190	1.01357124 0.99341970 0.91879758 0.70546565	1.05459579 1.11507017 1.38754790 3.16822410

TABLE 3.24 $\alpha_p = 0.05$ dB $\alpha_s = 40$ dB

n	ω_s	K	a_i	b_i	ω_{zi}^2
2	15.26291	1.00000000E-02	2.87485119	4.67955293	465.26926383
3	3.93733	1.16180230E-01	1.06556216 1.18174239	2.01543304	20.50024041
4	2.08109	1.00000000E-02	0.49596270 1.54966468	1.43284594 0.92672346	4.98161607 26.50204579
5	1.49038	6.45300298E-02	0.25075593 0.94653407 0.76030817	1.21309887 0.89628099	2.39354359 5.35213224
6	1.24411	1.00000000E-02	0.13171906 0.54857694 1.23236472	1.11104328 0.92965175 0.57160668	1.61204520 2.46865326 14.75065324
7	1.12722	5.56164483E-02	0.07057553 0.30896172 0.84660314 0.66383340	1.05935367 0.95864554 0.68764324	1.29921671 1.63750070 3.91791459
8	1.06790	1.00000000E-02	0.03822185 0.17165932 0.52243634 1.14462177	1.03212099 0.97673351 0.80387809 0.49202403	1.15439839 1.31016170 2.08358913 12.58028573
9	1.03670	5.32930394E-02	0.02082159 0.09477216 0.30433247 0.81393579 0.63684693	1.01749427 0.98710652 0.88516282 0.63323720	1.08195436 1.15968458 1.49240345 3.59265135
10	1.01997	1.00000000E-02	0.01137907 0.05216444 0.17220637 0.51183772 1.11889543	1.00956014 0.99289522 0.93491871 0.76831287 0.47006170	1.04416314 1.08466377 1.24518909 1.98704477 12.00869992

TABLES WITH PRESCRIBED α_p AND α_s 157

TABLE 3.25 $\alpha_p = 0.05$ dB $\alpha_s = 45$ dB

n	ω_s	K	a_i	b_i	ω_{zi}^2
3	4.74525	7.91522565E-02	1.08812862 1.16728088	2.02439537	29.85433520
4	2.36575	5.62341325E-03	0.52303695 1.53208086	1.44703003 0.88927397	6.46629164 35.18502286
5	1.62647	4.07564025E-02	0.27431234 0.96239609 0.72884015	1.22716963 0.86230238	2.86441349 6.60640080
6	1.31871	5.62341325E-03	0.14960638 0.58105689 1.18856917	1.12262686 0.90354804 0.51979402	1.81878414 2.87259847 17.84275339
7	1.17081	3.41277743E-02	0.08324718 0.34180490 0.84690083 0.62247088	1.06800621 0.94071466 0.63479788	1.40621445 1.81890867 4.54795112
8	1.09413	5.62341325E-03	0.04683273 0.19820922 0.54832013 1.08696247	1.03821679 0.96514007 0.75867002 0.43342426	1.21464230 1.40587615 2.32741484 14.65801852
9	1.05267	3.23151908E-02	0.02650928 0.11408423 0.33534658 0.80609758 0.59064113	1.02162460 0.97984537 0.85143116 0.57209438	1.11733324 1.21441316 1.61384889 4.06978081
10	1.02972	5.62341325E-03	0.01505751 0.06540747 0.19876372 0.53390305 1.05492984	1.01228164 0.98842804 0.91175345 0.71491377 0.40812587	1.06535303 1.11720234 1.31323493 2.18490569 13.78069503
11	1.01685	3.17560485E-02	0.00856958 0.03742130 0.11582699 0.33076766 0.79258574 0.58054974	1.00698960 0.99337635 0.94853977 0.82304379 0.55276941	1.03678465 1.06527992 1.16810051 1.55675601 3.92935448

TABLE 3.26 $\alpha_p = 0.05$ dB $\alpha_s = 50$ dB

n	ω_s	K	a_i	b_i	ω_{zi}^2
3	5.72848	5.39258222E-02	1.10364333 1.15756916	2.03044351	43.58540462
4	2.69958	3.16227766E-03	0.54406735 1.51838120	1.45780931 0.86192517	8.44861876 46.76108382
5	1.78431	2.57319986E-02	0.29426161 0.97332663 0.70479702	1.23880757 0.83500567	3.46115245 8.18583686
6	1.40561	3.16227766E-03	0.16578779 0.60717813 1.15207831	1.13285525 0.88056125 0.47999105	2.07408253 3.36416760 21.57562925
7	1.22236	2.09125539E-02	0.09534975 0.37052860 0.84357135 0.58930506	1.07607291 0.92360287 0.59102169	1.53741185 2.03602009 5.28799708
8	1.12583	3.16227766E-03	0.05545905 0.22299138 0.56788039 1.03724046	1.04417886 0.95328606 0.71800846 0.38756685	1.28900917 1.52016806 2.60943097 17.03259829
9	1.07250	1.95454967E-02	0.03246399 0.13312541 0.36205016 0.79452389 0.55268066	1.02584703 0.97195847 0.81872930 0.52062022	1.16173567 1.28036214 1.75378155 4.60684487
10	1.04220	3.16227766E-03	0.01907389 0.07911451 0.22348896 0.54926292 0.99869548	1.01518333 0.98330353 0.88778318 0.66611687 0.35912889	1.09257710 1.15711003 1.39215703 2.40619179 15.73963131
11	1.02472	1.90999854E-02	0.01122859 0.04689542 0.13541434 0.35568171 0.77714072 0.54030919	1.00893893 0.99009725 0.93193880 0.78322844 0.49766396	1.05368495 1.09000240 1.21558010 1.67189101 4.39778824

TABLE 3.27 $\alpha_p = 0.05$ dB $\alpha_s = 55$ dB

n	ω_s	K	a_i	b_i	ω_{zi}^2
3	6.92336	3.67392708E-02	1.11428401 1.15102328	2.03455425	63.74158386
4	3.08949	1.77827941E-03	0.56025494 1.50784317	1.46597027 0.84183052	11.09398537 62.19596922
5	1.96597	1.62423902E-02	0.31092508 0.98094855 0.68626586	1.24834726 0.81319283	4.21556261 10.17456528
6	1.50561	1.77827941E-03	0.18017535 0.62814308 1.12184373	1.14177155 0.86066769 0.44905845	2.38743305 3.96151755 26.08703975
7	1.28226	1.28016307E-02	0.10667395 0.39537962 0.83833798 0.56243394	1.08347147 0.90770808 0.55483114	1.69650630 2.29474362 6.15801987
8	1.16331	1.77827941E-03	0.06389623 0.24574126 0.58251714 0.99453589	1.04989531 0.94158035 0.68198148 0.35122317	1.37927492 1.65548380 2.93539524 19.75225857
9	1.09646	1.17985177E-02	0.03852811 0.15150419 0.38477493 0.78113474 0.52113441	1.03006286 0.96374153 0.78780004 0.47736149	1.21620396 1.35876031 1.91442511 5.21221513
10	1.05767	1.77827941E-03	0.02332253 0.09294532 0.24612088 0.55944998 0.94940881	1.01819303 0.97770107 0.86375915 0.62219698 0.31986202	1.12656205 1.20513530 1.48298566 2.65354927 17.90871449
11	1.03473	1.14563495E-02	0.01415024 0.05685154 0.15437875 0.37636103 0.75961828 0.50639180	1.01103724 0.98634826 0.91442518 0.74496729 0.45086751	1.07525876 1.12030327 1.27078944 1.80053664 4.91188301

TABLE 3.28 $\alpha_p = 0.05$ dB $\alpha_s = 60$ dB

n	ω_s	K	a_i	b_i	ω_{zi}^2
3	8.37410	2.50302174E-02	1.12157493 1.14660515	2.03737656	93.32985048
4	3.54353	1.00000000E-03	0.57263188 1.49980224	1.47213325 0.82699517	14.62308806 82.77725117
5	2.17382	1.02508911E-02	0.32469550 0.98633257 0.67188796	1.25611307 0.79581503	5.16783062 12.67849875
6	1.61963	1.00000000E-03	0.19279247 0.64497123 1.09686761	1.14946456 0.84366021 0.42478052	2.77044419 4.68670960 31.54353059
7	1.35096	7.83076662E-03	0.11709582 0.41671671 0.83227478 0.54048465	1.09016801 0.89323497 0.52490821	1.88789866 2.60210652 7.18154453
8	1.20683	1.00000000E-03	0.07199012 0.26635835 0.59338708 0.95792205	1.05528845 0.93031922 0.65038284 0.32209582	1.48747029 1.81467973 3.31200717 22.87271853
9	1.12476	7.11111215E-03	0.04456706 0.16894546 0.40395918 0.76715041 0.49468075	1.03419208 0.95544593 0.75907692 0.44098892	1.28186000 1.45099634 2.09836178 5.89550455
10	1.07632	1.00000000E-03	0.02770358 0.10661738 0.26657014 0.56574302 0.90625379	1.02124571 0.97179481 0.84026212 0.58307023 0.28803159	1.16804293 1.26207902 1.58691050 2.93004542 20.31460809
11	1.04709	6.85616955E-03	0.01726371 0.06706742 0.17242975 0.39329819 0.74133489 0.47751894	1.01323735 0.98223589 0.89648313 0.70887791 0.41110414	1.10205524 1.15672749 1.33436937 1.94393794 5.47656913
12	1.02921	1.00000000E-03	0.01077377 0.04210341 0.11014569 0.26293543 0.55402699 0.88643893	1.00826074 0.98884303 0.93382709 0.80503876 0.55799205 0.27553659	1.06268457 1.09536214 1.19765426 1.51288393 2.79832393 19.41304253

TABLES WITH PRESCRIBED α_p AND α_s

TABLE 3.29 $\alpha_p = 0.05$ dB $\alpha_s = 65$ dB

n	ω_s	K	a_i	b_i	ω_{zi}^2
3	10.13441	1.70529636E-02	1.12657383	2.03934731	136.76521516
			1.14362680		
4	4.07113	5.62341325E-04	0.58204896	1.47678007	19.33036185
			1.49369974	0.81600273	110.22178754
5	2.41060	6.46892570E-03	0.33598025	1.26240115	6.36867465
			0.99018683	0.78199425	15.83098439
			0.66067550		
6	1.74870	5.62341325E-04	0.20373474	1.15604757	3.23728139
			0.65849775	0.82924664	5.56652601
			1.07626743	0.40556535	38.14657694
7	1.42892	4.78754349E-03	0.12655872	1.09616404	2.11683217
			0.43493978	0.88025209	2.96644942
			0.82603232	0.50013524	8.38628069
			0.52243881		
8	1.25666	5.62341325E-04	0.07963271	1.06030958	1.61594595
			0.28485730	0.91970082	2.00109058
			0.60141019	0.62285579	3.74703808
			0.92654568	0.29852172	26.45824354
9	1.15761	4.28080431E-03	0.05047192	1.03817322	1.35994423
			0.18527376	0.94727253	1.55865415
			0.42007053	0.73276315	2.30857002
			0.75332416	0.41035074	6.66769329
			0.47233627		
10	1.09834	5.62341325E-04	0.03212772	1.02428556	1.21778674
			0.11990867	0.96574192	1.32881773
			0.28486720	0.81771127	1.70529758
			0.56916676	0.54845085	3.23919167
			0.86846350	0.26196803	22.98765357
11	1.06197	4.09559519E-03	0.02050466	1.01549605	1.13462010
			0.07734608	0.97786683	1.19984020
			0.18937982	0.87852333	1.40704125
			0.40701866	0.67530862	2.10354103
			0.72312865	0.37725385	6.09749057
			0.45274392		
12	1.03930	5.62341325E-04	0.01310851	1.00990530	1.08432930
			0.04978213	0.98574494	1.12387133
			0.12427518	0.92020584	1.24450920
			0.28017692	0.77598920	1.60674618
			0.55479484	0.51961781	3.05937412
			0.84516581	0.24805341	21.72998081

TABLE 3.30 $\alpha_p = 0.05$ dB $\alpha_s = 70$ dB

n	ω_s	K	a_i	b_i	ω_{zi}^2
3	12.26949	1.16181662E-02	1.13001093 1.14162909	2.04076458	200.53045954
4	4.68322	3.16227766E-04	0.58918857 1.48908641	1.48028134 0.80783605	25.60856791 146.81897937
5	2.67942	4.08203410E-03	0.34516751 0.99298258 0.65189710	1.26747177 0.77101281	7.88204906 19.79990814
6	1.89397	3.16227766E-04	0.21313957 0.66939357 1.05928921	1.16164338 0.81710855 0.39024956	3.80519717 6.63345971 46.14001530
7	1.51666	2.92586935E-03	0.13505625 0.45044709 0.81998908 0.50752411	1.10148546 0.86873799 0.47958674	2.38954712 3.39765473 9.80486584
8	1.31308	3.16227766E-04	0.08675541 0.30132793 0.60730040 0.89965256	1.06493337 0.90984380 0.59898284 0.27927721	1.76743785 2.21860456 4.24948549 30.58290596
9	1.19521	2.57458459E-03	0.05615897 0.20039376 0.43356020 0.74010174 0.45335091	1.04196171 0.93937291 0.70890099 0.38447683	1.45185293 1.68354822 2.54846942 7.54128341
10	1.12390	3.16227766E-04	0.03651878 0.13265417 0.30111940 0.57052017 0.83534854	1.02726677 0.95967644 0.79638631 0.51795448 0.24043544	1.27661617 1.40632560 1.83970758 3.58497578 25.96215178
11	1.07953	2.44286392E-03	0.02381339 0.08752157 0.20512513 0.41802988 0.70551691 0.43134685	1.01777472 0.97334169 0.86087564 0.64440876 0.34836215	1.17350959 1.25024173 1.48961855 2.28100064 6.78103595
12	1.05142	3.16227766E-04	0.01555542 0.05761243 0.13790760 0.29527301 0.55336779 0.80850318	1.01160927 0.98243652 0.90634377 0.74810449 0.48546469 0.22517075	1.11052821 1.15756617 1.29806968 1.71104534 3.34484987 24.25105075

TABLE 3.31 $\alpha_p = 0.05$ dB $\alpha_s = 75$ dB

n	ω_s	K	a_i	b_i	ω_{zi}^2
3	14.85852	7.91552401E-03	1.13238883 1.14030435	2.04183497	294.14518891
4	5.39252	1.77827941E-04	0.59458794 1.48560984	1.48292029 0.80175796	33.98159964 195.62180825
5	2.98384	2.57575506E-03	0.35260873 0.99503630 0.64500333	1.27154769 0.76229180	9.78855295 24.79663804
6	2.05677	1.77827941E-04	0.22116419 0.67819202 1.04530030	1.16637455 0.80693422 0.37796947	4.49517224 7.92691452 55.81904211
7	1.61478	1.78762871E-03	0.14261740 0.46361170 0.81435102 0.49514434	1.10617372 0.85861587 0.46250543	2.71345787 3.90741578 11.47574464
8	1.37639	1.77827941E-04	0.09332174 0.31590492 0.61160277 0.87658946	1.06915253 0.90080589 0.57833846 0.26344823	1.94513558 2.47174787 4.82975513 35.33207001
9	1.23774	1.54729651E-03	0.06156750 0.21427145 0.44483932 0.72772884 0.43714076	1.04552764 0.93185453 0.68742698 0.36256216	1.55917418 1.82775990 2.82197367 8.53048476
10	1.15314	1.77827941E-04	0.04081448 0.14473917 0.31547830 0.57041404 0.80630239	1.03015333 0.95370739 0.77645402 0.49116253 0.22250473	1.34543245 1.49569558 1.99191622 3.97190342 29.27671736
11	1.09990	1.45528693E-03	0.02713671 0.09745993 0.21962635 0.42679404 0.68880354 0.41276792	1.02004003 0.96875052 0.84379151 0.61618853 0.32362828	1.21930523 1.30858197 1.58301827 2.47819111 7.53438153
12	1.06571	1.77827941E-04	0.01807654 0.06547343 0.15091341 0.30840017 0.55040677 0.77589064	1.01334664 0.97898293 0.89248436 0.72165894 0.45515309 0.20596494	1.14170278 1.19688415 1.35886726 1.82668560 3.65718197 26.99752569

TABLES FOR ELLIPTIC-FUNCTION FILTERS

TABLE 3.32 $\alpha_p = 0.05$ dB $\alpha_s = 80$ dB

n	ω_s	K	a_i	b_i	ω_{zi}^2
3	17.99759	5.39297874E-03	1.13405311 1.13944609	2.04270476	431.58930469
4	6.21374	1.00000000E-04	0.59866457 1.48299792	1.48491270 0.79723029	45.14825612 260.70162082
5	3.32788	1.62525679E-03	0.35861143 0.99656292 0.63957674	1.27481616 0.75536780	12.18972526 31.08728406
6	2.23858	1.00000000E-04	0.22797057 0.68531503 1.03377495	1.17035728 0.79843546 0.36807466	5.33269267 9.49466058 67.54111117
7	1.72390	1.09197681E-03	0.14929440 0.47477035 0.80921634 0.48483238	1.11027917 0.84977820 0.44827489	3.09735886 4.50955464 13.44420778
8	1.44693	1.00000000E-04	0.09932019 0.32874596 0.61472885 0.85679653	1.07297309 0.89260035 0.56051767 0.25034234	2.15275643 2.76578118 5.49987352 40.80412710
9	1.28540	9.29383818E-04	0.06665676 0.22691760 0.45426908 0.71632243 0.42324357	1.04885328 0.92478765 0.66821301 0.34394371	1.68372387 1.99367625 3.13355250 9.65143404
10	1.18621	1.00000000E-04	0.04496604 0.15609124 0.32811632 0.56930824 0.78079705	1.03291820 0.94791944 0.75799432 0.46765999 0.20746767	1.42523734 1.59816019 2.16393732 4.40504942 32.97471127
11	1.12321	8.66091274E-04	0.03042896 0.10705762 0.23289132 0.43371647 0.67315126 0.39656354	1.02226424 0.96417054 0.82745203 0.59056623 0.30238592	1.27262850 1.37557415 1.68827257 2.69722126 8.36554728
12	1.08228	1.00000000E-04	0.02063237 0.07326225 0.16320738 0.31975595 0.54641595 0.74683884	1.01509252 0.97544633 0.87882822 0.69681716 0.42829278 0.18972938	1.17828482 1.24228755 1.42749062 1.95468830 3.99909348 29.99317391

TABLE 3.33 $\alpha_p = 0.05$ dB $\alpha_s = 85$ dB

n	ω_s	K	a_i	b_i	ω_{zi}^2
4	7.16397	5.62341325E-05	0.60173999 1.48104271	1.48642272 0.79385801	60.04065222 347.48796170
5	3.71612	1.02549301E-03	0.36343840 0.99771019 0.63529727	1.27743251 0.74987141	15.21345616 39.00687518
6	2.44106	5.62341325E-05	0.23371570 0.69109602 1.02427853	1.17369813 0.79135486 0.36006895	6.34869253 11.39459890 81.73913183
7	1.84477	6.66940913E-04	0.15515343 0.48421989 0.80461724 0.47621772	1.11385616 0.84210344 0.43639406	3.55166607 5.22039728 15.76361760
8	1.52505	5.62341325E-05	0.10475789 0.34001681 0.61698702 0.83979653	1.07641043 0.88520952 0.54514992 0.23942822	2.39462795 3.10681036 6.27373536 47.11251301
9	1.33839	5.57990428E-04	0.07140270 0.23837411 0.46215934 0.70591812 0.41128819	1.05193065 0.91821252 0.65109556 0.32807705	1.82758264 2.18403252 3.48830325 10.92244938
10	1.22323	5.62341325E-05	0.04893704 0.16667212 0.33921094 0.56754460 0.75837532	1.03554230 0.94237511 0.74102314 0.44705604 0.19477754	1.51715440 1.71511268 2.35804917 4.89011875 37.10475467
11	1.14955	5.15021078E-04	0.03365240 0.11623855 0.24496067 0.43914345 0.65863046 0.38237655	1.02442509 0.95966546 0.81197844 0.56740356 0.28408267	1.33415498 1.45200804 1.80654120 2.94045311 9.28346659
12	1.10122	5.62341325E-05	0.02319042 0.08089412 0.17474051 0.32954159 0.54177483 0.72092210	1.01682638 0.97188112 0.86553400 0.67365862 0.40450664 0.17591637	1.22072603 1.29427277 1.50459338 2.09619871 4.37361533 33.26439735

TABLE 3.34 $\alpha_p = 0.05$ dB $\alpha_s = 90$ dB

n	ω_s	K	a_i	b_i	ω_{zi}^2
4	8.26294	3.16227766E-05	0.60406024	1.48757540	79.90216454
			1.47958654	0.79135003	463.22188254
5	4.15369	6.47051854E-04	0.36731038	1.27952435	19.02080381
			0.99858113	0.74550893	48.97721005
			0.63191780		
6	2.66607	3.16227766E-05	0.23854584	1.17649254	7.58069742
			0.69579880	0.78546752	13.69690020
			1.01645277	0.35356949	98.93745468
7	1.97819	4.07302012E-04	0.16026752	1.11695961	4.08870132
			0.49221802	0.83546702	6.05921649
			0.80054670	0.42645519	18.49685351
			0.46900350		
8	1.61115	3.16227766E-05	0.10965528	1.07948614	2.67578129
			0.34988154	0.87859535	3.50191427
			0.61860712	0.53190420	7.16739037
			0.82518356	0.23029327	54.38804503
9	1.39693	3.34896897E-04	0.07579464	1.05475936	1.99313530
			0.24870320	0.91214614	2.40195924
			0.46877164	0.63589552	3.89203325
			0.69650127	0.31451520	12.36432358
			0.40097309		
10	1.26436	3.16227766E-05	0.05270193	1.03801328	1.62245010
			0.17647019	0.93711777	1.84812905
			0.34893466	0.72551131	2.57682434
			0.56537415	0.42899384	5.43351750
			0.73864207	0.18400741	41.72132764
11	1.17903	3.06054315E-04	0.03677702	1.02650542	1.40462800
			0.12495039	0.95528582	1.53876298
			0.25589633	0.79744309	1.93912493
			0.44336540	0.54653099	3.21052427
			0.64525187	0.26826101	10.29806974
			0.36991549		
12	1.12263	3.16227766E-05	0.02572204	1.01853064	1.26950747
			0.08830156	0.96833449	1.35337927
			0.18549246	0.85272179	1.59090191
			0.33795109	0.65219926	2.25249442
			0.53676553	0.38344334	4.78410653
			0.69777038	0.16409631	36.84040617

TABLES WITH PRESCRIBED α_p AND α_s

TABLE 3.35 $\alpha_p = 0.05$ dB $\alpha_s = 95$ dB

n	ω_s	K	a_i	b_i	ω_{zi}^2
4	9.53354	1.77827941E-05	0.60581279	1.48846625	106.39145594
			1.47851062	0.78949139	617.56067605
5	4.64639	4.08265450E-04	0.37041045	1.28119586	23.81458085
			0.99924859	0.74204717	61.52933363
			0.62924641		
6	2.91567	1.77827941E-05	0.24259356	1.17882448	9.07421130
			0.69963262	0.78057989	16.48659730
			1.01000275	0.34827792	119.77123464
7	2.12505	2.48721614E-04	0.16471161	1.11964274	4.72302762
			0.49898617	0.82974802	7.04875460
			0.79697563	0.41812579	21.71801593
			0.46294980		
8	1.70566	1.77827941E-05	0.11404172	1.08222553	3.00205798
			0.35849655	0.87270738	3.95929233
			0.61975975	0.52048929	8.19937534
			0.81261265	0.22261362	62.78162532
9	1.46126	2.00946914E-04	0.07983240	1.05734470	2.18311354
			0.25797921	0.90658804	2.65103515
			0.47432436	0.62243114	4.35135422
			0.68802744	0.30289062	14.00065994
			0.39205084		
10	1.30973	1.77827941E-05	0.05624442	1.04032441	1.74255542
			0.18549389	0.93217479	1.99899159
			0.35744914	0.71139947	2.82316353
			0.56297896	0.41315398	6.04243449
			0.72125599	0.17482039	46.88545758
11	1.21177	1.81776568E-04	0.03977980	1.02849264	1.48487185
			0.13316070	0.95107015	1.63682088
			0.26577272	0.78387988	2.08748034
			0.44662253	0.52776524	3.51037431
			0.63298870	0.25454164	11.42038157
			0.35893977		
12	1.14659	1.77827941E-05	0.02820312	1.02019086	1.32514871
			0.09543297	0.96484590	1.42019824
			0.19546478	0.84047778	1.68722332
			0.34516472	0.63240952	2.42499538
			0.53159501	0.36478309	5.23427891
			0.67706178	0.15392863	40.75343076

TABLE 3.36 $\alpha_p = 0.05$ dB $\alpha_s = 100$ dB

n	ω_s	K	a_i	b_i	ω_{zi}^2
4	11.00221	1.00000000E-05	0.60714005	1.48916870	141.72131753
			1.47772600	0.78812314	823.38470590
5	5.20078	2.57599063E-04	0.37288903	1.28253163	29.85016928
			0.99976485	0.73930116	77.33183938
			0.62713342		
6	3.19215	1.00000000E-05	0.24597659	1.18076688	10.88439825
			0.70276406	0.77652716	19.86672688
			1.00468585	0.34395968	145.00988629
7	2.28632	1.51875350E-04	0.16855910	1.12195564	5.47184468
			0.50471327	0.82483319	8.21584030
			0.79386359	0.41113386	25.51443487
			0.45786129		
8	1.80907	1.00000000E-05	0.11795203	1.08465575	3.38023271
			0.36600719	0.86748863	4.48843508
			0.62057119	0.51065148	9.39109805
			0.80179051	0.21613250	72.46736441
9	1.53163	1.20548855E-04	0.08352363	1.05969605	2.40064343
			0.26628250	0.90152525	2.93534696
			0.47899851	0.61052617	4.87379005
			0.68043573	0.29290025	15.85825570
			0.38431663		
10	1.35950	1.00000000E-05	0.05955586	1.04247344	1.87908832
			0.19376625	0.92756062	2.16971450
			0.36490219	0.69860934	3.10033387
			0.56048917	0.39925410	6.72493421
			0.70592207	0.16694809	52.66550365
11	1.24786	1.07916282E-04	0.04264403	1.03037808	1.57580489
			0.14085331	0.94704633	1.74727966
			0.27467038	0.77129340	2.25323609
			0.44911151	0.51092093	3.84327497
			0.62179135	0.24260956	12.66263370
			0.34924885		
12	1.17318	1.00000000E-05	0.03061438	1.02179576	1.38821661
			0.10225081	0.96144715	1.49538100
			0.20467506	0.82885941	1.79445397
			0.35134582	0.61422873	2.61527552
			0.52641272	0.34823926	5.72822642
			0.65851587	0.14514072	45.03897217

TABLES WITH PRESCRIBED α_p AND α_s

TABLE 3.37 $\alpha_p = 0.05$ dB $\alpha_s = 110$ dB

n	ω_s	K	a_i	b_i	ω_{zi}^2
4	14.66101	3.16227766E-06	0.60892466 1.47678329	1.49022419 0.78641914	251.69865203 1463.94511158
5	6.52497	1.02552003E-04	0.37644937 1.00048620 0.62413938	1.28445680 0.73540036	47.01642008 122.27318351
6	3.83621	3.16227766E-06	0.25114682 0.70742585 0.99668859	1.18372490 0.77039144 0.33753773	15.73641401 28.92410043 212.62725198
7	2.65658	5.66225370E-05	0.17473788 0.51366206 0.78883577 0.44996820	1.12565115 0.81701181 0.40030895	7.39781916 11.21489680 35.26313859
8	2.04473	3.16227766E-06	0.12449581 0.37823322 0.62151872 0.78443124	1.08869874 0.85882131 0.49485876 0.20598357	4.32491247 5.80764647 12.35647450 96.55000502
9	1.69168	4.33647046E-05	0.08992378 0.28029806 0.48628218 0.66762136 0.37175681	1.06374709 0.89279352 0.59074254 0.27686190	2.93315901 3.62898066 6.14341703 20.36306487
10	1.47292	3.16227766E-06	0.06548053 0.20819578 0.37714057 0.55556235 0.68042345	1.04629291 0.91932805 0.67663439 0.37631586 0.15432562	2.20899049 2.58012926 3.76233295 8.34796277 66.38888462
11	1.33053	3.79970762E-05	0.04791618 0.15468206 0.28985620 0.45239325 0.60233787 0.33307294	1.03382518 0.93964188 0.74896705 0.48228577 0.22310098	1.79396238 2.01045670 2.64443446 4.62318687 15.56270095
12	1.23459	3.16227766E-06	0.03517059 0.11485429 0.22093236 0.36117400 0.51640307 0.62696341	1.02480770 0.95501236 0.80761575 0.58235939 0.32051375 0.13086471	1.53918782 1.67379483 2.04572924 3.05632148 6.86594099 54.88774198

TABLE 3.38 $\alpha_p = 0.05$ dB $\alpha_s = 120$ dB

n	ω_s	K	a_i	b_i	ω_{zi}^2
4	19.54645	1.00000000E-06	0.61000152	1.49107129	447.38788218
			1.47641348	0.78562485	2603.33107477
5	8.19690	4.08264644E-05	0.37871877	1.28570490	74.22757745
			1.00094709	0.73296279	193.50600172
			0.62226915		
6	4.62201	1.00000000E-06	0.25472110	1.18576481	22.86030747
			0.71056503	0.76619424	42.21964023
			0.99125286	0.33322176	311.87042692
7	3.09896	2.11084133E-05	0.17929706	1.12836380	10.07692303
			0.52007552	0.81129798	15.38384539
			0.78510917	0.39262436	48.80735874
			0.44435181		
8	2.32296	1.00000000E-06	0.12959057	1.09182664	5.58863957
			0.38746676	0.85213261	7.56959772
			0.62193706	0.48310915	16.31087483
			0.77151925	0.19862873	128.64474515
9	1.87964	1.55934588E-05	0.09514014	1.06702589	3.62577169
			0.29138039	0.88572491	4.52852823
			0.49152735	0.57537155	7.78446417
			0.65749921	0.26485883	26.17517504
			0.36222770		
10	1.60609	1.00000000E-06	0.07050719	1.04950974	2.62981285
			0.22008610	0.91237309	3.10127364
			0.38653894	0.65884457	4.59806942
			0.55102254	0.35855816	10.38898006
			0.66048349	0.14485411	83.62169433
11	1.42799	1.33659811E-05	0.05255334	1.03683432	2.06884610
			0.16651466	0.93314036	2.33995648
			0.30208042	0.73017245	3.12993151
			0.45415068	0.45931346	5.58449740
			0.58633998	0.20810938	19.12552320
			0.32032177		
12	1.30751	1.00000000E-06	0.03931228	1.02752481	1.72822706
			0.12601998	0.94915882	1.89535963
			0.23456782	0.78905755	2.35404426
			0.36839179	0.55583980	3.59185876
			0.50723550	0.29857803	8.23904951
			0.60149732	0.11994867	66.74817554

TABLE 3.39 $\alpha_p = 0.05$ dB $\alpha_s = 150$ dB

n	ω_s	K	a_i	b_i	ω_{zi}^2
5	16.31501	2.57601611E-06	0.38172407 1.00171845 0.61999696	1.28762885 0.73007266	294.17086049 769.12711350
6	8.15321	3.16227766E-08	0.26003822 0.71513887 0.98337303	1.18883411 0.76008076 0.32702663	71.20983987 132.43968688 985.15815227
7	4.99030	1.09338277E-06	0.18684465 0.53035729 0.77893464 0.43542309	1.13283601 0.80195925 0.38044385	26.17397880 40.41882416 130.10552003
8	3.47556	3.16227766E-08	0.13881986 0.40359077 0.62207875 0.74935244	1.09745215 0.84015561 0.46295001 0.18637985	12.53716171 17.24406436 37.99369417 304.52853743
9	2.64399	7.24274186E-07	0.10535036 0.31224155 0.50024204 0.63849577 0.34514564	1.07338848 0.87202757 0.54707440 0.24373283	7.19176665 9.14703829 16.18308608 55.86882464
10	2.14295	3.16227766E-08	0.08104103 0.24403341 0.40372862 0.54081023 0.62286404	1.05618702 0.89791084 0.62387655 0.32557461 0.12791421	4.69395616 5.64553849 8.65384115 20.25417906 166.79155660
11	1.82049	5.80043795E-07	0.06288654 0.19186950 0.32610485 0.45526740 0.55388087 0.29573594	1.04347237 0.91872505 0.69086289 0.41424890 0.18025592	3.37121221 3.89025235 5.39234941 10.03078944 35.54476207
12	1.60274	3.16227766E-08	0.04907535 0.15136299 0.26313336 0.38060453 0.48597394 0.55046445	1.03386315 0.93538978 0.74787542 0.50084417 0.25601547 0.09965517	2.60330956 2.91134900 3.74841220 5.98489800 14.33192035 119.24084473

TABLE 3.40 $\alpha_p = 0.05$ dB $\alpha_s = 200$ dB

n	ω_s	K	a_i	b_i	ω_{zi}^2
6	21.22773	1.00000000E-10	0.26231107	1.19068627	482.75795765
			0.71730395	0.75815606	900.18948932
			0.98072093	0.32488748	6710.04683911
7	11.26628	7.86869601E-09	0.19059320	1.13516459	133.50658479
			0.53536180	0.79754647	207.30789489
			0.77601792	0.37477174	671.87550467
			0.43124933		
8	7.02208	1.00000000E-10	0.14418910	1.10072973	51.24006019
			0.41264181	0.83332127	71.09832484
			0.62188018	0.45189270	158.61967717
			0.73718237	0.17985091	1282.67033176
9	4.87722	4.34260123E-09	0.11216608	1.07760452	24.51102451
			0.32559382	0.86300662	31.54751570
			0.50507776	0.52940770	56.85359444
			0.62639747	0.23113825	199.53467776
			0.33474746		
10	3.65875	1.00000000E-10	0.08896857	1.06116208	13.70938954
			0.26125356	0.88714811	16.72905405
			0.41476174	0.59943583	26.26309463
			0.53275593	0.30389779	62.99058724
			0.59763480	0.11721738	526.77974615
11	2.90603	3.09824519E-09	0.07153569	1.04896615	8.60886733
			0.21211397	0.90676744	10.09822939
			0.34335986	0.66041619	14.39815153
			0.45407457	0.38181551	27.64756934
			0.52955895	0.16137735	100.45246619
			0.27826596		
12	2.41131	1.00000000E-10	0.05807023	1.03963266	5.90602132
			0.17362888	0.92278722	6.72146806
			0.28580438	0.71278488	8.92871870
			0.38756297	0.45764213	14.80295120
			0.46724268	0.22504754	36.67596070
			0.51160447	0.08557685	311.39985842

TABLE 3.41 $\alpha_p = 0.10$ dB $\alpha_s = 25$ dB

n	ω_s	K	a_i	b_i	ω_{zi}^2
2	5.43931	5.62341325E-02	2.30176194	3.33728607	58.66693983
3	2.06732	3.27164903E-01	0.77791926 1.10508417	1.63400899	5.51928843
4	1.38050	5.62341325E-02	0.30842852 1.42050515	1.24016636 0.94284449	2.12845918 9.65727706
5	1.15506	2.37029346E-01	0.13055159 0.72601171 0.83248946	1.10072387 0.95057764	1.40134861 2.62238480
6	1.06666	5.62341325E-02	0.05697171 0.33837674 1.25749723	1.04387370 0.97507763 0.73154084	1.16303747 1.53366100 7.33842141
7	1.02932	2.23477808E-01	0.02521586 0.15341969 0.69084297 0.78611695	1.01941142 0.98852858 0.84846700	1.06996952 1.21064917 2.32186373

TABLE 3.42 $\alpha_p = 0.10$ dB $\alpha_s = 30$ dB

n	ω_s	K	a_i	b_i	ω_{zi}^2
2	7.23045	3.16227766E-02	2.33346454	3.32851327	104.05196647
3	2.45497	2.22798307E-01	0.83664197 1.05944028	1.65308497	7.86067376
4	1.53040	3.16227766E-02	0.35539508 1.39232286	1.26168579 0.85455865	2.64423304 12.74657075
5	1.22578	1.50232690E-01	0.16092293 0.77192757 0.76123733	1.11689151 0.89084304	1.59155056 3.16772431
6	1.10253	3.16227766E-02	0.07506946 0.39199567 1.19581536	1.05435825 0.94123439 0.62168813	1.24952295 1.72748473 8.93511422
7	1.04794	1.38567752E-01	0.03553071 0.19230222 0.72267315 0.70446939	1.02570941 0.97079464 0.76465198	1.11277511 1.29898684 2.67795534
8	1.02272	3.16227766E-02	0.01693576 0.09312092 0.38220226 1.15243548	1.01225239 0.98581554 0.87471132 0.57698199	1.05260350 1.13363481 1.59417410 8.27632903

TABLE 3.43 $\alpha_p = 0.10$ dB $\alpha_s = 35$ dB

n	ω_s	K	a_i	b_i	ω_{zi}^2
2	9.62386	1.77827941E-02	2.35081843	3.32283458	184.71778883
3	2.93310	1.51776582E-01	0.87789897 1.02967555	1.66539925	11.29832326
4	1.71222	1.77827941E-02	0.39394875 1.36704252	1.27828924 0.79186466	3.33844322 16.85528503
5	1.31288	9.50873964E-02	0.18871825 0.80291734 0.70928648	1.13087813 0.84053495	1.83935778 3.85481992
6	1.14826	1.77827941E-02	0.09312232 0.43671286 1.14009004	1.06427330 0.90802967 0.54091706	1.36259377 1.96654938 10.84457717
7	1.07280	8.55845419E-02	0.04663154 0.22891898 0.73909488 0.64239198	1.03214543 0.95108061 0.69228204	1.17028135 1.40861406 3.09430954
8	1.03637	1.77827941E-02	0.02352599 0.11804840 0.42227217 1.08442523	1.01621245 0.97467873 0.82269290 0.48880603	1.08322241 1.19009287 1.75967815 9.76087106
9	1.01833	8.33595521E-02	0.01191426 0.06042825 0.22687602 0.72095415 0.62595163	1.00820980 0.98702568 0.90452944 0.65748004	1.04148053 1.09249298 1.33131980 2.93371450

TABLES FOR ELLIPTIC-FUNCTION FILTERS

TABLE 3.44 $\alpha_p = 0.10$ dB $\alpha_s = 40$ dB

n	ω_s	K	a_i	b_i	ω_{zi}^2
2	12.82048	1.00000000E-02	2.36049956	3.31961115	328.16118747
3	3.51952	1.03403206E-01	0.90658058 1.00998379	1.67346077	16.34541438
4	1.92976	1.00000000E-02	0.42484396 1.34612249	1.29098246 0.74691002	4.26924069 22.32739157
5	1.41762	6.01199614E-02	0.21335076 0.82382121 0.67059042	1.14273889 0.79927814	2.15823587 4.72046394
6	1.20454	1.00000000E-02	0.11043249 0.47331164 1.09195970	1.07338797 0.87715795 0.48062804	1.50689338 2.25975522 13.13710604
7	1.10447	5.26973414E-02	0.05802349 0.26233193 0.74565046 0.59403937	1.03848553 0.93072466 0.63125651	1.24472883 1.54266504 3.58185232
8	1.05451	1.00000000E-02	0.03072512 0.14277437 0.45365130 1.02386598	1.02036803 0.96211190 0.77320121 0.42180255	1.12404005 1.26022175 1.95209708 11.44600652
9	1.02876	5.08302739E-02	0.01633702 0.07700494 0.25911017 0.72109683 0.57348485	1.01082830 0.97953669 0.87005934 0.58863532	1.06445512 1.13146462 1.42688728 3.32916096
10	1.01526	1.00000000E-02	0.00870501 0.04134303 0.14328062 0.44599385 1.00480538	1.00576981 0.98900931 0.92808318 0.74484041 0.40618515	1.03393165 1.06820145 1.20880880 1.87740427 11.01571624

TABLE 3.45 $\alpha_p = 0.10$ dB $\alpha_s = 45$ dB

n	ω_s	K	a_i	b_i	ω_{zi}^2
2	17.08844	5.62341325E-03	2.36603875	3.31812395	583.30084488
3	4.23594	7.04481986E-02	0.92638487 0.99683307	1.67879985	23.75480485
4	2.18748	5.62341325E-03	0.44917068 1.32947318	1.30062406 0.71437720	5.51437441 29.61986826
5	1.54138	3.79836090E-02	0.23465255 0.83799276 0.64132381	1.15264368 0.76594848	2.56529767 5.81082784
6	1.27200	5.62341325E-03	0.12653531 0.50292839 1.05129362	1.08158433 0.84944941 0.43496902	1.68802223 2.61795259 15.89704099
7	1.14343	3.23724780E-02	0.06929664 0.29213036 0.74617471 0.55571347	1.04455598 0.91072938 0.58043753	1.33858640 1.70486334 4.15351279
8	1.07757	5.62341325E-03	0.03825875 0.16654911 0.47774067 0.97096103	1.02457825 0.94878211 0.72766545 0.37010835	1.17649185 1.34569846 2.17517832 13.36413055
9	1.04253	3.08798708E-02	0.02121558 0.09399420 0.28747633 0.71475558 0.53093774	1.01362570 0.97103783 0.83543003 0.53030673	1.09484487 1.17992506 1.53804901 3.77347893
10	1.02349	5.62341325E-03	0.01179291 0.05275659 0.16711227 0.46700185 0.94659911	1.00757343 0.98373442 0.90420851 0.69189160 0.35168424	1.05181683 1.09661736 1.27069042 2.06215300 12.68405915

TABLE 3.46 $\alpha_p = 0.10$ dB $\alpha_s = 50$ dB

n	ω_s	K	a_i	b_i	ω_{zi}^2
3	5.10883	4.79960619E-02	0.94000075 0.98799681	1.68237122	34.63153697
4	2.49070	3.16227766E-03	0.46808144 1.31650301	1.30791616 0.69064804	7.17775523 39.34124010
5	1.68579	2.39863732E-02	0.25273220 0.84768448 0.61893866	1.16081901 0.73925054	3.08228437 7.18400262
6	1.35134	3.16227766E-03	0.14116685 0.52674987 1.01732843	1.08882921 0.82516532 0.39993275	1.91282485 3.05437508 19.22605269
7	1.19009	1.98528975E-02	0.08014106 0.31826974 0.74321137 0.52493558	1.05024005 0.89176908 0.53837196	1.45468953 1.89965654 4.82458684
8	1.10592	3.16227766E-03	0.04588348 0.18887281 0.49596486 0.92518506	1.02872802 0.93525624 0.68670643 0.32966887	1.24208573 1.44844256 2.43337452 15.55315257
9	1.05998	1.87048153E-02	0.02639202 0.11089604 0.31199007 0.70471019 0.49592895	1.01651731 0.96188451 0.80181424 0.48118238	1.13364784 1.23892363 1.66651275 4.27322619
10	1.03429	3.16227766E-03	0.01522020 0.06471326 0.18944361 0.48175507 0.89524933	1.00952415 0.97773794 0.87943436 0.64343436 0.30856554	1.07529029 1.13196397 1.34289524 2.26892534 14.52692193
11	1.01970	1.83424927E-02	0.00879005 0.03763043 0.11270332 0.30728790 0.69155316 0.48647119	1.00550033 0.98705100 0.92822850 0.77215990 0.46307609	1.04290357 1.07436334 1.18587292 1.60045644 4.10825829

TABLES WITH PRESCRIBED α_p AND α_s

TABLE 3.47 $\alpha_p = 0.10$ dB $\alpha_s = 55$ dB

n	ω_s	K	a_i	b_i	ω_{zi}^2
3	6.17048	3.26994365E-02	0.94933798 0.98203742	1.68478395	50.59784090
4	2.84568	1.77827941E-03	0.48264501 1.30652644	1.31341586 0.67322953	9.39816001 52.30251572
5	1.85273	1.51425240E-02	0.26785741 0.85438662 0.60167173	1.16750733 0.71796613	3.73675823 8.91312310
6	1.44329	1.77827941E-03	0.15421823 0.54586194 0.98913740	1.09514717 0.80422936 0.37273658	2.18969166 3.58514026 23.24691408
7	1.24487	1.21600125E-02	0.09034260 0.34093042 0.73839771 0.49996990	1.05546903 0.87424496 0.50362832	1.59637072 2.13235460 5.61313427
8	1.13986	1.77827941E-03	0.05339944 0.20945588 0.50960064 0.88576976	1.03272973 0.92197512 0.65042485 0.29763932	1.32247483 1.57068164 2.73192122 18.05716444
9	1.08141	1.13039880E-02	0.03171852 0.12732253 0.33290200 0.69279270 0.46679870	1.01942896 0.95240440 0.76999329 0.43989740	1.18187734 1.30960926 1.81429818 4.83606180
10	1.04791	1.77827941E-03	0.01889301 0.07689215 0.20998306 0.49164404 0.85012139	1.01157023 0.97122031 0.85454861 0.59977586 0.27401634	1.10508413 1.17496942 1.42636396 2.50011581 16.56546441
11	1.02838	1.10196812E-02	0.01127148 0.04625381 0.12964478 0.32653707 0.67616572 0.45531114	1.00690229 0.98268021 0.91011547 0.73352863 0.41861987	1.06157388 1.10121325 1.23631767 1.72076361 4.59408735

TABLE 3.48 $\alpha_p = 0.10$ dB $\alpha_s = 60$ dB

n	ω_s	K	a_i	b_i	ω_{zi}^2
3	7.46013	2.22779083E-02	0.95573373 0.97801164	1.68643488	74.03535903
4	3.25975	1.00000000E-03	0.49378408 1.29891375	1.31755655 0.66037917	12.36082716 69.58491462
5	2.04437	9.55753964E-03	0.28037054 0.85907985 0.58826685	1.17294243 0.70104144	4.56358752 11.09027394
6	1.54869	1.00000000E-03	0.16569081 0.56119268 0.96581954	1.10059837 0.78638670 0.35141577	2.52889766 4.22984887 28.10801472
7	1.30818	7.44140155E-03	0.09976947 0.36041244 0.73276028 0.47955872	1.06021170 0.85835265 0.47493132	1.76758728 2.40928314 6.54044798
8	1.17967	1.00000000E-03	0.06065312 0.22817013 0.51971546 0.85191055	1.03652136 0.90925544 0.61861802 0.27199054	1.41952696 1.71501470 3.07693044 20.92721130
9	1.10705	6.81913424E-03	0.03706617 0.14299420 0.35058183 0.68018047 0.44234581	1.02229956 0.94287610 0.74042803 0.40519340	1.24060197 1.39326889 1.98376491 5.47082829
10	1.06460	1.00000000E-03	0.02271945 0.08902116 0.22860809 0.49784648 0.81052275	1.01366388 0.96437745 0.83016704 0.56085787 0.24602170	1.14192546 1.22639970 1.52218699 2.75853236 18.82421430
11	1.03929	6.60351127E-03	0.01395001 0.05518714 0.14586155 0.34235489 0.65988852 0.42876172	1.00838879 0.97790237 0.89150132 0.69702577 0.38083908	1.08513476 1.13385431 1.29473531 1.85504739 5.12743285

TABLE 3.49 $\alpha_p = 0.10$ dB $\alpha_s = 65$ dB

n	ω_s	K	a_i	b_i	ω_{zi}^2
3	9.02552	1.51778036E-02	0.96011601 0.97529381	1.68758772	108.44084644
4	3.74149	5.62341325E-04	0.50226126 1.29313576	1.32067119 0.65086246	16.31292386 92.63009670
5	2.26324	6.03169655E-03	0.29063321 0.86241012 0.57780860	1.17733659 0.68760163	5.60681184 13.83139795
6	1.66849	5.62341325E-04	0.17565816 0.57350558 0.94656868	1.10526204 0.77130436 0.33455921	2.94299844 5.01230999 33.98881905
7	1.38046	4.55086774E-03	0.10835558 0.37706490 0.72692438 0.46276592	1.06446434 0.84414437 0.45119826	1.97305350 2.73796012 7.63161487
8	1.22564	5.62341325E-04	0.06753456 0.24500238 0.52716482 0.82285152	1.04006289 0.89730563 0.59092698 0.25125116	1.53539069 1.88447737 3.47550542 24.22222799
9	1.13712	4.10788713E-03	0.04232875 0.15772655 0.36544058 0.66760911 0.42167422	1.02508139 0.93352149 0.71333818 0.37597440	1.31098557 1.49136359 2.17764567 6.18765806
10	1.08456	5.62341325E-04	0.02661540 0.10088230 0.24531656 0.50131617 0.77578729	1.01576339 0.95738661 0.80673816 0.52641297 0.22311231	1.18655899 1.28708262 1.63162108 3.04741306 21.33124636
11	1.05263	3.94890521E-03	0.01676663 0.06424493 0.16115658 0.35520126 0.64353687 0.40596298	1.00992852 0.97283877 0.87282235 0.66302730 0.34867856	1.11413242 1.17283756 1.36179678 2.00463088 5.71350138
12	1.03294	5.62341325E-04	0.01057435 0.04079744 0.10438681 0.24173381 0.49008449 0.75736981	1.00626119 0.98274585 0.91756629 0.77028577 0.50189018 0.21261125	1.07067296 1.10597286 1.21529685 1.54857312 2.89812763 20.30033994

TABLE 3.50 $\alpha_p = 0.10$ dB $\alpha_s = 70$ dB

n	ω_s	K	a_i	b_i	ω_{zi}^2
3	10.92459	1.03405821E-02	0.96312549 0.97346607	1.68842131	158.94858099
4	4.30090	3.16227766E-04	0.50868914 1.28876692	1.32301364 0.64379447	21.58418325 123.36045046
5	2.51221	3.80625940E-03	0.29899333 0.86480501 0.56961794	1.18087536 0.67693601	6.92199179 17.28247246
6	1.80377	3.16227766E-04	0.18423659 0.58341519 0.93069111	1.10922506 0.75863024 0.32113653	3.44730339 5.96142057 41.10647774
7	1.46220	2.78183154E-03	0.11608433 0.39124257 0.72125603 0.44887962	1.06824220 0.83157888 0.43153255	2.21838476 3.12730245 8.91618454
8	1.27802	3.16227766E-04	0.07397161 0.26001604 0.53261594 0.79791591	1.04333218 0.88624678 0.56692902 0.23433745	1.67256014 2.08261233 3.93587919 28.01016911
9	1.17181	2.47192070E-03	0.04742322 0.17141277 0.37788348 0.65552070 0.40409869	1.02773926 0.92450693 0.68877378 0.35131411	1.39432542 1.60556360 2.39908635 6.99810869
10	1.10796	3.16227766E-04	0.03050790 0.11231028 0.26018556 0.50280270 0.74530747	1.01783396 0.95039894 0.78456390 0.49606899 0.20419893	1.23977079 1.35793049 1.75610639 3.37045194 24.11841870
11	1.06855	2.35743452E-03	0.01966604 0.07326812 0.17541352 0.36553097 0.62762215 0.38626008	1.01149318 0.96760406 0.85443225 0.63170321 0.32123573	1.14911498 1.21874020 1.43825824 2.17104100 6.35822477
12	1.04381	3.16227766E-04	0.01269098 0.04765748 0.11658675 0.25564407 0.48920461 0.72381479	1.00741629 0.97891845 0.90315995 0.74185137 0.46810780 0.19254944	1.09405714 1.13646863 1.26472648 1.64643568 3.16850345 22.69510380

TABLE 3.51 $\alpha_p = 0.10$ dB $\alpha_s = 75$ dB

n	ω_s	K	a_i	b_i	ω_{zi}^2
3	13.22774	7.04505153E-03	0.96520310 0.97224815	1.68905969	233.09767920
4	4.94956	1.77827941E-04	0.51355051 1.28547344	1.32477670 0.63853474	28.61444083 164.33949417
5	2.79457	2.40179234E-03	0.30576758 0.86654985 0.56318406	1.18371682 0.66847411	8.57917059 21.62728507
6	1.95577	1.77827941E-04	0.19156364 0.59141034 0.91760186	1.11257450 0.74802547 0.31038369	4.06044645 7.11223266 49.72383651
7	1.55394	1.69989162E-03	0.12297434 0.40328148 0.71595613 0.43734889	1.07157275 0.82055870 0.41520097	2.51026005 3.58786942 10.42896290
8	1.33712	1.77827941E-04	0.07992326 0.27332133 0.53657988 0.77651238	1.04632097 0.87613354 0.54619226 0.22043946	1.83394107 2.31354776 4.46757918 32.36935285
9	1.21132	1.48621901E-03	0.05228819 0.18400629 0.38828445 0.64416463 0.38908450	1.03024894 0.91594907 0.66667289 0.33044210	1.49208888 1.73778377 2.65169385 7.91532913
10	1.13495	1.77827941E-04	0.03433643 0.12318730 0.27333947 0.50288273 0.71854325	1.01984786 0.94353703 0.76382643 0.46941498 0.18846178	1.30241173 1.43996166 1.89728550 3.73183472 27.22168009
11	1.08720	1.40539841E-03	0.02259760 0.08212619 0.18857926 0.37376451 0.61245152 0.36914307	1.01305777 0.96230124 0.83660286 0.60307779 0.29775123	1.19064682 1.27218033 1.52497246 2.35601720 7.06829518
12	1.05677	1.77827941E-04	0.01489206 0.05458909 0.12827284 0.26776261 0.48682851 0.69393318	1.00860385 0.97492539 0.88871990 0.71484275 0.43811821 0.17572136	1.12216048 1.17231961 1.32106421 1.75507685 3.46422593 25.30206830

TABLE 3.52 $\alpha_p = 0.10$ dB $\alpha_s = 80$ dB

n	ω_s	K	a_i	b_i	ω_{zi}^2
3	16.02038	4.79986079E-03	0.96665189 0.97145175	1.68959142	341.95919766
4	5.70096	1.00000000E-04	0.51722081 1.28299749	1.32610651 0.63461616	37.99037649 218.98579286
5	3.11406	1.51550960E-03	0.31123405 0.86783696 0.55811843	1.18599329 0.66176101	10.66660666 27.09722352
6	2.12585	1.00000000E-04	0.19778331 0.59787771 0.90681316	1.11539301 0.73918021 0.30172607	4.80507744 8.50724798 60.15913652
7	1.65630	1.03849954E-03	0.12906772 0.41348697 0.71112199 0.42774124	1.07449055 0.81095632 0.40160728	2.85660961 4.13214990 12.21095094
8	1.40323	1.00000000E-04	0.08537296 0.28505373 0.53944328 0.75813088	1.04903126 0.86697252 0.52830541 0.20894359	2.02292114 2.58208620 5.08162076 37.39004010
9	1.25585	8.92987825E-04	0.05688128 0.19550510 0.39697466 0.63366528 0.37620743	1.03259542 0.90792279 0.64690485 0.31272294	1.60594923 1.89022078 2.93959243 8.95425827
10	1.16567	1.00000000E-04	0.03805282 0.13343608 0.28492676 0.50199267 0.69502095	1.02178394 0.93689568 0.74461513 0.44604041 0.17527546	1.37541997 1.53432144 2.05702475 4.13628404 30.68145390
11	1.10870	8.36888263E-04	0.02551774 0.09071657 0.20064767 0.38027439 0.59819588 0.35420724	1.01460136 0.95701844 0.81953149 0.57707799 0.27759182	1.23932345 1.33383113 1.62290027 2.56152395 7.85121287
12	1.07194	1.00000000E-04	0.01713640 0.06149366 0.13935547 0.27825971 0.48343404 0.66728951	1.00980354 0.97083981 0.87446276 0.68944202 0.41154180 0.16150536	1.15540740 1.21397189 1.38486311 1.87544612 3.78783910 28.14347258

TABLES WITH PRESCRIBED α_p AND α_s

TABLE 3.53 $\alpha_p = 0.10$ dB $\alpha_s = 85$ dB

n	ω_s	K	a_i	b_i	ω_{zi}^2
3	19.40621	3.27025264E-03	0.96768017 0.97095043	1.69008213	501.79180325
4	6.57070	5.62341325E-05	0.51998927 1.28114200	1.32711393 0.63169614	50.49454102 291.85826952
5	3.47489	9.56253690E-04	0.31563087 0.86879753 0.55412291	1.18781418 0.65643517	13.29547692 33.98360216
6	2.31557	5.62341325E-05	0.20303647 0.60312259 0.89792077	1.11775642 0.73181992 0.29472595	5.70870038 10.19798773 72.79776320
7	1.76995	6.34330402E-04	0.13442092 0.42212934 0.70678720 0.41971312	1.07703349 0.80263180 0.39026742	3.26683400 4.77490155 14.31045330
8	1.47670	5.62341325E-05	0.09032257 0.29535906 0.54149618 0.74233451	1.05147239 0.85873727 0.51289220 0.19937914	2.24344707 2.89380631 5.79073291 43.17627610
9	1.30557	5.36273918E-04	0.06117620 0.20593859 0.40423975 0.62406726 0.36512618	1.03477111 0.90046943 0.62930116 0.29763442	1.73782186 2.06539319 3.26748930 10.13185751
10	1.20028	5.62341325E-05	0.04162052 0.14301246 0.29510410 0.50045836 0.67432788	1.02362695 0.93054437 0.72695077 0.42555684 0.16415695	1.45984259 1.64230292 2.23743856 4.58911449 34.54310197
11	1.13319	4.97891605E-04	0.02839004 0.09896240 0.21164589 0.38538119 0.58493602 0.34112624	1.01610700 0.95182819 0.80335150 0.55357005 0.26023163	1.29578594 1.40443433 1.73312241 2.78976714 8.71534765
12	1.08943	5.62341325E-05	0.01939598 0.06828926 0.14977971 0.28731326 0.47938310 0.64350288	1.01100126 0.96672343 0.86056103 0.66574148 0.38800923 0.14941928	1.19423636 1.26190006 1.45673644 2.00861263 4.14218489 31.24410122

TABLE 3.54 $\alpha_p = 0.10$ dB $\alpha_s = 90$ dB

n	ω_s	K	a_i	b_i	ω_{zi}^2
4	7.57685	3.16227766E-05	0.52207732 1.27975744	1.32788326 0.62952231	67.17077739 389.03676839
5	3.88186	6.03367496E-04	0.31915841 0.86952220 0.55096716	1.18926914 0.65220984	16.60580207 42.65318233
6	2.52668	3.16227766E-05	0.20745514 0.60738632 0.89059085	1.11973260 0.72570619 0.28904607	6.80469048 12.24689570 88.10647618
7	1.89565	3.87409369E-04	0.13909791 0.42944379 0.70294738 0.41298890	1.07924017 0.79544404 0.38078809	3.75206153 5.53355127 16.78438606
8	1.55791	3.16227766E-05	0.09478724 0.30438361 0.54295477 0.72875034	1.05365855 0.85138000 0.49961672 0.19138086	2.50011103 3.25518002 6.60962053 49.84802833
9	1.36071	3.21925922E-04	0.06515968 0.21535705 0.41032169 0.61536538 0.35556300	1.03677425 0.89360451 0.61367653 0.28474768	1.88990207 2.26618565 3.64075031 11.46738008
10	1.23890	3.16227766E-05	0.04501323 0.15189837 0.30402598 0.49852006 0.65610571	1.02536669 0.92453077 0.71080557 0.40760863 0.15472896	1.55685679 1.76536847 2.44091706 5.09629748 38.85747132
11	1.16075	2.95989235E-04	0.03118493 0.10680936 0.22162313 0.38935522 0.57269393 0.32963339	1.01756134 0.94678799 0.78814372 0.53238600 0.24523459	1.36073490 1.48481336 1.85685239 3.04321417 9.67001387
12	1.10933	3.16227766E-05	0.02164202 0.07490955 0.15951872 0.29509743 0.47494633 0.62224062	1.01218317 0.96263120 0.84714628 0.64376590 0.36717483 0.13908481	1.23910950 1.31661639 1.53736545 2.15577254 4.53042046 34.63143668

TABLES WITH PRESCRIBED α_p AND α_s

TABLE 3.55 $\alpha_p = 0.10$ dB $\alpha_s = 95$ dB

n	ω_s	K	a_i	b_i	ω_{zi}^2
4	8.74035	1.77827941E-05	0.52365366 1.27873109	1.32847894 0.62790830	89.41152575 518.62971326
5	4.34036	3.80703646E-04	0.32198303 0.87007452 0.54847219	1.19043118 0.64885777	20.77391053 53.56771470
6	2.76109	1.77827941E-05	0.21115947 0.61086009 0.88454823	1.12138123 0.72063482 0.28442397	8.13352776 14.72964504 106.65064526
7	2.03424	2.36584006E-04	0.14316526 0.43563276 0.69957653 0.40734561	1.08114819 0.78925764 0.37284901	4.32545152 6.42866791 19.69981864
8	1.64726	1.77827941E-05	0.09879114 0.31226801 0.54397951 0.71706050	1.05560695 0.84484027 0.48818378 0.18466226	2.79824902 3.67370768 7.55526824 57.54366155
9	1.42150	1.93193260E-04	0.06882869 0.22382365 0.41542293 0.60752443 0.34728965	1.03860747 0.88732433 0.59984269 0.27371013	2.06470563 2.49589813 4.06548691 12.98268053
10	1.28167	1.77827941E-05	0.04821356 0.16009561 0.31183858 0.49635270 0.64004372	1.02699718 0.91888435 0.69611915 0.39187678 0.14669379	1.66779106 1.90517224 2.67015749 5.66453634 43.68152737
11	1.19150	1.75853744E-04	0.03387950 0.11422224 0.23064213 0.39242097 0.56145397 0.31950824	1.01895443 0.94194140 0.77394744 0.51334214 0.23223889	1.43494390 1.57588629 1.99545035 3.32461794 10.72555944
12	1.13173	1.77827941E-05	0.02385222 0.08130318 0.16856720 0.30177579 0.47032343 0.60321228	1.01333875 0.95860808 0.83431368 0.62349125 0.34872289 0.13020195	1.29052194 1.37867967 1.62750728 2.31825811 4.95604025 38.33584846

TABLE 3.56 $\alpha_p = 0.10$ dB $\alpha_s = 100$ dB

n	ω_s	K	a_i	b_i	ω_{zi}^2
4	10.08540	1.00000000E-05	0.52484646	1.32895063	119.07434253
			1.27797842	0.62671630	691.45137362
5	4.85648	2.40209260E-04	0.32424153	1.19135951	26.02183979
			0.87049968	0.64619897	67.30854614
			0.54649836		
6	3.02096	1.00000000E-05	0.21425644	1.12275410	9.74429306
			0.61369589	0.71643256	17.73793400
			0.87956628	0.28065355	129.11512844
7	2.18664	1.44468219E-04	0.14668876	1.08279303	5.00255215
			0.44086913	0.78394676	7.48452013
			0.69663749	0.36618856	23.13579159
			0.40260158		
8	1.74521	1.00000000E-05	0.10236413	1.05733634	3.14405363
			0.31914370	0.83905135	4.15807429
			0.54468901	0.47833647	8.64729200
			0.70699417	0.17899640	66.42279926
9	1.48817	1.15911017E-04	0.07218799	1.04027654	2.26511326
			0.23140840	0.88161151	2.75830143
			0.41971155	0.58761689	4.54865556
			0.60049222	0.26423112	14.70256861
			0.34011699		
10	1.32875	1.00000000E-05	0.05121147	1.02851586	1.79414709
			0.16762058	0.91361997	2.06358446
			0.31867642	0.68281067	2.92819970
			0.49408186	0.37807904	6.30135221
			0.62587249	0.13981432	49.07907924
11	1.22554	1.04426686E-04	0.03645673	1.02027926	1.51927263
			0.12118153	0.93731974	1.67867899
			0.23877278	0.76077021	2.15043844
			0.39476284	0.49625141	3.63704471
			0.55117725	0.22094386	11.89346917
			0.31056682		
12	1.15672	1.00000000E-05	0.02600734	1.01445913	1.34901079
			0.08743186	0.95469081	1.44870369
			0.17693590	0.82212743	1.72800308
			0.30749766	0.60485980	2.49754829
			0.46565960	0.33236977	5.42290249
			0.58616393	0.12253054	42.39082004

TABLE 3.57 $\alpha_p = 0.10$ dB $\alpha_s = 110$ dB

n	ω_s	K	a_i	b_i	ω_{zi}^2
4	13.43663	3.16227766E-06	0.52644677 1.27705856	1.32966899 0.62521743	211.40722814 1229.29123694
5	6.08985	9.56292643E-05	0.32748572 0.87109041 0.54370032	1.19269741 0.64242077	40.94797646 106.38641608
6	3.62692	3.16227766E-06	0.21899101 0.61791473 0.87207117	1.12484414 0.71007500 0.27504873	14.06220386 25.79909621 189.29900261
7	2.53707	5.38630183E-05	0.15235116 0.44904957 0.69188655 0.39524200	1.08542118 0.77550570 0.35588408	6.74463142 10.19807221 31.95861487
8	1.96894	3.16227766E-06	0.10835053 0.33033927 0.54548879 0.69084251	1.06021500 0.82945239 0.46254106 0.17013256	4.00851479 5.36609922 11.36459007 88.49672049
9	1.64028	4.17030804E-05	0.07802311 0.24422226 0.42638149 0.58860818 0.32846754	1.04315561 0.87177552 0.56731387 0.24902858	2.75639134 3.39900275 5.72303701 18.87260028
10	1.43647	3.16227766E-06	0.05658860 0.18076705 0.32990028 0.48955634 0.60229800	1.03122030 0.90424228 0.65995310 0.35532727 0.12879666	2.10013731 2.44495742 3.54480791 7.81548724 61.88917852
11	1.30392	3.67822138E-05	0.04121612 0.13372138 0.25265818 0.39784662 0.53329633 0.29563941	1.02270810 0.92882612 0.73739225 0.46720869 0.20249523	1.72223769 1.92414866 2.51658745 4.36899433 14.61872929
12	1.21476	3.16227766E-06	0.03009609 0.09879731 0.19173070 0.31659040 0.45659205 0.55714554	1.01656930 0.94728046 0.79982764 0.57219480 0.30498108 0.11008254	1.48962821 1.61541505 1.96389384 2.91326781 6.49779725 51.70358087

TABLES FOR ELLIPTIC-FUNCTION FILTERS

TABLE 3.58 $\alpha_p = 0.10$ dB $\alpha_s = 120$ dB

n	ω_s	K	a_i	b_i	ω_{zi}^2
4	17.91166	1.00000000E-06	0.52740661	1.33026532	375.69013450
			1.27666802	0.62449220	2185.92621342
5	7.64772	3.80705256E-05	0.32955316	1.19356613	64.60807324
			0.87146580	0.64005578	168.32492942
			0.54195071		
6	4.36689	1.00000000E-06	0.22226506	1.12628506	20.40231356
			0.62075336	0.70572843	37.63241490
			0.86697521	0.27128335	277.63075032
7	2.95639	2.00800817E-05	0.15653220	1.08735031	9.16851772
			0.45491087	0.76934716	13.97049061
			0.68836323	0.34857450	44.21615424
			0.39000464		
8	2.23369	1.00000000E-06	0.11301696	1.06244324	5.16562658
			0.33879646	0.82205751	6.98003030
			0.54580983	0.45080022	14.98817362
			0.67882538	0.16371606	117.91099460
9	1.81947	1.49974103E-05	0.08278774	1.04548863	3.39612301
			0.25436282	0.86382819	4.23047828
			0.43117191	0.55155262	7.24117387
			0.57921005	0.23766449	24.25185243
			0.31962822		
10	1.56348	1.00000000E-06	0.06116254	1.03350257	2.49123021
			0.19161707	0.89633450	2.92985119
			0.33851327	0.64145863	4.32357093
			0.48536271	0.33773203	9.71926773
			0.58385591	0.12054138	77.96922127
11	1.39679	1.29418433E-05	0.04541652	1.02483441	1.97873792
			0.14447685	0.92137974	2.23212406
			0.26384026	0.71771278	2.97141096
			0.39949190	0.44392418	5.27117857
			0.51856988	0.18833672	17.96530003
			0.28387086		
12	1.28412	1.00000000E-06	0.03382876	1.01848009	1.66642603
			0.10889934	0.94054663	1.82308420
			0.20415763	0.78033407	2.25379307
			0.32325890	0.54501420	3.41821078
			0.44823942	0.28333205	7.79454374
			0.53371406	0.10057864	62.91097159

TABLE 3.59 $\alpha_p = 0.10$ dB $\alpha_s = 150$ dB

n	ω_s	K	a_i	b_i	ω_{zi}^2
5	15.21493	2.40210074E-06	0.33228680	1.19493524	255.83911877
			0.87209540	0.63720952	668.82144079
			0.53981100		
6	7.69538	3.16227766E-08	0.22713599	1.12845596	63.43340278
			0.62488364	0.69938971	117.92967791
			0.85957999	0.26587698	876.88667874
7	4.75234	1.04013679E-06	0.16345848	1.09053090	23.73482335
			0.46430364	0.75929328	36.62578461
			0.68252108	0.33699721	117.78944651
			0.38167696		
8	3.33346	3.16227766E-08	0.12148135	1.06645268	11.53128131
			0.35356670	0.80884270	15.84406008
			0.54580920	0.43067908	34.85703355
			0.65818884	0.15304438	279.08876696
9	2.55100	6.96668755E-07	0.09213328	1.05002168	6.69357900
			0.27346683	0.84846565	8.50231174
			0.43909693	0.52257197	15.01171970
			0.56154447	0.21769558	51.72944056
			0.30378179		
10	2.07814	3.16227766E-08	0.07077669	1.03825060	4.41345416
			0.21350634	0.87993255	5.30028557
			0.35424229	0.60514045	8.10448506
			0.47588119	0.30510208	18.91957697
			0.54905065	0.10580798	155.54519565
11	1.77327	5.61829390E-07	0.05481484	1.02954072	3.19793734
			0.16758691	0.90490755	3.68446075
			0.28581560	0.67656990	5.09297425
			0.40050868	0.39830327	9.44388200
			0.48864331	0.16208584	33.38003468
			0.26117873		
12	1.56722	3.16227766E-08	0.04267395	1.02295784	2.48868656
			0.13191797	0.92473549	2.77870428
			0.23022571	0.73706039	3.56724127
			0.33449892	0.48867984	5.67527424
			0.42875707	0.24139813	13.54553354
			0.48673897	0.08295369	112.47199132

TABLE 3.60 $\alpha_p = 0.10$ dB $\alpha_s = 200$ dB

n	ω_s	K	a_i	b_i	ω_{zi}^2
6	20.02642	1.00000000E-10	0.22921392	1.12983952	429.68010395
			0.62682555	0.69729054	801.18273204
			0.85704511	0.26398136	5972.09866668
7	10.71961	7.48552533E-09	0.16689961	1.09220121	120.86344476
			0.46887103	0.75451681	187.65036017
			0.67974923	0.33159857	608.07062184
			0.37777782		
8	6.72502	1.00000000E-10	0.12641106	1.06879240	46.99488629
			0.36185696	0.80130718	65.19160984
			0.54554055	0.41965093	145.39060235
			0.64685260	0.14736255	1175.40916704
9	4.69549	4.17721056E-09	0.09838394	1.05302928	22.71734474
			0.28570188	0.83837158	29.22793205
			0.44346757	0.50450272	52.64286557
			0.55028498	0.20581259	184.66225683
			0.29413536		
10	3.53799	1.00000000E-10	0.07803330	1.04179566	12.81849054
			0.22926992	0.86776118	15.63414468
			0.36431224	0.57979018	24.52425230
			0.46837412	0.28370200	58.77174657
			0.52570348	0.09652929	491.24681290
11	2.82085	3.00131417E-09	0.06271340	1.03344833	8.11089331
			0.18608607	0.89128325	9.50836768
			0.30158504	0.64473432	13.54318560
			0.39934428	0.36553244	25.97624692
			0.46618845	0.14434511	94.29664958
			0.24505654		
12	2.34850	1.00000000E-10	0.05086644	1.02705213	5.60183683
			0.15221816	0.91030093	6.37091542
			0.25092707	0.70019837	8.45282957
			0.34084077	0.44448808	13.99396306
			0.41151296	0.21097136	34.62767886
			0.45096181	0.07077064	293.78984850

TABLE 3.61 $\alpha_p = 0.50$ dB $\alpha_s = 25$ dB

n	ω_s	K	a_i	b_i	ω_{zi}^2
2	3.63481	5.6234133E-02	1.38088177	1.54359017	25.91385373
3	1.64223	2.4799173E-01	0.48713522 0.73512695	1.14954337	3.40761492
4	1.21552	5.6234133E-02	0.96951018 0.18515353	0.59504790 1.05443474	6.51173189 1.61761483
5	1.08011	1.9814334E-01	0.07203943 0.47453354 0.60063745	1.02103421 0.79388692	1.20904110 2.03231403
6	1.03092	5.6234133E-02	0.02828934 0.89674967 0.20297431	1.00825108 0.50639123 0.91130882	1.07787788 5.48542882 1.32111403

TABLE 3.62 $\alpha_p = 0.50$ dB $\alpha_s = 30$ dB

n	ω_s	K	a_i	b_i	ω_{zi}^2
2	4.80875	3.1622777E-02	1.40102777	1.53220657	45.74222861
3	1.92320	1.6897689E-01	0.52974186 0.69871875	1.14878235	4.75021032
4	1.32445	3.1622777E-02	0.21982004 0.94607906	1.05788109 0.52834647	1.94843810 8.56384993
5	1.12912	1.2621215E-01	0.09358227 0.51079883 0.54342871	1.02433656 0.73242702	1.33384693 2.42182333
6	1.05394	3.1622777E-02	0.04021894 0.24330277 0.85074912	1.01043466 0.87139194 0.42365518	1.13270725 1.46160178 6.72647536
7	1.02299	1.2002788E-01	0.01735291 0.10964431 0.48979349 0.51752997	1.00450018 0.94194499 0.66549827	1.05540005 1.17819252 2.18344623

TABLE 3.63 $\quad \alpha_p = 0.50$ dB $\quad \alpha_s = 35$ dB

n	ω_s	K	a_i	b_i	ω_{zi}^2
2	6.38309	1.7782794E-02	1.41198656	1.52542293	80.98233043
3	2.27527	1.1514259E-01	0.55974966 0.67489225	1.14747661	6.72577414
4	1.46113	1.7782794E-02	0.24863886 0.92479146	1.06004084 0.48129726	2.39961987 11.28739009
5	1.19291	8.0137059E-02	0.11386066 0.53515682 0.50143322	1.02695774 0.68105487	1.50198420 2.91372805
6	1.08568	1.7782794E-02	0.05268581 0.27749695 0.80783953	1.01242005 0.83248394 0.36284815	1.20868394 1.63763639 8.20221751
7	1.03907	7.4653008E-02	0.02448161 0.13599395 0.50540785 0.46854851	1.00576581 0.91767726 0.59667788	1.09237771 1.25791013 2.51542623
8	1.01803	1.7782794E-02	0.01139691 0.06489210 0.27167026 0.78275597	1.00268360 0.96069453 0.78265271 0.34047191	1.04205569 1.11285588 1.52945019 7.68306340

TABLE 3.64 $\alpha_p = 0.50$ dB $\alpha_s = 40$ dB

n	ω_s	K	a_i	b_i	ω_{zi}^2
2	8.48979	1.0000000E-02	1.41804982	1.52152778	143.64148515
3	2.71147	7.8454847E-02	0.58063859 0.65909343	1.14621001	9.62922649
4	1.62842	1.0000000E-02	0.27191744 0.90705713	1.06137406 0.44776188	3.00905723 14.91025727
5	1.27263	5.0769230E-02	0.13217208 0.55140944 0.47000659	1.02899835 0.63921263	1.72293127 3.53423518
6	1.12697	1.0000000E-02	0.06503180 0.30575050 0.77007359	1.01416725 0.79649195 0.31756456	1.30951422 1.85573306 9.96545837
7	1.06110	4.6200569E-02	0.03214803 0.16061555 0.51246725 0.43020030	1.00699125 0.89264593 0.53849077	1.14314246 1.35778465 2.90385764
8	1.02987	1.0000000E-02	0.01592464 0.08201376 0.29704755 0.73705155	1.00346165 0.94512631 0.73143427 0.29063173	1.06863897 1.16377175 1.68406685 9.08763394

TABLE 3.65 $\alpha_p = 0.50$ dB $\alpha_s = 45$ dB

n	ω_s	K	a_i	b_i	ω_{zi}^2
2	11.30519	5.6234133E-03	1.42146261	1.51938603	255.07513659
3	3.24788	5.3454137E-02	0.59507230	1.14516940	13.89364177
			0.64852644		
4	1.82975	5.6234133E-03	0.29034122	1.06219010	3.82770230
			0.89288699	0.42361564	19.73495209
5	1.36946	3.2116617E-02	0.14821140	1.03056844	2.00872637
			0.56225666	0.60561998	4.31637253
			0.44616188		
6	1.17853	5.6234133E-03	0.07678179	1.01567014	1.43947158
			0.32872564	0.76433960	2.12393775
			0.73777466	0.28338537	12.08012976
7	1.08972	2.8486314E-02	0.03999684	1.00813919	1.20986303
			0.18293595	0.86807774	1.48068276
			0.51413758	0.49000418	3.35862901
			0.39968479		
8	1.04598	5.6234133E-03	0.02088345	1.00424632	1.10480377
			0.09893886	0.92853614	1.22769991
			0.31675234	0.68399966	1.86422513
			0.69655185	0.25222270	10.68079021
9	1.02380	2.7599497E-02	0.01091547	1.00221900	1.05353225
			0.05268321	0.96192996	1.11327530
			0.18110011	0.81904765	1.38317221
			0.49926328	0.46093713	3.15017634
			0.38753038		

TABLES WITH PRESCRIBED α_p AND α_s

TABLE 3.66 $\alpha_p = 0.50$ dB $\alpha_s = 50$ dB

n	ω_s	K	a_i	b_i	ω_{zi}^2
2	15.06507	3.1622777E-03	1.42344131	1.51832163	453.27710097
3	3.90431	3.6419092E-02	0.60499881 0.64141790	1.14437855	20.15494740
4	2.06924	3.1622777E-03	0.30471187 0.88182029	1.06268823 0.40607643	4.92389323 26.16405339
5	1.48469	2.0297707E-02	0.16194617 0.56953208 0.42788361	1.03176908 0.57886042	2.37472747 5.30177463
6	1.24101	3.1622777E-03	0.08763500 0.34723882 0.71057519	1.01694242 0.73628895 0.25726043	1.60368174 2.45214381 14.62357369
7	1.12543	1.7516378E-02	0.04773892 0.20273700 0.51258828 0.37510658	1.00918877 0.84481021 0.44990052	1.29488158 1.63002982 3.89164148
8	1.06683	3.1622777E-03	0.02607682 0.11515864 0.33176713 0.66115378	1.00501261 0.91164091 0.64115383 0.22223703	1.15197263 1.30622263 2.07334485 12.49231915
9	1.03606	1.6793194E-02	0.01426178 0.06436522 0.20003876 0.49326982 0.36012769	1.00274038 0.95057885 0.78312635 0.41510537	1.08054625 1.15744829 1.48729755 3.57229432
10	1.01959	3.1622777E-03	0.00780458 0.03564811 0.11562301 0.32520537 0.64655364	1.00149945 0.97262275 0.87455834 0.61347059 0.21248881	1.04333259 1.08334991 1.24234353 1.97858147 11.93236623

TABLE 3.67 $\alpha_p = 0.50$ dB $\alpha_s = 55$ dB

n	ω_s	K	a_i	b_i	ω_{zi}^2
3	4.70498	2.4812435E-02	0.61180571 0.63661814	1.14380442	29.34684358
4	2.35180	1.7782794E-03	0.31580427 0.87329352	1.06299307 0.39324416	6.38909220 34.73390102
5	1.61983	1.2820384E-02	0.17350907 0.57445182 0.41376313	1.03268522 0.55762980	2.84049509 6.54290563
6	1.31505	1.7782794E-03	0.09743303 0.36208999 0.68786992	1.01800762 0.71221046 0.23706353	1.80839930 2.85246285 17.68926493
7	1.16866	1.0749624E-02	0.05516007 0.22003481 0.50925127 0.35512615	1.01013127 0.82334229 0.41683410	1.40085215 1.80993021 4.51706903
8	1.09282	1.7782794E-03	0.03133121 0.13034195 0.34304531 0.63044858	1.00574293 0.89501180 0.60311135 0.19855052	1.21161054 1.40114015 2.31554503 14.55748716
9	1.05186	1.0184463E-02	0.01782233 0.07597856 0.21634488 0.48528494 0.33728075	1.00326463 0.93873593 0.74886594 0.37657203	1.11553725 1.21169119 1.60794385 4.04685458
10	1.02922	1.7782794E-03	0.01014519 0.04386363 0.13085611 0.33424882 0.61217579	1.00185798 0.96461915 0.84793809 0.56914005 0.18714985	1.06426460 1.11556917 1.30991363 2.17542346 13.69626768

TABLE 3.68 $\alpha_p = 0.50$ dB $\alpha_s = 60$ dB

n	ω_s	K	a_i	b_i	ω_{zi}^2
3	5.67948	1.6904635E-02	0.61646599 0.63337062	1.14340199	42.84015697
4	2.68324	1.0000000E-03	0.32430161 0.86677936	1.06318107 0.38380159	8.34553255 46.15937762
5	1.77664	8.0944628E-03	0.18311851 0.57781344 0.40278939	1.03338474 0.54081744	3.43086796 8.10585291
6	1.40138	1.0000000E-03	0.10612285 0.37398685 0.66901281	1.01889276 0.69177217 0.22129228	2.06129427 3.33967284 21.39015394
7	1.21983	6.5874871E-03	0.06211603 0.23498266 0.50504396 0.33876481	1.01096624 0.80391379 0.38958445	1.53087176 2.02529435 5.25169255
8	1.12427	1.0000000E-03	0.03650513 0.14430338 0.35142084 0.60392680	1.00642598 0.87906492 0.56972710 0.17964091	1.28529723 1.51453530 2.59570185 16.91753710
9	1.07151	6.1606470E-03	0.02149176 0.08725374 0.23021478 0.47636374 0.31807158	1.00377934 0.92676698 0.71686304 0.34419697	1.15950653 1.27710335 1.74698796 4.58101191
10	1.04157	1.0000000E-03	0.01266338 0.05224123 0.14483836 0.34018393 0.58183986	1.00222606 0.95613066 0.82158836 0.52949482 0.16666463	1.09119810 1.15512523 1.38831870 2.39558646 15.64619304
11	1.02431	6.0218610E-03	0.00746734 0.03108981 0.08882200 0.22627622 0.46611213 0.31105503	1.00131298 0.97388715 0.89052991 0.68653439 0.32926603	1.05281934 1.08876138 1.21325820 1.66637169 4.37553392

TABLE 3.69 $\alpha_p = 0.50$ dB $\alpha_s = 65$ dB

n	ω_s	K	a_i	b_i	ω_{zi}^2
3	6.86384	1.1517030E-02	0.61965544 0.63117247	1.14313107	62.64747520
4	3.07043	5.6234133E-04	0.33077521 0.86183057	1.06329859 0.37682219	10.95642534 61.39356068
5	1.95716	5.1093926E-03	0.19102581 0.58013797 0.39422156	1.03392015 0.52751300	4.17730316 10.07384513
6	1.50077	5.6234133E-04	0.11372327 0.38352240 0.65339875	1.01962463 0.67455890 0.20886924	2.37176903 3.93176319 25.86276396
7	1.27935	4.0327038E-03	0.06852124 0.24780235 0.50053711 0.32528871	1.01169842 0.78658314 0.36710592	1.68860716 2.28198098 6.11531901
8	1.16148	5.6234133E-04	0.04149106 0.15696714 0.35758127 0.58107139	1.00705551 0.86407638 0.54066130 0.16440106	1.37479767 1.64883570 2.91952816 19.62034253
9	1.09527	3.7191436E-03	0.02517816 0.09799830 0.24191411 0.46718740 0.30181257	1.00427521 0.91496926 0.68743160 0.31697034	1.21349323 1.35490623 1.90663571 5.18307411
10	1.05689	5.6234133E-04	0.01529434 0.06058908 0.15749548 0.34377150 0.55511282	1.00259554 0.94738935 0.79606853 0.49433487 0.14994302	1.12485965 1.20276423 1.47858089 2.64169380 17.80515698
11	1.03422	3.6123888E-03	0.00929601 0.03722587 0.09995816 0.23676923 0.45452047 0.29339119	1.00157746 0.96766702 0.87046742 0.65094407 0.29965011	1.07416853 1.11879671 1.26810241 1.79437676 4.88744792

TABLES WITH PRESCRIBED α_p AND α_s

TABLE 3.70 $\alpha_p = 0.50$ dB $\alpha_s = 70$ dB

n	ω_s	K	a_i	b_i	ω_{zi}^2
3	8.30185	7.8464798E-03	0.62184074 0.62968722	1.14296101	91.72367274
4	3.52136	3.1622777E-04	0.33568734 0.85808555	1.06337371 0.37164583	14.43958338 81.70723709
5	2.16376	3.2246581E-03	0.19748297 0.58176623 0.38750792	1.03433141 0.51698508	5.11956025 12.55168346
6	1.61413	3.1622777E-04	0.12029799 0.39117857 0.64049289	1.02022787 0.66014124 0.19901005	2.75132552 4.65059840 31.27218628
7	1.34764	2.4668803E-03	0.07433601 0.25873981 0.49607321 0.31413629	1.01233551 0.77129148 0.34852889	1.87842361 2.58696125 7.13129446
8	1.20471	3.1622777E-04	0.04621296 0.16833421 0.36207297 0.56139840	1.00762902 0.85020751 0.51548719 0.15201421	1.48212917 1.80687695 3.29367629 22.72124555
9	1.12337	2.2417151E-03	0.02880605 0.10808670 0.25172864 0.45818197 0.28797569	1.00474577 0.90356878 0.66067995 0.29402892	1.27861452 1.44648007 2.08945135 5.86259165
10	1.07540	3.1622777E-04	0.01797788 0.06875368 0.16883375 0.34562502 0.53157984	1.00295949 0.93859820 0.77177118 0.46332747 0.13617566	1.16598327 1.25928394 1.58188176 2.91679168 20.19964804
11	1.04647	2.1620738E-03	0.01122743 0.04345797 0.11045484 0.24526840 0.44299823 0.27811573	1.00184781 0.96117356 0.85052187 0.61800838 0.27440041	1.10071565 1.15493035 1.33128659 1.93707697 5.44971548

TABLE 3.71 $\alpha_p = 0.50$ dB $\alpha_s = 75$ dB

n	ω_s	K	a_i	b_i	ω_{zi}^2
3	10.04676	5.3457682E-03	0.62334307 0.62868884	1.14287097	134.40729151
4	4.04539	1.7782794E-04	0.33940392 0.85525961	1.06342352 0.36779709	19.08560454 108.79492266
5	2.39916	2.0349597E-03	0.20272481 0.58292210 0.38223225	1.03464860 0.50865203	6.30782329 15.67132239
6	1.74248	1.7782794E-04	0.12593566 0.39734039 0.62983647	1.02072416 0.64811209 0.19113546	3.21400162 5.52272496 37.81814911
7	1.42517	1.5082231E-03	0.07955434 0.26803878 0.49184698 0.30487076	1.01288659 0.75791042 0.33314143	2.10552256 2.94851094 8.32712144
8	1.25425	1.7782794E-04	0.05062189 0.17845556 0.36531970 0.54447258	1.00814671 0.83753180 0.49375660 0.14186983	1.60962631 1.99197021 3.72586502 26.28409173
9	1.15602	1.3495513E-03	0.03231669 0.11744762 0.25993519 0.44960190 0.27614719	1.00518689 0.89272595 0.63657671 0.27464937	1.35610456 1.55339903 2.29839409 6.63047814
10	1.09727	1.7782794E-04	0.02066207 0.07661902 0.17891168 0.34622586 0.51086010	1.00331265 0.92992467 0.74894696 0.43608133 0.12475288	1.21533395 1.32555686 1.69957879 3.22437022 22.85983017
11	1.06124	1.2916329E-03	0.01322028 0.04967316 0.12023308 0.25208333 0.43184941 0.26483793	1.00211858 0.95454443 0.83103466 0.58781314 0.25281934	1.13300624 1.19772617 1.40352806 2.09590891 6.06794643
12	1.03879	1.7782794E-04	0.00845863 0.03206653 0.07947852 0.17606377 0.33761895 0.49732433	1.00135432 0.97065007 0.88823961 0.71165414 0.41350305 0.11820708	1.08324935 1.12246557 1.24223677 1.60225772 3.04699014 21.62034017

TABLE 3.72 $\alpha_p = 0.50$ dB $\alpha_s = 80$ dB

n	ω_s	K	a_i	b_i	ω_{zi}^2
3	12.16321	3.6420653E-03	0.62438306 0.62802512	1.14284847	197.06883233
4	4.65338	1.0000000E-04	0.34221036 0.85313232	1.06345868 0.36493054	25.28213619 144.91624054
5	2.66645	1.2841071E-03	0.20696051 0.58375371 0.37807732	1.03489429 0.50205365	7.80537621 19.59889735
6	1.88699	1.0000000E-04	0.13073584 0.40231271 0.62104246	1.02113206 0.63810366 0.18481181	3.77689627 6.58035140 45.74237724
7	1.51245	9.2175234E-04	0.08419367 0.27592668 0.48795910 0.29714784	1.01336113 0.74627561 0.32036515	2.37609518 3.37643663 9.73519474
8	1.31036	1.0000000E-04	0.05469093 0.18741205 0.36764476 0.52991084	1.00861056 0.82605922 0.47503666 0.13350575	1.76000600 2.20797667 4.22503215 30.38247503
9	1.19340	8.1168507E-04	0.03566695 0.12605143 0.26678648 0.44158780 0.26599749	1.00559628 0.88254510 0.61500217 0.25823215	1.44735170 1.67746625 2.53686226 7.49916219
10	1.12266	1.0000000E-04	0.02330367 0.08410276 0.18781832 0.34594417 0.49261182	1.00365108 0.92150017 0.72773333 0.41219254 0.11520933	1.27373132 1.40255225 1.83322330 3.56839447 25.81981542
11	1.07867	7.7045681E-04	0.01523976 0.05577912 0.12925757 0.25749822 0.42125687 0.25324730	1.00238618 0.94789914 0.81226200 0.56032541 0.23432196	1.17159574 1.24778256 1.48563583 2.27251750 6.74849428
12	1.05083	1.0000000E-04	0.00997207 0.03683783 0.08752705 0.18429415 0.33570153 0.47696808	1.00156132 0.96558052 0.87276742 0.68465951 0.38671746 0.10798008	1.10923204 1.15591525 1.29548118 1.70606348 3.33130450 24.13168355

TABLE 3.73 $\alpha_p = 0.50$ dB $\alpha_s = 85$ dB

n	ω_s	K	a_i	b_i	ω_{zi}^2
3	14.72965	2.4813588E-03	0.62511216 0.62759352	1.14288789	289.06300481
4	5.35795	5.6234133E-05	0.34432699 0.85153478	1.06348616 0.36279351	33.54625278 193.08446679
5	2.96917	8.1027009E-04	0.21037091 0.58435997 0.37479933	1.03508547 0.49682665	9.69197526 24.54357370
6	2.04896	5.6234133E-05	0.13479976 0.40633597 0.61378757	1.02146720 0.62979318 0.17971039	4.46080484 7.86253764 55.33750959
7	1.61008	5.6317231E-04	0.08828660 0.28260807 0.48445149 0.29069320	1.01376837 0.73620888 0.30973155	2.69749821 3.88234275 11.39367349
8	1.37336	5.6234133E-05	0.05841021 0.19529996 0.36929197 0.51738023	1.00902371 0.81575623 0.45892847 0.12656812	1.93643561 2.45939150 4.80151491 35.10120983
9	1.23570	4.8782789E-04	0.03882736 0.13389909 0.27250478 0.43420575 0.25726052	1.00597313 0.87308518 0.59578583 0.24428318	1.55393451 1.82075010 2.80874577 8.48277132
10	1.15173	5.6234133E-05	0.02586847 0.09115117 0.19565778 0.34506011 0.47653207	1.00397207 0.91342234 0.70818200 0.39127141 0.10718566	1.34207255 1.49135718 1.98458072 3.95334547 29.11801291
11	1.09892	4.5900732E-04	0.01725393 0.06170300 0.13752535 0.26176370 0.41132147 0.24309305	1.00264709 0.94133828 0.79438432 0.53543487 0.21842049	1.21706418 1.30574684 1.57852191 2.46876676 7.49849822
12	1.06501	5.6234133E-05	0.01151366 0.04159521 0.09516032 0.19141699 0.33313847 0.45876466	1.00176545 0.96043869 0.85757017 0.65937269 0.36299836 0.09930773	1.14017109 1.19496771 1.35593733 1.82116674 3.64235846 26.86741156

TABLE 3.74 $\alpha_p = 0.50$ dB $\alpha_s = 90$ dB

n	ω_s	K	a_i	b_i	ω_{zi}^2
3	17.84134	1.6905897E-03	0.62563436 0.62732495	1.14298917	424.12751989
4	6.17374	3.1622777E-05	0.34592268 0.85033861	1.06351087 0.36120025	44.56765828 257.31799694
5	3.31132	5.1126683E-04	0.21310915 0.58480761 0.37220972	1.03523496 0.49268442	12.06809903 30.76868875
6	2.22987	3.1622777E-05	0.13822454 0.40959980 0.60780324	1.02174256 0.62290266 0.17557914	5.29098937 9.41663759 66.95790096
7	1.71869	3.4401765E-04	0.09187461 0.28826277 0.48133036 0.28528622	1.01411694 0.72753229 0.30086112	3.07845833 4.47994687 13.34751188
8	1.44356	3.1622777E-05	0.06178255 0.20222120 0.37044367 0.50659350	1.00938991 0.80656143 0.44507472 0.12078300	2.14260673 2.75143966 5.46726099 40.53805335
9	1.28312	2.9302052E-04	0.04177986 0.14101281 0.27728088 0.42747403 0.24971911	1.00631767 0.86437008 0.57873256 0.23239616	1.67765772 1.98562288 3.11848757 9.59734931
10	1.18462	3.1622777E-05	0.02833051 0.09773385 0.20253869 0.34378282 0.46235433	1.00427388 0.90575922 0.69028279 0.37295655 0.10040135	1.42135435 1.59319737 2.15565351 4.38427088 32.79755703
11	1.12208	2.7318228E-04	0.01923682 0.06739038 0.14505619 0.26509495 0.40208902 0.23416988	1.00289886 0.93494237 0.77751808 0.51298475 0.20470920	1.27003093 1.37232906 1.68321296 2.68675449 8.32593841
12	1.08147	3.1622777E-05	0.01307098 0.04628301 0.10233973 0.19755515 0.33016448 0.44247151	1.00196866 0.95529506 0.84281761 0.63585550 0.34200560 0.09191134	1.17649760 1.24008389 1.42419115 1.94858337 3.98286146 29.85117611

TABLE 3.75 $\alpha_p = 0.50$ dB $\alpha_s = 95$ dB

n	ω_s	K	a_i	b_i	ω_{zi}^2
4	7.11769	1.7782794E-05	0.34712622	1.06353661	59.26633484
			0.84944681	0.36001372	342.97575473
5	3.69743	3.2259571E-04	0.21530299	1.03535253	15.06030325
			0.58514224	0.48940087	38.60578086
			0.37016185		
6	2.43138	1.7782794E-05	0.14109992	1.02196889	6.29811304
			0.41225393	0.61719563	11.30004819
			0.60286719	0.17222277	81.03270538
7	1.83901	2.1011501E-04	0.09500347	1.01441469	3.52931196
			0.29304652	0.72007641	5.18545202
			0.47858108	0.29344592	15.64967560
			0.28074814		
8	1.52133	1.7782794E-05	0.06481977	1.00971324	2.38281720
			0.20827693	0.79839714	3.09018594
			0.37123534	0.43316102	6.23607423
			0.49730380	0.11593620	46.80570896
9	1.33586	1.7592895E-04	0.04451563	1.00663088	1.82058911
			0.14742885	0.85639757	2.17480298
			0.28127582	0.56363994	3.47115473
			0.42138098	0.22223704	10.86110903
			0.24319432		
10	1.22146	1.7782794E-05	0.03067124	1.00455560	1.51269427
			0.10383867	0.89855403	1.70945829
			0.20856743	0.67398298	2.34870730
			0.34226639	0.35692117	4.86684555
			0.44984501	0.09463533	36.90681733
11	1.14828	1.6245326E-04	0.02116732	1.00313966	1.33116881
			0.07280282	0.92877337	1.44831523
			0.15188485	0.76172809	1.80086265
			0.26767306	0.49279404	2.92883069
			0.39356904	0.19285083	9.23970496
			0.22630780		
12	1.10030	1.7782794E-05	0.01462059	1.00216712	1.21866218
			0.05085290	0.95021424	1.29175845
			0.10904651	0.82863693	1.50089313
			0.20282837	0.61410920	2.08945283
			0.32695553	0.32342493	4.35583002
			0.42787476	0.08557015	33.10925579

TABLE 3.76 $\alpha_p = 0.50$ dB $\alpha_s = 100$ dB

n	ω_s	K	a_i	b_i	ω_{zi}^2
4	8.20943	1.0000000E-05	0.34803550	1.06356675	78.86947247
			0.84878642	0.35913256	457.20459925
5	4.13264	2.0354720E-04	0.21705780	1.03544572	18.82796634
			0.58539548	0.48679751	48.47225399
			0.36854122		
6	2.65532	1.0000000E-05	0.14350670	1.02215503	7.51937361
			0.41441703	0.61247260	13.58232969
			0.59879576	0.16948863	98.08172283
7	1.97184	1.2831813E-04	0.09771999	1.01466865	4.06228742
			0.29709287	0.71368477	6.01798629
			0.47617768	0.28723535	18.36257639
			0.27693313		
8	1.60705	1.0000000E-05	0.06753966	1.00999780	2.66206398
			0.21356369	0.79117774	3.48266193
			0.37176717	0.42291389	7.12389950
			0.48929956	0.11185862	54.03414783
9	1.39414	1.0559117E-04	0.04703299	1.00691427	1.98509874
			0.15319192	0.84914687	2.39140186
			0.28462403	0.55030926	3.87252037
			0.41589704	0.21353073	12.29472377
			0.23753754		
10	1.26240	1.0000000E-05	0.03287842	1.00481695	1.61735185
			0.10946733	0.89182982	1.84170712
			0.21384417	0.65920237	2.56630056
			0.34062281	0.34287457	5.40744200
			0.43879992	0.08971179	41.49999319
11	1.17762	9.6541438E-05	0.02302914	1.00336828	1.40121775
			0.07791543	0.92287660	1.53458033
			0.15805517	0.74703893	1.93276504
			0.26964828	0.47467277	3.19761994
			0.38574754	0.18256479	10.24968082
			0.21936467		
12	1.12160	1.0000000E-05	0.01614701	1.00235970	1.26714436
			0.05526855	0.94524739	1.35052871
			0.11527685	0.81511766	1.58676614
			0.20734878	0.59409192	2.24504648
			0.32364174	0.30697163	4.76460773
			0.41478593	0.08010758	36.67072873

TABLE 3.77 $\alpha_p = 0.50$ dB $\alpha_s = 110$ dB

n	ω_s	K	a_i	b_i	ω_{zi}^2
4	10.93071	3.1622777E-06	0.34925033 0.84795568	1.06365341 0.35800588	139.88430075 812.68327047
5	5.17413	8.1034600E-05	0.21957911 0.58574032 0.36624225	1.03558125 0.48309719	29.54448226 76.53150574
6	3.17896	3.1622777E-06	0.14719085 0.41762844 0.59266733	1.02243454 0.60533709 0.16543063	10.79431020 19.69852623 143.75405306
7	2.27866	4.7847681E-05	0.10209653 0.30341117 0.47228162 0.27101483	1.01506920 0.70354364 0.27764661	5.43503301 8.15848598 25.32791623
8	1.80417	3.1622777E-06	0.07211525 0.22218144 0.37232647 0.47644878	1.01046633 0.77922393 0.40650782 0.10549906	3.36180222 4.46266559 9.33310151 71.99612918
9	1.52830	3.8009110E-05	0.05143134 0.16295694 0.28980618 0.40659346 0.22835088	1.00739903 0.83666968 0.52819345 0.19960719	2.39010457 2.92158954 4.84854564 15.76856392
10	1.35714	3.1622777E-06	0.03686844 0.11935049 0.22249997 0.33725073 0.42041172	1.00527970 0.87984151 0.63380507 0.31975679 0.08185528	1.87249794 2.16148873 3.08701007 6.69217661 52.38823904
11	1.24614	3.4042362E-05	0.02650165 0.08719487 0.16861670 0.27226037 0.37207704 0.20777419	1.00378608 0.91201175 0.72091872 0.44389066 0.16581288	1.57142365 1.74197057 2.24529575 3.82736904 12.60335276
12	1.17191	3.1622777E-06	0.01907799 0.06353572 0.12634592 0.21452890 0.31705129 0.39248724	1.00272210 0.93580921 0.79026938 0.55894202 0.27945764 0.07127548	1.38517884 1.49177065 1.78932722 2.60621272 5.70475200 44.83546442

TABLE 3.78 $\alpha_p = 0.50$ dB $\alpha_s = 120$ dB

n	ω_s	K	a_i	b_i	ω_{zi}^2
4	14.56552	1.0000000E-06	0.34997052	1.06379990	248.43031805
			0.84755820	0.35742580	1444.91149049
5	6.49130	3.2260451E-05	0.22118561	1.03567610	46.53186344
			0.58595534	0.48077496	121.00466234
			0.36480199		
6	3.82009	1.0000000E-06	0.14974155	1.02262514	15.60412807
			0.41978412	0.60046436	28.67718909
			0.58849784	0.16270849	210.78408835
7	2.64740	1.7838734E-05	0.10533620	1.01535915	7.34659023
			0.30793516	0.69615863	11.13515610
			0.46938444	0.27086001	35.00401393
			0.26680332		
8	2.03892	1.0000000E-06	0.07569668	1.01082458	4.30023083
			0.22869725	0.77003065	5.77321006
			0.37250435	0.39434015	12.27913466
			0.46688240	0.10091155	95.92212612
9	1.68774	1.3673065E-05	0.05504448	1.00778800	2.91942286
			0.17070668	0.82659718	3.61111722
			0.29350266	0.51104972	6.11077995
			0.39920850	0.18923521	20.24737992
			0.22138171		
10	1.47012	1.0000000E-06	0.04029014	1.00566744	2.20055426
			0.12754848	0.86972733	2.56966020
			0.22913142	0.61325585	3.74549978
			0.33405540	0.30192505	8.30678034
			0.40601742	0.07599503	66.04094330
11	1.32849	1.1986556E-05	0.02959828	1.00415028	1.78841286
			0.09521321	0.90246485	2.00378498
			0.17713643	0.69888860	2.63456425
			0.27366391	0.41923732	4.60358172
			0.36076900	0.15300546	15.48992970
			0.19863858		
12	1.23307	1.0000000E-06	0.02178805	1.00304985	1.53535640
			0.07095710	0.92719545	1.66928690
			0.13568715	0.76845729	2.03942107
			0.21978244	0.52966330	3.04531096
			0.31086249	0.25776151	6.83763054
			0.37446777	0.06456350	54.64295557

TABLE 3.79 $\alpha_p = 0.50$ dB $\alpha_s = 150$ dB

n	ω_s	K	a_i	b_i	ω_{zi}^2
5	12.89689	2.0354783E-06	0.22330433	1.03593653	183.81770185
			0.58632078	0.47790767	480.34365604
			0.36301848		
6	6.71229	3.1622777E-08	0.15353932	1.02292416	48.25291791
			0.42290949	0.59334675	89.60383862
			0.58243444	0.15880100	665.51068188
7	4.23480	9.2409417E-07	0.11071660	1.01583179	18.84127321
			0.31517694	0.68412396	29.01573453
			0.46456592	0.26013682	93.07854405
			0.26010650		
8	3.02172	3.1622777E-08	0.08222225	1.01145968	9.47155436
			0.24008418	0.75363836	12.97699826
			0.37232869	0.37354751	28.43282468
			0.45044657	0.09331501	226.98303760
9	2.34579	6.3537324E-07	0.06218021	1.00853366	5.65731866
			0.18534794	0.80715758	7.16092644
			0.29954863	0.47960138	12.57397628
			0.38527396	0.17109672	43.11364784
			0.20889370		
10	1.93461	3.1622777E-08	0.04755148	1.00646542	3.82285855
			0.14417865	0.84875287	4.57303562
			0.24119425	0.57294065	6.94665234
			0.32668959	0.26899465	16.10567634
			0.37883970	0.06560357	131.82977279
11	1.66850	5.2088193E-07	0.03661430	1.00495028	2.82967737
			0.11258983	0.88130666	3.24677813
			0.19388676	0.65277429	4.45562143
			0.27456217	0.37105993	8.19341726
			0.33768515	0.12940256	28.76612123
			0.18103472		
12	1.48836	3.1622777E-08	0.02831137	1.00381465	2.24335744
			0.08806883	0.90688092	2.49450346
			0.15536855	0.71984284	3.17846851
			0.22856561	0.46899219	5.00995869
			0.29615806	0.21592840	11.85442035
			0.33832447	0.05220731	97.91138437

TABLE 3.80 $\alpha_p = 0.50$ dB $\alpha_s = 200$ dB

n	ω_s	K	a_i	b_i	ω_{zi}^2
6	17.44551	1.0000000E-10	0.15515588	1.02336173	326.08733012
			0.42436153	0.59079311	607.94304386
			0.58028373	0.15739107	4531.56144157
7	9.52883	6.6504821E-09	0.11339464	1.01612660	95.49901944
			0.31869142	0.67835746	148.21318004
			0.46225871	0.25512757	480.05804968
			0.25696194		
8	6.07145	1.0000000E-10	0.08603789	1.01183526	38.30079415
			0.24647574	0.74429521	53.09456594
			0.37199194	0.36217749	118.29669913
			0.44140952	0.08928666	955.72426339
9	4.29271	3.8100342E-09	0.06698375	1.00902321	18.98449381
			0.19474551	0.79440725	24.40052120
			0.30282773	0.46005058	43.87947061
			0.37636217	0.16036228	153.70902652
			0.20129620		
10	3.26886	1.0000000E-10	0.05308346	1.00705373	10.94056324
			0.15621314	0.83320452	13.32608069
			0.24886393	0.54485858	20.85856907
			0.32077322	0.24751894	49.87757398
			0.36060857	0.05911232	416.33464972
11	2.63023	2.7835516E-09	0.04258473	1.00560746	7.05027092
			0.12661088	0.86379472	8.25192437
			0.20588239	0.61710041	11.72182901
			0.27361289	0.33661102	22.41544006
			0.32029980	0.11358532	81.18084520
			0.16854316		
12	2.20755	1.0000000E-10	0.03445008	1.00450870	4.94844247
			0.10333372	0.88827813	5.61780487
			0.17103424	0.67833331	7.43021961
			0.23340980	0.42151690	12.25523098
			0.28295138	0.18580132	30.22485799
			0.31080323	0.04375653	255.93509918

TABLE 3.81 $\quad \alpha_p = 1.00$ dB $\quad \alpha_s = 25$ dB

n	ω_s	K	a_i	b_i	ω_{zi}^2
2	3.03812	5.62341325E-02	1.06099994	1.13231453	17.94597587
3	1.49254	2.18543312E-01	0.37388564 0.59242895	1.02401160	2.77589883
4	1.15837	5.62341325E-02	0.13651350 0.78384832	1.00767292 0.49629061	1.45336399 5.45357448
5	1.05559	1.81997612E-01	0.05013153 0.36936693 0.50123301	1.00276340 0.75779369	1.14745157 1.82384980
6	1.02012	5.62341325E-02	0.01843936 0.14894300 0.73786027	1.00101373 0.90206736 0.43815855	1.05193446 1.24627226 4.78309139

TABLE 3.82 $\quad \alpha_p = 1.00$ dB $\quad \alpha_s = 30$ dB

n	ω_s	K	a_i	b_i	ω_{zi}^2
2	4.00411	3.16227766E-02	1.07759259	1.11970398	31.55754595
3	1.73251	1.48990916E-01	0.41056699 0.55955791	1.01620588	3.81651478
4	1.25038	3.16227766E-02	0.16585179 0.76344886	1.00462740 0.43519018	1.72085490 7.16044227
5	1.09554	1.16339651E-01	0.06761574 0.40183952 0.45056343	1.00175647 0.69401084	1.24800301 2.15745109
6	1.03799	3.16227766E-02	0.02761548 0.18308029 0.69986747	1.00070851 0.85992383 0.36342207	1.09474927 1.36625254 5.89295642
7	1.01536	1.11944662E-01	0.01128388 0.07825052 0.38893445 0.43391247	1.00028890 0.94008233 0.64459291	1.03768963 1.13586893 1.99333326

TABLE 3.83 $\alpha_p = 1.00$ dB $\alpha_s = 35$ dB

n	ω_s	K	a_i	b_i	ω_{zi}^2
2	5.30348	1.77827941E-02	1.08657801	1.11232751	55.74843494
3	2.03665	1.01549835E-01	0.43646622 0.53801605	1.00999497	5.35100336
4	1.36857	1.77827941E-02	0.19050824 0.74451559	1.00146782 0.39225691	2.08958646 9.42209016
5	1.14951	7.40365981E-02	0.08443352 0.42367918 0.41328226	1.00039870 0.64061926	1.38681446 2.57961595
6	1.06391	1.77827941E-02	0.03752798 0.21240939 0.66349743	1.00015510 0.81847333 0.30854566	1.15648161 1.51832364 7.20921931
7	1.02794	6.99307279E-02	0.01668943 0.09980386 0.40433915 0.39115544	1.00006703 0.91458090 0.57547261	1.06679512 1.20371575 2.29272654

TABLE 3.84 $\alpha_p = 1.00$ dB $\alpha_s = 40$ dB

n	ω_s	K	a_i	b_i	ω_{zi}^2
2	7.04509	1.00000000E-02	1.09152958	1.10810783	98.76021450
3	2.41618	6.92014826E-02	0.52372117		
			0.45451968	1.00533812	7.60846200
4	1.51548	1.00000000E-02	0.72858119	0.36176825	12.42765148
			0.21056253	0.99854532	2.59065251
5	1.21868	4.69722994E-02	0.38534434		
			0.43821346	0.59713909	3.11271370
			0.09984142	0.99889143	1.57203342
6	1.09887	1.00000000E-02	0.23683665	0.77991009	1.70809180
			0.63103414	0.26775575	8.77780609
			0.04757203	0.99942650	1.24061494
7	1.04600	4.34166044E-02	0.35764750		
			0.12028580	0.88794622	1.29010879
			0.02268914	0.99972156	1.10830340
			0.41182756	0.51683291	2.64320119
8	1.02168	1.00000000E-02	0.05915984	0.94485827	1.12912165
			0.01082333	0.99986664	1.05027361
			0.60900075	0.24921189	8.15017646
			0.23133227	0.72791641	1.58033379

TABLE 3.85 $\alpha_p = 1.00$ dB $\alpha_s = 45$ dB

n	ω_s	K	a_i	b_i	ω_{zi}^2
2	9.37462	5.62341325E-03	1.09429999	1.10574890	175.24939056
3	2.88508	4.71521636E-02	0.46700364 0.51415580	1.00196550	10.92561465
4	1.69414	5.62341325E-03	0.22650576 0.71577713	0.99601580 0.33988757	3.26599885 16.42802959
5	1.30419	2.97419639E-02	0.11347198 0.44785936 0.36412935	0.99738146 0.56226866	1.81392348 3.78505549
6	1.14364	5.62341325E-03	0.05728757 0.25678991 0.60303198	0.99859787 0.74534523 0.23704350	1.35101094 1.94254067 10.65484608
7	1.07025	2.68321276E-02	0.02897331 0.13907160 0.41423053 0.33096437	0.99928050 0.86157396 0.46788580	1.16434274 1.39760486 3.05337918
8	1.03494	5.62341325E-03	0.01465856 0.07291447 0.24888056 0.57459422	0.99963464 0.92735538 0.67905001 0.21496894	1.08001419 1.18437505 1.74344601 9.61695862
9	1.01753	2.61559003E-02	0.00741666 0.03757255 0.13797765 0.40444673 0.32278093	0.99981499 0.96255744 0.82189108 0.44524489	1.03971117 1.08936206 1.32329193 2.89972675

TABLE 3.86 $\alpha_p = 1.00$ dB $\alpha_s = 50$ dB

n	ω_s	K	a_i	b_i	ω_{zi}^2
2	12.48698	3.16227766E-03	1.09588579	1.10449185	311.28809793
3	3.46062	3.21263235E-02	0.47559277	0.99957498	15.79711747
			0.50771910		
4	1.90818	3.16227766E-03	0.23897868	0.99391708	4.17202481
			0.70574316	0.32403782	21.75699783
5	1.40723	1.88078508E-02	0.12522530	0.99596196	2.12557284
			0.45427717	0.53453253	4.63239801
			0.34785972		
6	1.19891	3.16227766E-03	0.06636722	0.99773310	1.49220276
			0.27290365	0.71513651	2.23030666
			0.57932036	0.21363187	12.90853496
7	1.10126	1.65270962E-02	0.03527705	0.99877600	1.23712422
			0.15587268	0.83644603	1.52924555
			0.41353080	0.42738062	3.53379582
			0.30946226		
8	1.05264	3.16227766E-03	0.01876447	0.99934607	1.11982958
			0.08627604	0.90933900	1.25317028
			0.26233548	0.63469865	1.93321432
			0.54434035	0.18828816	11.28210866
9	1.02767	1.59567599E-02	0.00998249	0.99965169	1.06205187
			0.04689993	0.95069587	1.12750633
			0.15417930	0.78496521	1.41748657
			0.40038221	0.39950318	3.29090827
			0.29907713		

TABLE 3.87 $\alpha_p = 1.00$ dB $\alpha_s = 55$ dB

n	ω_s	K	a_i	b_i	ω_{zi}^2
2	16.64291	1.77827941E-03	1.09683953	1.10391373	553.26746815
3	4.16403	2.18880345E-02	0.48148362 0.50337166	0.99790464	22.94938419
4	2.16199	1.77827941E-03	0.24862575 0.69799525	0.99222466 0.31246761	5.38433549 28.85910858
5	1.52918	1.18837301E-02	0.13516904 0.45857367 0.33528836	0.99468339 0.51256244	2.52368320 5.69983790
6	1.26532	1.77827941E-03	0.07463479 0.28583916 0.55945334	0.99688032 0.68918616 0.19558221	1.66967403 2.58200161 15.62142784
7	1.13953	1.01549248E-02	0.04139594 0.17063220 0.41105859 0.29197726	0.99823825 0.81316597 0.39399307	1.32908190 1.68867565 4.09709766
8	1.07524	1.77827941E-03	0.02298850 0.09891057 0.27248575 0.51798673	0.99901627 0.89146599 0.59519373 0.16725746	1.17114855 1.33715650 2.15329181 13.17722820
9	1.04112	9.69714395E-03	0.01277010 0.05630659 0.16822154 0.39430364 0.27931574	0.99945262 0.93817437 0.74949834 0.36102705	1.09171711 1.17504988 1.52714282 3.73045406
10	1.02263	1.77827941E-03	0.00709443 0.03171468 0.09932874 0.26657736 0.50536821	0.99969586 0.96516962 0.85198006 0.56694721 0.15917100	1.04995184 1.09372852 1.26458783 2.04429435 12.52380193

TABLE 3.88 $\alpha_p = 1.00$ dB $\alpha_s = 60$ dB

n	ω_s	K	a_i	b_i	ω_{zi}^2
3	5.02128	1.49123379E-02	0.48551654 0.50042888	0.99675014	33.44898430
4	2.46078	1.00000000E-03	0.25602619 0.69206751	0.99088666 0.30396887	7.00407028 38.32680339
5	1.67161	7.50482514E-03	0.14346244 0.46147548 0.32551786	0.99356610 0.49519149	3.02950855 7.04420515
6	1.34354	1.00000000E-03	0.08201430 0.29619886 0.54291159	0.99607224 0.66715645 0.18152493	1.89013542 3.01060396 18.89331870
7	1.18547	6.22855504E-03	0.04718632 0.18343552 0.40767795 0.27765730	0.99769257 0.79203961 0.36650115	1.44300836 1.88026299 4.75831661
8	1.10308	1.00000000E-03	0.02720164 0.11061628 0.28004552 0.49515512	0.99866071 0.87422646 0.56045674 0.15050572	1.23546746 1.43822434 2.40805087 15.33957836
9	1.05822	5.87530831E-03	0.01568983 0.06554114 0.18022043 0.38719585 0.26270204	0.99922575 0.92540541 0.71619551 0.32870313	1.12970460 1.23303297 1.65393510 4.22479678
10	1.03318	1.00000000E-03	0.00905076 0.03841152 0.11107511 0.27228784 0.47955497	0.99955292 0.95626841 0.82488976 0.52627289 0.14112107	1.07288063 1.12840768 1.33580569 2.24894555 14.34976215

TABLE 3.89 $\alpha_p = 1.00$ dB $\alpha_s = 65$ dB

n	ω_s	K	a_i	b_i	ω_{zi}^2
3	6.06406	1.01597140E-02	0.48827569 0.49843541	0.99596091	48.86182631
4	2.81071	5.62341325E-04	0.26166960 0.68755965	0.98984380 0.29769577	9.16635063 50.94984418
5	1.83639	4.73789549E-03	0.15030475 0.46345640 0.31788954	0.99261110 0.48146443	3.67001275 8.73708426
6	1.43429	5.62341325E-04	0.08849989 0.30449544 0.52919049	0.99532863 0.64860757 0.17047916	2.16181883 3.53193645 22.84481408
7	1.23949	3.81541014E-03	0.05255756 0.19444428 0.40393366 0.26586235	0.99715841 0.77316088 0.34384806	1.58218358 2.10922916 5.53522881
8	1.13650	5.62341325E-04	0.03130257 0.12129424 0.28561591 0.47543693	0.99829334 0.85795369 0.53017875 0.13703564	1.31442232 1.55856890 2.70264692 17.81261198
9	1.07927	3.55133940E-03	0.01866069 0.07441733 0.19037193 0.37970510 0.24864114	0.99897957 0.91273189 0.68545160 0.30153356	1.17702412 1.30259288 1.79985105 4.78148136
10	1.04653	5.62341325E-04	0.01112739 0.04516175 0.12177198 0.27586812 0.45676444	0.99939087 0.94701382 0.79847960 0.49013177 0.12641704	1.10206323 1.17067787 1.41819574 2.47778000 16.36933979
11	1.02749	3.46401208E-03	0.00664157 0.02722106 0.07582337 0.18686050 0.37082980 0.24267283	0.99963871 0.96805707 0.87444919 0.65405673 0.28732647	1.05966243 1.09851244 1.23135890 1.70914319 4.54753239

TABLE 3.90 $\alpha_p = 1.00$ dB $\alpha_s = 70$ dB

n	ω_s	K	a_i	b_i	ω_{zi}^2
3	7.33090	6.92175078E-03	0.49016465 0.49708640	0.99543004	71.48693236
4	3.21902	3.16227766E-04	0.26595467 0.68414570	0.98903944 0.29304809	12.05155945 67.78119952
5	2.02567	2.99047419E-03	0.15590315 0.46482507 0.31191239	0.99180822 0.47061550	4.47931863 10.86862338
6	1.53842	3.16227766E-04	0.09413097 0.31114915 0.51783509	0.99465931 0.63307820 0.16173250	2.49480932 4.16524912 27.62171787
7	1.30200	2.33503340E-03	0.05746162 0.20385254 0.40015772 0.25610183	0.99664956 0.75648470 0.32515049	1.75050138 2.38179835 6.44880393
8	1.17576	3.16227766E-04	0.03521713 0.13091975 0.28968104 0.45843750	0.99792577 0.84284941 0.50394100 0.12611180	1.40985807 1.70075178 3.04310531 20.64668423
9	1.10451	2.14266395E-03	0.02161422 0.08280792 0.19890331 0.37224325 0.23667631	0.99872215 0.90041976 0.65743008 0.27865897	1.23473734 1.38500202 1.96721693 5.40923413
10	1.06294	3.16227766E-04	0.01327175 0.05182455 0.13139688 0.27785891 0.43666548	0.99921424 0.93763590 0.77320600 0.45822051 0.11433502	1.13822622 1.22130040 1.51283348 2.73356565 18.60673297
11	1.03819	2.07624346E-03	0.00815170 0.03220812 0.08454116 0.19439344 0.36140426 0.22957086	0.99951769 0.96123169 0.85396099 0.62008087 0.26230750	1.08275097 1.13059854 1.28901695 1.84209014 5.07630382

TABLE 3.91 $\alpha_p = 1.00$ dB $\alpha_s = 75$ dB

n	ω_s	K	a_i	b_i	ω_{zi}^2
3	8.86870	4.71574699E-03	0.49146120 0.49617694	0.99508380	104.69977282
4	3.69415	1.77827941E-04	0.26919828 0.68156792	0.98842409 0.28959498	15.90039797 90.22488819
5	2.24192	1.88728543E-03	0.16045453 0.46578301 0.30721577	0.99114164 0.46203741	5.50053203 13.55233359
6	1.65685	1.77827941E-04	0.09897326 0.31649720 0.50845052	0.99406708 0.62012849 0.15476030	2.90143398 4.93392918 33.40037457
7	1.37343	1.42808773E-03	0.06188250 0.21185991 0.39654301 0.24799369	0.99617498 0.74188252 0.30968354	1.95260049 2.70537036 7.52375247
8	1.22115	1.77827941E-04	0.03889531 0.13951796 0.29261982 0.44379508	0.99756709 0.82901303 0.48129004 0.11718494	1.52389463 1.86776540 3.43643219 23.89995552
9	1.13416	1.29090183E-03	0.02449572 0.09063498 0.20604314 0.36506262 0.22644964	0.99846060 0.88866163 0.63213366 0.25935559	1.30399762 1.48170384 2.15872930 6.11806250
10	1.08259	1.77827941E-04	0.01543830 0.05829060 0.13997974 0.27868964 0.41894792	0.99902801 0.92832777 0.74937096 0.43016109 0.10433028	1.18211163 1.28109636 1.62095949 3.01949959 21.08967698
11	1.05129	1.24181212E-03	0.00973211 0.03722917 0.09270674 0.20045840 0.35219287 0.21818614	0.99938672 0.95420734 0.83382420 0.58884961 0.24093992	1.11122625 1.16897536 1.35525385 1.99020696 5.65729056

TABLE 3.92 $\alpha_p = 1.00$ dB $\alpha_s = 80$ dB

n	ω_s	K	a_i	b_i	ω_{zi}^2
3	10.73438	3.21281996E-03	0.49235618 0.49556900	0.99487300	153.45653314
4	4.24595	1.00000000E-04	0.27164825 0.67962615	0.98795666 0.28702426	21.03398078 120.15311420
5	2.48799	1.19096521E-03	0.16413637 0.46646253 0.30351713	0.99059356 0.45525096	6.78804111 16.93113352
6	1.79066	1.00000000E-04	0.10310540 0.32080709 0.50070108	0.99355002 0.60936015 0.14917100	3.39672677 5.86636423 40.39415772
7	1.45428	8.72986523E-04	0.06582692 0.21865646 0.39319308 0.24123653	0.99573969 0.72918149 0.29685786	2.19400690 3.08872383 8.78918228
8	1.27293	1.00000000E-04	0.04230714 0.14714505 0.29472311 0.43118729	0.99722394 0.81646913 0.46178093 0.10983988	1.65899159 2.06310263 3.89075008 27.63949700
9	1.16842	7.76869335E-04	0.02726384 0.09785932 0.21200480 0.35830843 0.21767597	0.99820086 0.87758617 0.60946096 0.24302162	1.38608841 1.59434785 2.37749409 6.91938619
10	1.10566	1.00000000E-04	0.01758807 0.06447970 0.14758271 0.27869369 0.40332956	0.99883663 0.91924351 0.72715055 0.40555246 0.09598757	1.23450074 1.35096934 1.74399627 3.33923244 23.84966895
11	1.06697	7.41447992E-04	0.01135049 0.04220024 0.10027526 0.20529455 0.34337846 0.20825102	0.99924840 0.94712037 0.81433313 0.56036301 0.22264208	1.14563560 1.21421703 1.43081742 2.15500143 6.29635615

TABLE 3.93 $\alpha_p = 1.00$ dB $\alpha_s = 85$ dB

n	ω_s	K	a_i	b_i	ω_{zi}^2
3	12.99708	2.18889645E-03	0.49298055 0.49516944	0.99476624	225.03478674
4	4.88588	5.62341325E-05	0.27349622 0.67816672	0.98760423 0.28510806	27.88065086 160.06247423
5	2.76714	7.51515213E-04	0.16710334 0.46695112 0.30059929	0.99014632 0.44987883	8.41041526 21.18496109
6	1.94107	5.62341325E-05	0.10660986 0.32428988 0.49430491	0.99310335 0.60042350 0.14466874	3.99898918 6.99699028 48.86133592
7	1.54508	5.33469365E-04	0.06931674 0.22441533 0.39015515 0.23559003	0.99534576 0.71819062 0.28619627	2.48129441 3.54225579 10.27937918
8	1.33140	5.62341325E-05	0.04543852 0.15387445 0.29621123 0.42033156	0.99690085 0.80519051 0.44499994 0.10375921	1.81801399 2.29083426 4.41545974 31.94261160
9	1.20749	4.67117699E-04	0.02988929 0.10447078 0.21697863 0.35205502 0.21012500	0.99794764 0.86726959 0.58924883 0.22916018	1.48245993 1.72482489 2.62707360 7.82619999
10	1.13231	5.62341325E-05	0.01968951 0.07033711 0.15428542 0.27812537 0.38955789	0.99864407 0.91049964 0.70662380 0.38400150 0.08898658	1.29623749 1.43192707 1.88356693 3.69690290 26.92226631
11	1.08536	4.42069925E-04	0.01297803 0.04705371 0.10723245 0.20911640 0.33506710 0.19954956	0.99910512 0.94008676 0.79570027 0.53453143 0.20692799	1.18654130 1.26693732 1.51655105 2.33819297 7.00012091
12	1.05549	5.62341325E-05	0.00855646 0.03133275 0.07330147 0.15125376 0.26943452 0.37646298	0.99940981 0.96009274 0.86022806 0.66259763 0.35893309 0.08308070	1.11936972 1.16878983 1.31558433 1.74461875 3.43592636 25.05306489

TABLE 3.94 $\alpha_p = 1.00$ dB $\alpha_s = 90$ dB

n	ω_s	K	a_i	b_i	ω_{zi}^2
3	15.74071	1.49131400E-03	0.49342415 0.49491547	0.99474513	330.12146037
4	5.62722	3.16227766E-05	0.27488927 0.67707263	0.98734112 0.28367907	37.01176010 213.28228544
5	3.08304	4.74200539E-04	0.16948708 0.46730716 0.29829428	0.98978359 0.44562401	10.45405901 26.54035795
6	2.10942	3.16227766E-05	0.10956725 0.32711185 0.48902706	0.99272076 0.59301749 0.14102738	4.73046943 8.36756345 59.11460291
7	1.64644	3.25913888E-04	0.07238310 0.22928991 0.38744178 0.23086088	0.99499310 0.70871736 0.27731264	2.82226966 4.07826446 12.03473130
8	1.39685	3.16227766E-05	0.04828734 0.15978731 0.29724942 0.41098255	0.99660058 0.79511632 0.43057455 0.09869775	2.00430214 2.55569683 5.02143089 36.89838981
9	1.25154	2.80680589E-04	0.03235300 0.11047993 0.22112955 0.34633063 0.20360869	0.99770447 0.85774702 0.57130219 0.21736226	1.59476501 1.87530409 2.91154193 8.85326904
10	1.16269	3.16227766E-05	0.02171814 0.07582920 0.16017468 0.27717584 0.37740915	0.99845362 0.90217914 0.68779846 0.36513995 0.08307762	1.36825110 1.52510230 2.04151625 4.09718211 30.34746290
11	1.10661	2.63269233E-04	0.01459101 0.05173782 0.11358605 0.21211021 0.32731278 0.19190511	0.99895941 0.93320069 0.77806775 0.51120957 0.19339284	1.23453537 1.32780376 1.61340515 2.54172475 7.77600848
12	1.07045	3.16227766E-05	0.00980869 0.03514389 0.07927272 0.15656283 0.26713477 0.36261162	0.99930125 0.95460838 0.84494151 0.63822315 0.33745352 0.07666189	1.15212593 1.20988967 1.37867293 1.86386748 3.75686246 27.87192986

TABLES WITH PRESCRIBED α_p AND α_s

TABLE 3.95 $\alpha_p = 1.00$ dB $\alpha_s = 95$ dB

n	ω_s	K	a_i	b_i	ω_{zi}^2
3	19.06715	1.01606352E-03	0.49374862 0.49476468	0.99480091	484.41101006
4	6.48537	1.77827941E-05	0.27593966 0.67625533	0.98714776 0.28261401	49.18941305 284.25244276
5	3.43988	2.99210708E-04	0.17139781 0.46757009 0.29647149	0.98949092 0.44225265	13.02781645 33.28253752
6	2.29727	1.77827941E-05	0.11205296 0.32940415 0.48467258	0.99239528 0.58688623 0.13807224	5.61818593 10.02870216 71.53262088
7	1.75902	1.99075615E-04	0.07506207 0.23341370 0.38504496 0.22689240	0.99468018 0.70057741 0.26989410	3.22618797 4.71128329 14.10282074
8	1.46963	1.77827941E-05	0.05086012 0.16496614 0.29796073 0.40292857	0.99632451 0.78616569 0.41817598 0.09446417	2.22174790 2.86319303 5.72122465 42.60952559
9	1.30078	1.68566635E-04	0.03464432 0.11591131 0.22459767 0.34113417 0.19797206	0.99747386 0.84902283 0.55541429 0.20729153	1.72489527 2.04827268 3.23554970 10.01735820
10	1.19693	1.77827941E-05	0.02365590 0.08093917 0.16533769 0.27598690 0.36668620	0.99826791 0.89433642 0.67063254 0.34863260 0.07806418	1.45157776 1.63177368 2.21993476 4.54532771 34.17014515
11	1.13081	1.56639368E-04	0.01617048 0.05621502 0.11935882 0.21443413 0.32013467 0.18517145	0.99881370 0.92653552 0.76151995 0.49022126 0.18169986	1.29025412 1.39755122 1.72244894 2.76777966 8.63230580
12	1.08772	1.77827941E-05	0.01105828 0.03887737 0.08486925 0.16112919 0.26458802 0.35019818	0.99918762 0.94916793 0.83019500 0.61564318 0.31844573 0.07116778	1.19042305 1.25722036 1.44977689 1.99581001 4.10825715 30.94763156

TABLE 3.96 $\alpha_p = 1.00$ dB $\alpha_s = 100$ dB

n	ω_s	K	a_i	b_i	ω_{zi}^2
4	7.47816	1.00000000E-05	0.27673276	0.98700962	65.43017634
			0.67564816	0.28182173	378.89403771
5	3.84240	1.88793197E-04	0.17292671	0.98925590	16.26877210
			0.46776686	0.43958044	41.77058009
			0.29502894		
6	2.50633	1.00000000E-05	0.11413540	0.99211994	6.69492649
			0.33127053	0.58181409	12.04175686
			0.48108013	0.13566716	86.57400192
7	1.88358	1.21584150E-04	0.07739156	0.99440454	3.70400696
			0.23690152	0.69360010	5.45847533
			0.38294517	0.26368652	16.53971168
			0.22355679		
8	1.55011	1.00000000E-05	0.05316935	0.99607295	2.47488022
			0.16949089	0.77824752	3.21970736
			0.29843621	0.40751779	6.52935234
			0.39598755	0.09090779	49.19442532
9	1.35542	1.01194037E-04	0.03675925	0.99725743	1.87501863
			0.12079830	0.84107928	2.24657968
			0.22750041	0.54137956	3.60439879
			0.33644656	0.19867108	11.33749781
			0.19308639		
10	1.23517	1.00000000E-05	0.02549032	0.99808898	1.54738183
			0.08566323	0.88700258	1.75338708
			0.16985788	0.65505119	2.42118600
			0.27466230	0.33417996	5.04724777
			0.35721598	0.07379022	38.44063086
11	1.15809	9.31256437E-05	0.01770101	0.99866986	1.35439211
			0.06045963	0.92014604	1.47699509
			0.12458305	0.74609570	1.84488314
			0.21622022	0.47137688	3.01880014
			0.31352903	0.17156872	9.57823690
			0.17922637		
12	1.10740	1.00000000E-05	0.01230111	0.99907514	1.23472065
			0.04250357	0.94382747	1.31129033
			0.09008215	0.81609457	1.52957089
			0.16504647	0.59482939	2.14163050
			0.26191440	0.30161997	4.49323778
			0.33906433	0.06644237	34.30739716

TABLES WITH PRESCRIBED α_p AND α_s

TABLE 3.97 $\alpha_p = 1.00$ dB $\alpha_s = 110$ dB

n	ω_s	K	a_i	b_i	ω_{zi}^2
4	9.95350	3.16227766E-06	0.27779059 0.67487717	0.98686071 0.28080328	115.97817881 673.41339340
5	4.80647	7.51613607E-05	0.17512410 0.46803119 0.29298224	0.98891902 0.43578266	25.48755863 65.90966517
6	2.99596	3.16227766E-06	0.11732614 0.33403804 0.47567143	0.99169366 0.57415457 0.13210132	9.58300686 17.43675478 126.86623897
7	2.17203	4.53403110E-05	0.08115105 0.24234660 0.37953354 0.21838333	0.99395299 0.68253193 0.25411354	4.93553502 7.38005654 22.79594941
8	1.73583	3.16227766E-06	0.05706437 0.17687240 0.29893014 0.38484159	0.99564093 0.76513145 0.39046735 0.08537162	3.11010286 4.11055834 8.54025122 65.55273852
9	1.48179	3.64370326E-05	0.04046795 0.12909471 0.23198302 0.32847442 0.18515459	0.99687020 0.82739274 0.51809701 0.18490697	2.24554345 2.73271272 4.50161217 14.53525482
10	1.32424	3.16227766E-06	0.02882211 0.09398375 0.17727208 0.27188338 0.34144617	0.99775691 0.87389782 0.62825199 0.31041448 0.06698522	1.78184808 2.04819591 2.90319626 6.23975128 48.55728303
11	1.22227	3.28582974E-05	0.02057230 0.06819692 0.13353903 0.21859460 0.30195297 0.16930564	0.99839385 0.90833371 0.71860921 0.43936013 0.15509611	1.51107598 1.66871393 2.13546754 3.60695069 11.78112262
12	1.15431	3.16227766E-06	0.01469970 0.04932851 0.09937165 0.17127076 0.25651490 0.32009194	0.99885042 0.93363500 0.79008988 0.55822794 0.27350292 0.05881877	1.34332527 1.44191891 1.71831152 2.48032827 5.37816763 42.00259275

TABLE 3.98 $\alpha_p = 1.00$ dB $\alpha_s = 120$ dB

n	ω_s	K	a_i	b_i	ω_{zi}^2
4	13.26048	1.00000000E-06	0.27841470	0.98684744	205.89899354
			0.67449499	0.28026862	1197.20983296
5	6.02662	2.99223647E-05	0.17652436	0.98871063	40.10106295
			0.46819370	0.43339776	104.16922075
			0.29169927		
6	3.59632	1.00000000E-06	0.11953727	0.99139581	13.82534565
			0.33589317	0.56892617	25.35696854
			0.47199065	0.12971183	185.99841587
7	2.51953	1.69046285E-05	0.08393879	0.99361304	6.65133400
			0.24624405	0.67447403	10.05281512
			0.37699112	0.24734681	31.48650044
			0.21470277		
8	1.95780	1.00000000E-06	0.06012132	0.99529540	3.96301049
			0.18245734	0.75504141	5.30257596
			0.29907950	0.37783453	11.22184835
			0.37654314	0.08138671	87.33763228
9	1.63271	1.31098588E-05	0.04352601	0.99654401	2.73084361
			0.13569112	0.81633135	3.36574576
			0.23516996	0.50005408	5.66220641
			0.32213163	0.17467385	18.65684792
			0.17913988		
10	1.43111	1.00000000E-06	0.03169333	0.99746408	2.08435240
			0.10090705	0.86281750	2.42533871
			0.18294880	0.60655208	3.51320102
			0.26920681	0.29210599	7.73805901
			0.32909996	0.06192290	61.23468605
11	1.30001	1.15743862E-05	0.02314834	0.99814019	1.71181546
			0.07491230	0.89791937	1.91159195
			0.14077257	0.69538026	2.49795593
			0.21988361	0.41372179	4.33190147
			0.29235333	0.14252918	14.48089388
			0.16148991		
12	1.21185	1.00000000E-06	0.01693487	0.99863648	1.48241978
			0.05549093	0.92428971	1.60691032
			0.10723381	0.76718604	1.95194471
			0.17582274	0.52770383	2.89233833
			0.25138052	0.25135693	6.44387377
			0.30475836	0.05304113	51.23698993

TABLE 3.99 $\alpha_p = 1.00$ dB $\alpha_s = 150$ dB

n	ω_s	K	a_i	b_i	ω_{zi}^2
5	11.96459	1.88795128E-06	0.17836924	0.98854485	158.19826011
			0.46847076	0.43042928	413.29344862
			0.29010340		
6	6.30901	3.16227766E-08	0.12283178	0.99096364	42.62485804
			0.33857742	0.56128611	79.10196141
			0.46663378	0.12628398	587.13783001
7	4.01968	8.75739331E-07	0.08857688	0.99304038	16.97303001
			0.25247934	0.66134668	26.11025090
			0.37275330	0.23667031	83.64358595
			0.20885172		
8	2.89098	3.16227766E-08	0.06570773	0.99465048	8.66790930
			0.19222268	0.73704758	11.85819769
			0.29889515	0.35627686	25.92558445
			0.36228484	0.07480574	206.64598095
9	2.25924	6.09328392E-07	0.04959151	0.99588020	5.24625323
			0.14817672	0.79496102	6.62865687
			0.24035281	0.46698088	11.60631748
			0.31013575	0.15682687	39.69294871
			0.16836876		
10	1.87386	3.16227766E-08	0.03782176	0.99682078	3.58558797
			0.11499942	0.83978746	4.28069663
			0.19325564	0.56396350	6.48088655
			0.26295238	0.25836645	14.97315948
			0.30579061	0.05298049	122.28321245
11	1.62408	5.03255849E-07	0.02902793	0.99754297	2.68029695
			0.08953967	0.87475291	3.06907465
			0.15500229	0.64666676	4.19652231
			0.22075720	0.36366659	7.68457138
			0.27270747	0.11944760	26.88770077
			0.14644133		
12	1.45493	3.16227766E-08	0.02236328	0.99809926	2.14313271
			0.06979758	0.90213257	2.37824536
			0.12384507	0.71595682	3.01912575
			0.18340977	0.46441127	4.73681256
			0.23903935	0.20875580	11.15944802
			0.27400549	0.04245016	91.92543090

TABLE 3.100 $\alpha_p = 1.00$ dB $\alpha_s = 200$ dB

n	ω_s	K	a_i	b_i	ω_{zi}^2
6	16.38604	1.00000000E-10	0.12423335	0.99104113	287.68873963
			0.33981758	0.55847877	536.31239410
			0.46470982	0.12503462	3997.49497931
7	9.03293	6.30253244E-09	0.09088860	0.99280437	85.81557240
			0.25550223	0.65503985	133.15689813
			0.37071565	0.23168235	431.18312720
			0.20610203		
8	5.79643	1.00000000E-10	0.06898286	0.99427622	34.90785250
			0.19770499	0.72678667	48.37353636
			0.29857134	0.34450351	107.72272033
			0.35444357	0.07132506	869.98448174
9	4.12193	3.65405208E-09	0.05369129	0.99542231	17.50273150
			0.15620261	0.78093304	22.48422244
			0.24313943	0.44644311	40.40062569
			0.30244863	0.14629847	141.42108399
			0.16182053		
10	3.15411	1.00000000E-10	0.04251712	0.99631344	10.18498819
			0.12522843	0.82268373	12.39738861
			0.19978547	0.53430580	19.38350413
			0.25787970	0.23642788	46.29838813
			0.29015950	0.04742093	386.18783218
11	2.54862	2.68989299E-09	0.03406819	0.99701380	6.61886234
			0.10139899	0.85551647	7.74080791
			0.16518440	0.60894178	10.98079213
			0.21996038	0.32794814	20.96651316
			0.25788202	0.10405243	75.84357163
			0.13577524		
12	2.14703	1.00000000E-10	0.02751860	0.99757065	4.68030943
			0.08264567	0.88174332	5.30869171
			0.13708847	0.67209424	7.01037176
			0.18755331	0.41491415	11.54119162
			0.22785718	0.17819579	28.41650267
			0.25060158	0.03525027	240.38628654

TABLES WITH PRESCRIBED α_p AND α_s

TABLE 3.101 $\alpha_p = 2.00$ dB $\alpha_s = 25$ dB

n	ω_s	K	a_i	b_i	ω_{zi}^2
2	2.51289	5.62341325E-02	0.77327791	0.85715550	12.10764320
3	1.35712	1.90442427E-01	0.26637531 0.45681774	0.93920527	2.25288890
4	1.10802	5.62341325E-02	0.09119793 0.60054841	0.97874061 0.42787272	1.31300471 4.50521916
5	1.03511	1.65369260E-01	0.03089413 0.26616091 0.40063604	0.99278112 0.74376849	1.09591923 1.63233004

TABLE 3.102 $\alpha_p = 2.00$ dB $\alpha_s = 30$ dB

n	ω_s	K	a_i	b_i	ω_{zi}^2
2	3.29212	3.16227766E-02	0.78715225	0.84255529	21.16403207
3	1.55684	1.29956709E-01	0.29746711 0.42742382	0.92436935	3.04022380
4	1.18278	3.16227766E-02	0.11488360 0.58416986	0.96990304 0.36914921	1.52281093 5.90587532
5	1.06593	1.06257761E-01	0.04407274 0.29482122 0.35700624	0.98840468 0.67616422	1.17339342 1.91363226
6	1.02459	3.16227766E-02	0.01682896 0.12608843 0.54600187	0.99556966 0.86116319 0.32108466	1.06273023 1.27841857 5.08956381

TABLE 3.103 $\quad \alpha_p = 2.00$ dB $\quad \alpha_s = 35$ dB

n	ω_s	K	a_i	b_i	ω_{zi}^2
2	4.34547	1.77827941E-02	0.79461009	0.83412872	37.25916122
3	1.81439	8.86169768E-02	0.31952939 0.40814637	0.91315286	4.20574065
4	1.28214	1.77827941E-02	0.13516055 0.56823964	0.96180154 0.32808351	1.81703678 7.75722066
5	1.10982	6.78464071E-02	0.05718231 0.31421409 0.32487819	0.98373084 0.61915583	1.28432195 2.27088972
6	1.04469	1.77827941E-02	0.02409968 0.15011446 0.51701335	0.99313525 0.81726467 0.26964463	1.11069975 1.40719255 6.25478941
7	1.01852	6.49530692E-02	0.01013373 0.06668771 0.30299810 0.31139720	0.99711283 0.91875882 0.57002912	1.04504679 1.15393276 2.07606837

TABLE 3.104 $\quad \alpha_p = 2.00$ dB $\quad \alpha_s = 40$ dB

n	ω_s	K	a_i	b_i	ω_{zi}^2
2	5.76112	1.00000000E-02	0.79869733	0.82932954	65.87598699
3	2.13922	6.04015034E-02	0.33495053 0.39535203	0.90498693	5.92350196
4	1.40842	1.00000000E-02	0.15184775 0.55455024	0.95481598 0.29906465	2.22072847 10.21384582
5	1.16810	4.31368053E-02	0.06946608 0.32712653 0.30079726	0.97913138 0.57257332	1.43574396 2.72283284
6	1.07316	1.00000000E-02	0.03171933 0.17038785 0.49054754	0.99045237 0.77585231 0.23152608	1.17859504 1.56961218 7.63933597
7	1.03262	4.04994740E-02	0.01445314 0.08272803 0.31093996 0.28316454	0.99564780 0.89101750 0.50932553	1.07755070 1.22694470 2.38953943

TABLE 3.105 $\quad \alpha_p = 2.00$ dB $\quad \alpha_s = 45$ dB

n	ω_s	K	a_i	b_i	ω_{zi}^2
2	7.65743	5.62341325E-03	0.80097007	0.82662866	116.76440211
3	2.54327	4.11603149E-02	0.34563086 0.38679117	0.89917865	8.44974990
4	1.56426	5.62341325E-03	0.16521635 0.54342744	0.94903226 0.27833295	2.76778487 13.48072571
5	1.24193	2.73504633E-02	0.08050193 0.33566583 0.28251437	0.97485024 0.53517751	1.63633758 3.29335620
6	1.11091	5.62341325E-03	0.03926714 0.18707660 0.46741966	0.98769623 0.73839941 0.20293008	1.26997339 1.77163358 9.29164557
7	1.05241	2.51077391E-02	0.01912549 0.09769678 0.31416370 0.26070015	0.99400315 0.86307044 0.45847019	1.12308138 1.31921484 2.75646209
8	1.02513	5.62341325E-03	0.00930422 0.04922591 0.18237139 0.44951997	0.99708216 0.93096870 0.68484458 0.18753391	1.05800637 1.14395737 1.62543129 8.55994789

TABLE 3.106 $\alpha_p = 2.00$ dB $\alpha_s = 50$ dB

n	ω_s	K	a_i	b_i	ω_{zi}^2
2	10.19292	3.16227766E-03	0.80225587	0.82514182	207.26625536
3	3.04137	2.80452384E-02	0.35298565 0.38103089	0.89510793	12.16120080
4	1.75285	3.16227766E-03	0.17572879 0.53465414	0.94437470 0.26337391	3.50393696 17.83038872
5	1.33243	1.73104196E-02	0.09012144 0.34130969 0.26849867	0.97101874 0.50544224	1.89710802 4.01274560
6	1.15868	3.16227766E-03	0.04644290 0.20061067 0.44767670	0.98500333 0.70548111 0.18121664	1.38885977 2.02068237 11.27105886
7	1.07859	1.55002060E-02	0.02392449 0.11124658 0.31443178 0.24260989	0.99226628 0.83611379 0.41631502	1.18377572 1.43342453 3.18597581
8	1.03963	3.16227766E-03	0.01231248 0.05956663 0.19403966 0.42492004	0.99601879 0.91216786 0.63838985 0.16305030	1.09054359 1.20300760 1.79599158 10.08170950
9	1.02017	1.50696113E-02	0.00633210 0.03127925 0.11029756 0.30629982 0.23601908	0.99795241 0.95386708 0.79423855 0.39424398	1.04554120 1.09959466 1.34930410 3.00936709

TABLE 3.107 $\alpha_p = 2.00$ dB $\alpha_s = 55$ dB

n	ω_s	K	a_i	b_i	ω_{zi}^2
2	13.57979	1.77827941E-03	0.80300898	0.82437236	368.23360760
3	3.65188	1.91079800E-02	0.35803237 0.37714035	0.89228257	17.61126820
4	1.97802	1.77827941E-03	0.18388800 0.52785214	0.94069620 0.25248897	4.49063366 23.62567227
5	1.44084	1.09435311E-02	0.09832308 0.34505356 0.25767401	0.96768571 0.48191178	2.23210865 4.91925886
6	1.21714	1.77827941E-03	0.05305962 0.21149553 0.43104816	0.98246736 0.67710537 0.16454141	1.54003506 2.32593166 13.64966636
7	1.11168	9.53969711E-03	0.02866576 0.12325031 0.31295336 0.22790850	0.99051310 0.81092184 0.38155530	1.26189480 1.57277756 3.68919991
8	1.05872	1.77827941E-03	0.01547861 0.06948438 0.20290394 0.40337354	0.99487505 0.89325487 0.59677127 0.14381618	1.13357066 1.27606107 1.99420603 11.81053287
9	1.03124	9.18218840E-03	0.00835277 0.03840533 0.12182626 0.30222785 0.21963633	0.99723404 0.94097597 0.75750082 0.35471855	1.06991802 1.14038166 1.44786036 3.41407619
10	1.01672	1.77827941E-03	0.00450543 0.02098952 0.06978429 0.19930864 0.39540327	0.99850793 0.96773791 0.86102624 0.57373192 0.13816670	1.03710337 1.07337411 1.22042125 1.91275834 11.33691835

TABLE 3.108 $\alpha_p = 2.00$ dB $\alpha_s = 60$ dB

n	ω_s	K	a_i	b_i	ω_{zi}^2
2	18.10188	1.00000000E-03	0.80348646	0.82405183	654.56763715
3	4.39732	1.30184240E-02	0.36148794	0.89033501	25.61263374
			0.37450636		
4	2.24439	1.00000000E-03	0.19016224	0.93783090	5.81019969
			0.52263428	0.24451417	31.34999682
5	1.56860	6.91344671E-03	0.10520203	0.96484649	2.65926422
			0.34755379	0.46333039	6.06114348
			0.24926521		
6	1.28692	1.00000000E-03	0.05902131	0.98014430	1.72931167
			0.22021584	0.65296821	2.69863909
			0.41715460	0.15160279	16.51471870
7	1.15215	5.85819967E-03	0.03321299	0.98880294	1.35996340
			0.13372374	0.78791973	1.74111648
			0.31052810	0.35294840	4.27944250
			0.21587556		
8	1.08281	1.00000000E-03	0.01869228	0.99369409	1.18852845
			0.07877107	0.87482093	1.36483041
			0.20954021	0.56003414	2.22393126
			0.38463577	0.12854652	13.77961479
9	1.04572	5.57479008E-03	0.01051551	0.99645182	1.10191195
			0.04550709	0.92763649	1.19086437
			0.13174487	0.72271242	1.56233678
			0.29705626	0.32150881	3.86891875
			0.20587777		
10	1.02544	1.00000000E-03	0.00591218	0.99800432	1.05604770
			0.02598315	0.95867422	1.10311983
			0.07911764	0.83335209	1.28429940
			0.20465094	0.53137343	2.10173844
			0.37450028	0.12182898	13.03860940

TABLES WITH PRESCRIBED α_p AND α_s

TABLE 3.109 $\alpha_p = 2.00$ dB $\alpha_s = 65$ dB

n	ω_s	K	a_i	b_i	ω_{zi}^2
3	5.30522	8.86944195E-03	0.36385164	0.88900035	37.35851447
			0.37272108		
4	2.55744	5.62341325E-04	0.19495498	0.93562123	7.57271774
			0.51865910	0.23863968	41.64769403
5	1.71736	4.36549858E-03	0.11090090	0.96246574	3.20136521
			0.34923855	0.44866584	7.49919460
			0.24270315		
6	1.36872	5.62341325E-04	0.06429818	0.97806076	1.96381274
			0.22719520	0.63262285	3.15255980
			0.40560293	0.14147097	19.97168230
7	1.20040	3.59164325E-03	0.03747479	0.98717817	1.48090328
			0.14276495	0.76727557	1.94304405
			0.30766876	0.32940146	4.97249506
			0.20597024		
8	1.11226	5.62341325E-04	0.02186324	0.99251266	1.25694670
			0.08731028	0.85728378	1.47128864
			0.21444916	0.52793384	2.48976036
			0.36841022	0.11630820	16.02795833
9	1.06395	3.37512009E-03	0.01275369	0.99563097	1.14252024
			0.05241354	0.91424601	1.25210720
			0.14017554	0.69039475	1.69449675
			0.29138417	0.29360798	4.38064593
			0.19424360		
10	1.03678	5.62341325E-04	0.00743711	0.99745182	1.08072868
			0.03109389	0.94911109	1.13994089
			0.08768833	0.80610236	1.35867955
			0.20813033	0.49361722	2.31319411
			0.35600054	0.10856098	14.91884162

TABLE 3.110 $\alpha_p = 2.00$ dB $\alpha_s = 70$ dB

n	ω_s	K	a_i	b_i	ω_{zi}^2
3	6.40914	6.04270720E-03	0.36546875 0.37151145	0.88809211	54.60075776
4	2.92363	3.16227766E-04	0.19859848 0.51564469	0.93392967 0.23429407	9.92521943 55.37775664
5	1.88906	2.75580192E-03	0.11557815 0.35038602 0.23756367	0.96049317 0.43709017	3.88730217 9.30998645
6	1.46330	3.16227766E-04	0.06890479 0.23278593 0.39602743	0.97622245 0.61558098 0.13347292	2.25227502 3.70445219 24.14803113
7	1.25686	2.19945892E-03	0.04139728 0.15051229 0.30469372 0.19777818	0.98566610 0.74898428 0.30999243	1.62816055 2.18405834 5.78701572
8	1.14735	3.16227766E-04	0.02492273 0.09505434 0.21804226 0.35439573	0.99135987 0.84090931 0.50007646 0.10641446	1.34051540 1.59773143 2.79709271 18.60094961
9	1.08620	2.03890130E-03	0.01500898 0.05900222 0.14728199 0.28560119 0.18435134	0.99479444 0.90112208 0.66080190 0.27013893	1.19276363 1.32528307 1.84642388 4.95713898
10	1.05100	3.16227766E-04	0.00903714 0.03619979 0.09544849 0.21020205 0.33965717	0.99686508 0.93930694 0.77982149 0.46020933 0.09769105	1.11187554 1.18457065 1.44453004 2.54959857 16.99940739
11	1.03038	1.98508653E-03	0.00544039 0.02204438 0.06016320 0.14439640 0.27846675 0.17961483	0.99811283 0.96303430 0.86113563 0.62854380 0.25653653	1.06588384 1.10727002 1.24735978 1.74650170 4.69695402

TABLE 3.111 $\alpha_p = 2.00$ dB $\alpha_s = 75$ dB

n	ω_s	K	a_i	b_i	ω_{zi}^2
3	7.74990	4.11685838E-03	0.36657703 0.37069389	0.88748133	79.91139751
4	3.35053	1.77827941E-04	0.20135875 0.51336634	0.93264185 0.23106911	13.06395788 73.68549647
5	2.08595	1.73933461E-03	0.11938951 0.35117697 0.23352679	0.95887377 0.42794745	4.75361494 11.58994705
6	1.57150	1.77827941E-04	0.07288283 0.23727298 0.38810492	0.97462124 0.60136803 0.12711499	2.60539541 4.37469538 29.19789251
7	1.32192	1.34577660E-03	0.04495574 0.15711746 0.30179273 0.19097678	0.98428179 0.73293364 0.29396089	1.80583276 2.47070788 6.74500583
8	1.18838	1.77827941E-04	0.02782214 0.10200350 0.22064591 0.34230853	0.99025719 0.82584202 0.47600945 0.09835354	1.44115311 1.74683940 3.15222763 21.55112168
9	1.11271	1.22958836E-03	0.01723318 0.06519288 0.15323959 0.27995227 0.17590196	0.99396166 0.88850176 0.63399630 0.25035747	1.25372650 1.41171069 2.02054898 5.60748669
10	1.06833	1.77827941E-04	0.01067485 0.04120328 0.10240062 0.21123368 0.32523196	0.99625872 0.92948474 0.75488544 0.43079502 0.08871533	1.15021696 1.23778546 1.54297294 2.81384316 19.30551870
11	1.04176	1.18902153E-03	0.00660904 0.02584543 0.06660897 0.14958170 0.27131836 0.17029993	0.99768186 0.95575642 0.84042540 0.59595345 0.23479891	1.09049006 1.14113662 1.30745239 1.88373739 5.24041927

TABLE 3.112 $\alpha_p = 2.00$ dB $\alpha_s = 80$ dB

n	ω_s	K	a_i	b_i	ω_{zi}^2
3	9.37711	2.80479242E-03	0.36733987 0.37014466	0.88708037	117.06679823
4	3.84697	1.00000000E-04	0.20344477 0.51164862	0.93166569 0.22867013	17.25078963 98.09809115
5	2.31060	1.09766137E-03	0.12247817 0.35172922 0.23034871	0.95755371 0.42072113	5.84644408 14.46049204
6	1.69431	1.00000000E-04	0.07628867 0.24088327 0.38155763	0.97324070 0.58955009 0.12203038	3.03623998 5.18804080 35.30770292
7	1.39606	8.22936701E-04	0.04814670 0.16272992 0.29907194 0.18531164	0.98303104 0.71895195 0.28068723	2.01880244 2.81077283 7.87238763
8	1.23561	1.00000000E-04	0.03053015 0.10818909 0.22251300 0.33189136	0.98921926 0.81213561 0.45527561 0.09173957	1.56107231 1.92174369 3.56248229 24.93911482
9	1.14369	7.40533228E-04	0.01938869 0.07093955 0.15821779 0.27458403 0.16865763	0.99314824 0.87654927 0.60991224 0.23364193	1.32659635 1.51289012 2.21968386 6.34209415
10	1.08897	1.00000000E-04	0.01231744 0.04603032 0.10857983 0.21151418 0.31250427	0.99564579 0.91982673 0.73152828 0.40497952 0.08125077	1.19650397 1.30042821 1.65530016 3.10925450 21.86598343
11	1.05560	7.10773790E-04	0.00782490 0.02964777 0.07261810 0.15373660 0.26440861 0.16217805	0.99723351 0.94834275 0.82023922 0.56613588 0.21620572	1.12064227 1.18145846 1.37633313 2.03656220 5.83773711

TABLES WITH PRESCRIBED α_p AND α_s

TABLE 3.113 $\quad \alpha_p = 2.00$ dB $\quad \alpha_s = 85$ dB

n	ω_s	K	a_i	b_i	ω_{zi}^2
3	11.35104	1.91089706E-03	0.36786939 0.36978028	0.88683100	171.61186985
4	4.42327	5.62341325E-05	0.20501871 0.51035637	0.93092863 0.22688270	22.83503710 130.65199603
5	2.56598	6.92663182E-04	0.12497050 0.35212004 0.22784220	0.95648363 0.41500533	7.22399130 18.07449044
6	1.83284	5.62341325E-05	0.07918466 0.24379611 0.37615066	0.97206008 0.57974421 0.11794317	3.56073461 6.17452581 42.70307235
7	1.47976	5.03002140E-04	0.05098130 0.16748848 0.29658421 0.18058002	0.98191294 0.70684042 0.26966952	2.27288419 3.21347815 9.19969520
8	1.28931	5.62341325E-05	0.03302945 0.11366097 0.22383632 0.32291616	0.98825504 0.79977972 0.43744278 0.08627842	1.70284412 2.12609760 4.03633472 28.83484311
9	1.17933	4.45532443E-04	0.02144780 0.07622265 0.16237106 0.26957721 0.16242653	0.99236602 0.86536769 0.58840483 0.21947752	1.41270160 1.63053766 2.44706256 7.17282302
10	1.11307	5.62341325E-05	0.01393720 0.05062794 0.11404039 0.21126618 0.30127419	0.99503728 0.91047424 0.70987182 0.38236554 0.07500269	1.25153378 1.37343073 1.78299079 3.43962181 24.71345078
11	1.07206	4.24193044E-04	0.00905783 0.03338982 0.07816702 0.15703465 0.25784535 0.15506999	0.99677410 0.94092827 0.80083331 0.53903574 0.20025839	1.15689063 1.22881976 1.45477659 2.20654472 6.49498817
12	1.04624	5.62341325E-05	0.00587580 0.02190657 0.05265075 0.11203984 0.20539621	0.99789969 0.96123088 0.86576164 0.67054887 0.36020164	1.09929474 1.14320664 1.27544060 1.66730423 3.22562858
12	1.04624	5.62341325E-05	0.29230353	0.07058620	23.19960032

TABLE 3.114 $\alpha_p = 2.00$ dB $\alpha_s = 90$ dB

n	ω_s	K	a_i	b_i	ω_{zi}^2
3	13.74486	1.30189917E-03	0.36824246 0.36954436	0.88669585	251.68880621
4	5.09137	3.16227766E-05	0.20620523 0.50938641	0.93037441 0.22554978	30.28266167 174.06286086
5	2.85546	4.37074923E-04	0.12697497 0.35240043 0.22586253	0.95561998 0.41048125	8.95962126 22.62440661
6	1.98834	3.16227766E-05	0.08163361 0.24615272 0.37168726	0.97105700 0.57161979 0.11464339	4.19825792 7.37058275 51.65710426
7	1.57358	3.07352179E-04	0.05348008 0.17151765 0.29434914 0.17661892	0.98092209 0.69639385 0.26050191	2.57499166 3.68974503 10.76289488
8	1.34979	3.16227766E-05	0.03531361 0.11847844 0.22476111 0.31518337	0.98736891 0.78872138 0.42211790 0.08174352	1.86946501 2.36415686 4.58359385 33.31888182
9	1.21983	2.67833251E-04	0.02339152 0.08104190 0.16583514 0.26496910 0.15705218	0.99162345 0.85501131 0.56928539 0.20743991	1.51354798 1.76662157 2.70639079 8.11316369
10	1.14080	3.16227766E-05	0.01551225 0.05496139 0.11884602 0.21065850 0.29136310	0.99444217 0.90153077 0.68995367 0.36257490 0.06974195	1.31617294 1.45783513 1.92773039 3.80923434 27.88473204
11	1.09127	2.52823044E-04	0.01029052 0.03702580 0.08325254 0.15962908 0.25168846 0.14882954	0.99631212 0.93362271 0.78238588 0.51452811 0.18654100	1.19980461 1.28384855 1.54365624 2.39546832 7.21902209
12	1.05963	3.16227766E-05	0.00682926 0.02482231 0.05734372 0.11642204 0.20378200 0.28110674	0.99755392 0.95548892 0.84998031 0.64514151 0.33783173 0.06489811	1.12839403 1.18018310 1.33322668 1.77821472 3.52672440 25.85166162

TABLES WITH PRESCRIBED α_p AND α_s

TABLE 3.115 $\alpha_p = 2.00$ dB $\alpha_s = 95$ dB

n	ω_s	K	a_i	b_i	ω_{zi}^2
3	16.64736	8.86999143E-04	0.36851177 0.36939877	0.88665255	369.25442680
4	5.86515	1.77827941E-05	0.20709968 0.50866050	0.92996001 0.22455579	40.21519046 231.95214561
5	3.18287	2.75789061E-04	0.12858295 0.35260441 0.22429725	0.95492539 0.40689835	11.14577102 28.35255218
6	2.16222	1.77827941E-05	0.08369535 0.24806435 0.36800366	0.97020927 0.56489550 0.11196952	4.97235958 8.82038437 62.50047463
7	1.67814	1.87760453E-04	0.05566897 0.17492662 0.29236622 0.17329633	0.98005028 0.68741328 0.25285601	2.93333091 4.25248776 12.60435581
8	1.41734	1.77827941E-05	0.03738421 0.12270423 0.22539591 0.30851987	0.98656183 0.77888137 0.40895204 0.07795867	2.06442818 2.64087085 5.21559907 38.48409618
9	1.26538	1.60908217E-04	0.02520813 0.08541049 0.16872641 0.26076887 0.15240573	0.99092606 0.84549725 0.55234587 0.19717995	1.63085433 1.92339964 3.00190398 9.17844035
10	1.17229	1.77827941E-05	0.01702594 0.05901068 0.12306333 0.20981736 0.28261260	0.99386745 0.89306701 0.67175120 0.34525973 0.06528867	1.39137972 1.55481462 2.09143294 4.22292858 31.42119985
11	1.11337	1.50521211E-04	0.01150655 0.04052087 0.08788592 0.16165154 0.24596534 0.14333591	0.99585430 0.92651399 0.76500983 0.49244708 0.17470717	1.24998767 1.34723065 1.64395595 2.60534438 8.01750792
12	1.07526	1.77827941E-05	0.00777961 0.02769489 0.06176117 0.12019803 0.20191859 0.27107002	0.99719807 0.94975733 0.83467909 0.62154087 0.31803800 0.06004023	1.16272327 1.22305333 1.39859168 1.90105767 3.85625581 28.74291884

TABLE 3.116 $\alpha_p = 2.00$ dB $\alpha_s = 100$ dB

n	ω_s	K	a_i	b_i	ω_{zi}^2
4	6.76067	1.00000000E-05	0.20777462	0.92965294	53.46165884
			0.50811962	0.22381540	309.14937563
5	3.55255	1.74016380E-04	0.12987036	0.95436843	13.89887595
			0.35275493	0.40405951	35.56399453
			0.22305859		
6	2.35609	1.00000000E-05	0.08542489	0.96949590	5.91163180
			0.24961883	0.55933415	10.57747539
			0.36496402	0.10979614	75.63364001
7	1.79414	1.14683495E-04	0.05757643	0.97928771	3.35762659
			0.17780981	0.67971296	4.91696443
			0.29062333	0.24646560	14.77399575
			0.17050464		
8	1.49233	1.00000000E-05	0.03924848	0.98583224	2.29180234
			0.12640054	0.77016619	2.96198724
			0.22582122	0.39764010	5.94545287
			0.30277617	0.07478554	44.43753915
9	1.31618	9.66231856E-05	0.02689177	0.99027701	1.76658900
			0.08935043	0.83681549	2.10346009
			0.17114307	0.53737480	3.33843486
			0.25696806	0.18841031	10.38605061
			0.14838026		
10	1.20769	1.00000000E-05	0.01846627	0.99331825	1.47822559
			0.06276744	0.88512638	1.66569448
			0.12675764	0.65520096	2.27626576
			0.20883586	0.33010698	4.68614515
			0.27488301	0.06150039	35.36926816
11	1.13846	8.95352816E-05	0.01269207	0.99540592	1.30809172
			0.04384997	0.91966929	1.41972314
			0.09208793	0.74876564	1.75678200
			0.16321294	0.47260622	2.83842944
			0.24068171	0.16446851	8.89899819
			0.13848833		
12	1.09322	1.00000000E-05	0.00872528	0.99684052	1.20272493
			0.03049801	0.94410276	1.27229876
			0.06589023	0.81998697	1.47216187
			0.12344128	0.59973995	2.03692700
			0.19991303	0.30052187	4.21712632
			0.26206668	0.05587080	31.89868351

TABLE 3.117 $\alpha_p = 2.00$ dB $\alpha_s = 110$ dB

n	ω_s	K	a_i	b_i	ω_{zi}^2
4	8.99438	3.16227766E-06	0.20867312 0.50742695	0.92927056 0.22285931	94.68916444 549.37978225
5	4.43892	6.92791599E-05	0.13172166 0.35295349 0.22130111	0.95356777 0.40002589	21.73053060 56.07255056
6	2.81103	3.16227766E-06	0.08807873 0.25192023 0.36038658	0.96839755 0.55093852 0.10657858	8.43183694 15.28685076 110.81192870
7	2.06363	4.27715893E-05	0.06066243 0.18231016 0.28778174 0.16617679	0.97804860 0.66749457 0.23662499	4.45222209 6.62642929 20.34357883
8	1.66617	3.16227766E-06	0.04240435 0.13243765 0.22626524 0.29355172	0.98459115 0.75571204 0.37955832 0.06985839	2.86348028 3.76515096 7.76159533 59.22181884
9	1.43437	3.48044142E-05	0.02985849 0.09605659 0.17486619 0.25048244 0.14184916	0.98912745 0.82182043 0.51253061 0.17443594	2.10269688 2.54570885 4.15734553 13.30993298
10	1.29075	3.16227766E-06	0.02109829 0.06941140 0.13281825 0.20670325 0.26201034	0.99230936 0.87088364 0.62668519 0.30521247 0.05548600	1.69181330 1.93534744 2.71943209 5.78634017 44.71453809
11	1.19805	3.16159693E-05	0.01493264 0.04995234 0.09930725 0.16530441 0.23139021 0.13040498	0.99455399 0.90694978 0.71972183 0.43887642 0.14785509	1.45099503 1.59550185 2.02512958 3.38460749 10.95010027
12	1.13653	3.16227766E-06	0.01057659 0.03581591 0.07327779 0.12859911 0.19577145 0.24672372	0.99614170 0.93323577 0.79275763 0.56131583 0.27127239 0.04916339	1.30165232 1.39204700 1.64677856 2.35277349 5.04611810 39.11884212

TABLE 3.118 $\alpha_p = 2.00$ dB $\alpha_s = 120$ dB

n	ω_s	K	a_i	b_i	ω_{zi}^2
4	11.97938	1.00000000E-06	0.20920019	0.92910404	168.02596712
			0.50707287	0.22234890	976.61397828
5	5.56178	2.75807311E-05	0.13290168	0.95306189	34.14558691
			0.35307303	0.39749196	88.57767871
			0.22019893		
6	3.36990	1.00000000E-06	0.08992035	0.96763321	12.13464916
			0.25346015	0.54520943	22.20087926
			0.35727069	0.10442568	162.43665149
7	2.38925	1.59478036E-05	0.06295644	0.97712334	5.97831397
			0.18553027	0.65859769	9.00478694
			0.28565729	0.22968038	28.07972304
			0.16309941		
8	1.87483	1.00000000E-06	0.04489033	0.98360844	3.63225713
			0.13701011	0.74458009	4.84066486
			0.22640214	0.36617558	10.18348893
			0.28668361	0.06632202	78.90464408
9	1.57635	1.25253065E-05	0.03231696	0.98816955	2.54414659
			0.10140218	0.80967287	3.12253708
			0.17750355	0.49327654	5.21698630
			0.24530621	0.16407196	17.07704886
			0.13690041		
10	1.39117	1.00000000E-06	0.02338089	0.99142940	1.96858357
			0.07496247	0.85879580	2.28129391
			0.13745630	0.60356028	3.28081099
			0.20459844	0.28606041	7.16823239
			0.25193259	0.05102736	56.41633412
11	1.27089	1.11424771E-05	0.01695842	0.99377929	1.63521397
			0.05527905	0.89567680	1.81916239
			0.10514868	0.69509893	2.36052359
			0.16645687	0.41186152	4.05784787
			0.22366013	0.13521452	13.46172828
			0.12404244		
12	1.19023	1.00000000E-06	0.01231525	0.99548065	1.42939136
			0.04065157	0.92320562	1.54422461
			0.07955428	0.76865812	1.86362293
			0.13237121	0.52920861	2.73725992
			0.19176348	0.24826400	6.04375806
			0.23432432	0.04409821	47.77309257

TABLE 3.119 $\alpha_p = 2.00$ dB $\alpha_s = 150$ dB

n	ω_s	K	a_i	b_i	ω_{zi}^2
5	11.03126	1.74020500E-06	0.13445426	0.95248245	134.47387742
			0.35327459	0.39431662	351.20027638
			0.21882207		
6	5.90018	3.16227766E-08	0.09266734	0.96650156	37.27509774
			0.25568242	0.53683530	69.11921462
			0.35273255	0.10134062	512.63656506
7	3.79978	8.26214879E-07	0.06678281	0.97557413	15.16382632
			0.19067845	0.64410177	23.29646791
			0.28210473	0.21874347	74.50606899
			0.15820991		
8	2.75660	3.16227766E-08	0.04945184	0.98179464	7.87883468
			0.14501173	0.72470789	10.75955323
			0.22624589	0.34337319	23.46322947
			0.27488399	0.06050249	186.67203260
9	2.16995	5.82315347E-07	0.03722126	0.98624573	4.83838338
			0.11154634	0.78614761	6.10039111
			0.18176468	0.45800019	10.64565784
			0.23548659	0.14605843	36.29645218
			0.12804758		
10	1.81106	3.16227766E-08	0.02828977	0.98952321	3.34827202
			0.08631304	0.83356857	3.98816862
			0.14586031	0.55812350	6.01454846
			0.19958305	0.25085189	13.83880790
			0.23291196	0.04318979	112.71979045
11	1.57812	4.84819070E-07	0.02162571	0.99198083	2.52998923
			0.06695855	0.87044982	2.89014058
			0.11665154	0.64330095	3.93537185
			0.16730112	0.35915834	7.17130258
			0.20779010	0.11209487	24.99224499
			0.11180816		
12	1.42034	3.16227766E-08	0.01658743	0.99384439	2.04184831
			0.05197729	0.89923343	2.26063929
			0.09286514	0.71446721	2.85769661
			0.13864133	0.46254055	4.45973262
			0.18197758	0.20412311	10.45393486
			0.20946663	0.03486337	85.84698529

TABLE 3.120 $\alpha_p = 2.00$ dB $\alpha_s = 200$ dB

n	ω_s	K	a_i	b_i	ω_{zi}^2
6	15.31135	1.00000000E-10	0.09383422	0.96623891	251.19305280
			0.25669943	0.53369715	468.22986502
			0.35108200	0.10020566	3489.83538287
7	8.52525	5.94617519E-09	0.15591080		
			0.28038768	0.21363591	383.85021216
			0.19317028	0.63712058	118.57606478
			0.06869339	0.97484094	76.43800198
8	5.51302	1.00000000E-10	0.05213579	0.98073052	31.57576967
			0.14950525	0.71336298	43.73714574
			0.22596012	0.33093922	97.33816542
			0.26839474	0.05743537	785.77890904
9	3.94508	3.49229994E-09	0.04055428	0.98493119	16.03167102
			0.11808063	0.77067345	20.58172528
			0.18403231	0.43611652	36.94675128
			0.22917801	0.13547447	129.22113188
			0.12267205		
10	3.03485	1.00000000E-10	0.03207864	0.98804096	9.42837702
			0.09458528	0.81476525	11.46738054
			0.15116240	0.52647230	17.90626226
			0.19546007	0.22803814	42.71377524
			0.22016534	0.03834663	355.99477076
11	2.46359	2.59199101E-09	0.02566457	0.99041167	6.18384908
			0.07648684	0.84938688	7.22537549
			0.12487631	0.60309987	10.23340692
			0.16668692	0.32163055	19.50503436
			0.19578513	0.09676417	70.45980833
			0.10315227		
12	2.08387	1.00000000E-10	0.02069136	0.99225881	4.40840668
			0.06223499	0.87700621	4.99518628
			0.10350167	0.66786516	6.58446553
			0.14203132	0.41041036	10.81671105
			0.17300775	0.17260567	26.58149945
			0.19056800	0.02863277	224.60767867

TABLES WITH PRESCRIBED α_p AND α_s

TABLE 3.121 $\alpha_p = 3.00$ dB $\alpha_s = 25$ dB

n	ω_s	K	a_i	b_i	ω_{zi}^2
2	2.22784	5.62341325E-02	0.61708776	0.74654400	9.39843212
3	1.28258	1.73981680E-01	0.20625667	0.90767967	1.98374117
			0.38023835		
4	1.08128	5.62341325E-02	0.06675394	0.96987844	1.23956897
			0.49390708	0.40395622	3.97906384
5	1.02487	1.54928966E-01	0.02119816	0.99042709	1.06982821
			0.20720352	0.74823446	1.52434854
			0.34093433		

TABLE 3.122 $\alpha_p = 3.00$ dB $\alpha_s = 30$ dB

n	ω_s	K	a_i	b_i	ω_{zi}^2
2	2.90318	3.16227766E-02	0.62979515	0.72992834	16.34106015
3	1.45805	1.18835100E-01	0.23409242	0.88838057	2.63839511
			0.35292751		
4	1.14538	3.16227766E-02	0.08686473	0.95804278	1.41682820
			0.48051630	0.34429031	5.21185728
5	1.05019	9.99794880E-02	0.03173857	0.98464409	1.13389550
			0.23348301	0.67749085	1.77545034
			0.30172393		
6	1.01783	3.16227766E-02	0.01150865	0.99443062	1.04638793
			0.09484050	0.86879003	1.22902691
			0.45439215	0.30686087	4.61505322

TABLE 3.123 $\alpha_p = 3.00$ dB $\alpha_s = 35$ dB

n	ω_s	K	a_i	b_i	ω_{zi}^2
2	3.82024	1.77827941E-02	0.63657813	0.72039749	28.67954053
3	1.68778	8.10700930E-02	0.25395051 0.33502061	0.87388226	3.61130172
4	1.23309	1.77827941E-02	0.10438358 0.46675445	0.94720726 0.30270690	1.66933350 6.83792328
5	1.08785	6.40169885E-02	0.04253923 0.25139942 0.27287718	0.97842276 0.61727409	1.22854981 2.09548137
6	1.03444	1.77827941E-02	0.01721242 0.11547113 0.43019495	0.99126521 0.82367351 0.25565477	1.08629011 1.34389096 5.69231619

TABLE 3.124 $\alpha_p = 3.00$ dB $\alpha_s = 40$ dB

n	ω_s	K	a_i	b_i	ω_{zi}^2
2	5.05581	1.00000000E-02	0.64027783	0.71498312	50.61692839
3	1.98020	5.52695903E-02	0.32314190 0.26787231	0.86336996	5.04782121
4	1.34662	1.00000000E-02	0.45465873 0.11896165	0.27343249 0.93787575	8.99279444 2.01883466
5	1.13933	4.07755019E-02	0.26336322 0.25127720 0.05286153	0.56782277 0.97227122	2.50103283 1.36029971
6	1.05891	1.00000000E-02	0.13308945 0.40762368 0.02336222	0.78048877 0.21781133 0.98773473	1.49010019 6.97003984 1.14455515
7	1.02545	3.86443257E-02	0.23860622 0.25208155 0.06240832 0.01028867	0.51358868 0.89696605 0.99459751	2.23866327 1.19099074 1.06105450

TABLES WITH PRESCRIBED α_p AND α_s

TABLE 3.125 $\alpha_p = 3.00$ dB $\alpha_s = 45$ dB

n	ω_s	K	a_i	b_i	ω_{zi}^2
2	6.71314	5.62341325E-03	0.64232643	0.71193147	89.62686152
3	2.34601	3.76670956E-02	0.27753065 0.31519775	0.85591292	7.16226780
4	1.48845	5.62341325E-03	0.13072552 0.44471737	0.93015919 0.25259303	2.49479425 11.85615598
5	1.20584	2.58830543E-02	0.06226166 0.27127258 0.23489397	0.96652889 0.52802977	1.53697370 3.01344425
6	1.09228	5.62341325E-03	0.02957683 0.14769895 0.38766686	0.98407795 0.74105547 0.18950836	1.22462351 1.67300268 8.49198774
7	1.04252	2.40164548E-02	0.01400721 0.07499040 0.25578927 0.21882254	0.99245721 0.86830388 0.46061180	1.10030606 1.27406028 2.57987254
8	1.01984	5.62341325E-03	0.00662130 0.03667813 0.14449039 0.37491459	0.99643424 0.93556249 0.69472774 0.17713439	1.04613045 1.12099321 1.55511288 7.91932612

TABLE 3.126 $\alpha_p = 3.00$ dB $\alpha_s = 50$ dB

n	ω_s	K	a_i	b_i	ω_{zi}^2
2	8.93073	3.16227766E-03	0.64347790	0.71023431	159.00165664
3	2.79862	2.56663300E-02	0.28418831 0.30985464	0.85069602	10.26995731
4	1.66148	3.16227766E-03	0.14002107 0.43682458	0.92395234 0.23760350	3.13704977 15.66682478
5	1.28850	1.63936504E-02	0.07053359 0.27648611 0.22234618	0.96138122 0.49636225	1.76841273 3.65986229
6	1.13533	3.16227766E-03	0.03557048 0.15959663 0.37051146	0.98048505 0.70617704 0.16808590	1.33026595 1.89930846 10.31221290
7	1.06567	1.48530226E-02	0.01790061 0.08649732 0.25665671 0.20291302	0.99017427 0.84033056 0.41660857	1.15372832 1.37777513 2.97922413
8	1.03239	3.16227766E-03	0.00899265 0.04517956 0.15495920 0.35388662	0.99506327 0.91654513 0.64668501 0.15317899	1.07430289 1.17409867 1.71401210 9.35516215
9	1.01611	1.45000682E-02	0.00451269 0.02313083 0.08587655 0.25094001 0.19818154	0.99752245 0.95726593 0.80404554 0.39760080	1.03657782 1.08375720 1.30875508 2.83781476

TABLE 3.127 $\alpha_p = 3.00$ dB $\alpha_s = 55$ dB

n	ω_s	K	a_i	b_i	ω_{zi}^2
2	11.89404	1.77827941E-03	0.64414259	0.70932404	282.38698831
3	3.35470	1.74875667E-02	0.28875931 0.30624688	0.84707906	14.83427176
4	1.86923	1.77827941E-03	0.14725971 0.43068078	0.91905523 0.22672506	3.99923363 20.74265547
5	1.38847	1.03687524E-02	0.07763431 0.27992897 0.21266341	0.95689934 0.47130344	2.06716650 4.47463576
6	1.18878	1.77827941E-03	0.04115563 0.16918577 0.35599878	0.97708862 0.67598819 0.15168586	1.46587883 2.17734374 12.49663501
7	1.09551	9.15325857E-03	0.02180255 0.09676474 0.25580735 0.18999842	0.98785324 0.81396703 0.38029592	1.22350720 1.50508239 3.44689750
8	1.04931	1.77827941E-03	0.01153394 0.05342776 0.16296063 0.33538856	0.99357278 0.89717327 0.60340709 0.13441413	1.11231008 1.24048688 1.89902070 10.98458392
9	1.02573	8.85269086E-03	0.00609534 0.02889993 0.09579461 0.24806747 0.18393012	0.99660318 0.94436273 0.76656956 0.35669074	1.05777670 1.12040605 1.40047203 3.22135199

TABLE 3.128 $\alpha_p = 3.00$ dB $\alpha_s = 60$ dB

n	ω_s	K	a_i	b_i	ω_{zi}^2
2	15.85123	1.00000000E-03	0.64455066	0.70888945	501.85529891
3	4.03474	1.19145519E-02	0.29189005	0.84458673	21.53579403
			0.30380460		
4	2.11596	1.00000000E-03	0.15283887	0.91524396	5.15329078
			0.42595576	0.21877199	27.50704528
5	1.50711	6.55225416E-03	0.08361936	0.95307994	2.44925987
			0.28221442	0.45152433	5.50111487
			0.20514731		
6	1.25325	1.00000000E-03	0.04622748	0.97396924	1.63676391
			0.17687391	0.65024137	2.51735643
			0.34383856	0.13899874	15.12515847
7	1.13252	5.62618319E-03	0.02558552	0.98557731	1.31202855
			0.10576815	0.78974848	1.65951473
			0.25399449	0.35041128	3.99515702
			0.17943805		
8	1.07105	1.00000000E-03	0.01414929	0.99202138	1.16157612
			0.06121799	0.87811337	1.32177183
			0.16897866	0.56506152	2.11367164
			0.31925519	0.11955839	12.83824716
9	1.03859	5.38309122E-03	0.00781779	0.99559120	1.08612966
			0.03471799	0.93084201	1.16628482
			0.10437709	0.73081732	1.50739704
			0.24407217	0.32230670	3.65227372
			0.17197837		
10	1.02111	1.00000000E-03	0.00431678	0.99756550	1.04663254
			0.01945394	0.96124214	1.08854979
			0.06149069	0.84132495	1.25355376
			0.16549006	0.53954753	2.01182372
			0.31184951	0.11405177	12.23191086

TABLE 3.129 $\alpha_p = 3.00$ dB $\alpha_s = 65$ dB

n	ω_s	K	a_i	b_i	ω_{zi}^2
3	4.86385	8.11741593E-03	0.29403161	0.84287749	31.37385241
			0.30214902		
4	2.40671	5.62341325E-04	0.15710755	0.91230679	6.69549978
			0.42234988	0.21292339	36.52424784
5	1.64595	4.13818851E-03	0.08859578	0.94987683	2.93509914
			0.28374332	0.43592467	6.79394298
			0.19928573		
6	1.32942	5.62341325E-04	0.05074344	0.97116655	1.84940327
			0.18302649	0.62850356	2.93189136
			0.33370904	0.12909116	18.29441192
7	1.17713	3.45174275E-03	0.02916064	0.98340673	1.42201466
			0.11356726	0.76791700	1.84530795
			0.25170707	0.32582542	4.63860470
			0.17075219		
8	1.09798	5.62341325E-04	0.01675769	0.99045992	1.22358068
			0.06842780	0.85985085	1.41979836
			0.17344654	0.53147189	2.36221046
			0.30525736	0.10768340	14.95241076
9	1.05505	3.26301669E-03	0.00962392	0.99452030	1.12263600
			0.04042842	0.91713664	1.22242116
			0.11170159	0.69741864	1.63115310
			0.23951766	0.29342498	4.13682632
			0.16188358		
10	1.03120	5.62341325E-04	0.00552393	0.99685472	1.06857333
			0.02359482	0.95162772	1.12201456
			0.06873395	0.81363999	1.32297325
			0.16884181	0.50042095	2.21261946
			0.29603746	0.10124297	14.02720000

TABLE 3.130 $\alpha_p = 3.00$ dB $\alpha_s = 70$ dB

n	ω_s	K	a_i	b_i	ω_{zi}^2
3	5.87266	5.53036784E-03	0.29549626 0.30102663	0.84171103	45.81565593
4	2.74749	3.16227766E-04	0.16035639 0.41961226	0.91005940 0.20860258	8.75451387 48.54643953
5	1.80680	2.61261329E-03	0.09269120 0.28477603 0.19469744	0.94722290 0.42361942	3.55058662 8.42195755
6	1.41799	3.16227766E-04	0.05470376 0.18795177 0.32530181	0.96869072 0.61027716 0.12128949	2.11174857 3.43625063 22.12118444
7	1.22975	2.11482563E-03	0.03247250 0.12026596 0.24925264 0.16357400	0.98138098 0.74851217 0.30557675	1.55665386 2.06752875 5.39452140
8	1.13043	3.16227766E-04	0.01929572 0.07499838 0.17672669 0.29315077	0.98892923 0.84270610 0.50227551 0.09810752	1.29993105 1.53670550 2.64965397 17.36942942
9	1.07541	1.97304662E-03	0.01146287 0.04591548 0.11789233 0.23477507 0.15330839	0.99342180 0.90360133 0.66670838 0.26914433	1.16830068 1.28993307 1.77367294 4.68236133
10	1.04406	3.16227766E-04	0.00680643 0.02777058 0.07532557 0.17091544 0.28205214	0.99609362 0.94167482 0.78676320 0.46573218 0.09077487	1.09664467 1.16294556 1.40339787 2.43717078 16.01234453

TABLE 3.131 $\alpha_p = 3.00$ dB $\alpha_s = 75$ dB

n	ω_s	K	a_i	b_i	ω_{zi}^2
3	7.09847	3.76780687E-03	0.29649921 0.30026702	0.84092081	67.01531942
4	3.14534	1.77827941E-04	0.16281966 0.41754131	0.90834889 0.20539918	11.50209998 64.57646460
5	1.99175	1.64908216E-03	0.09603531 0.28548142 0.19109519	0.94504428 0.41390694	4.32851431 10.47185131
6	1.51979	1.77827941E-04	0.05813578 0.19190102 0.31833996	0.96653242 0.59506750 0.11510128	2.43354504 4.04905684 26.74665890
7	1.29078	1.29445137E-03	0.03549235 0.12598605 0.24681757 0.15761833	0.97952250 0.73144510 0.28886810	1.71972684 2.33221980 6.28329931
8	1.16868	1.77827941E-04	0.02171714 0.08091646 0.17910992 0.28269954	0.98745985 0.82686412 0.47702778 0.09032400	1.39243198 1.67498822 2.98187276 20.13842874
9	1.09992	1.19075160E-03	0.01329166 0.05110040 0.12309101 0.23008146 0.14598994	0.99232262 0.89050704 0.63880458 0.24869513	1.22417371 1.37006745 1.93722327 5.29739829
10	1.05993	1.77827941E-04	0.00813281 0.03189351 0.08125323 0.17203644 0.26969818	0.99530194 0.93162579 0.76112994 0.43515049 0.08215066	1.13157278 1.21209628 1.49587670 2.68817445 18.21095915

TABLE 3.132 $\alpha_p = 3.00$ dB $\alpha_s = 80$ dB

n	ω_s	K	a_i	b_i	ω_{zi}^2
3	8.58663	2.56698353E-03	0.29718836 0.29975535	0.84039304	98.13553782
4	3.60849	1.00000000E-04	0.16468226 0.41597884	0.90705227 0.20301794	15.16747578 85.95149416
5	2.20324	1.04075321E-03	0.09874956 0.28596919 0.18826038	0.94326855 0.40623489	5.31031770 13.05278679
6	1.63572	1.00000000E-04	0.06108225 0.19507515 0.31258321	0.96467050 0.58241687 0.11016189	2.82670925 4.79293959 32.34157911
7	1.36067	7.91754043E-04	0.03821132 0.13085135 0.24450885 0.15266058	0.97784066 0.71655306 0.27504821	1.91573639 2.64656818 7.32897161
8	1.21301	1.00000000E-04	0.02399095 0.08619915 0.18082332 0.27368677	0.98607292 0.81240665 0.45526607 0.08395168	1.50315221 1.83756117 3.36569780 23.31617338
9	1.12882	7.17555050E-04	0.01507596 0.05593514 0.12743897 0.22558195 0.13971972	0.99124464 0.87804655 0.61367680 0.23143179	1.29139016 1.46423627 2.12443532 5.99171898
10	1.07902	1.00000000E-04	0.00947367 0.03589505 0.08653658 0.17246317 0.25879190	0.99449727 0.92168283 0.73702248 0.40828935 0.07499375	1.17409542 1.27027604 1.60162118 2.96875330 20.65016522
11	1.04890	6.91152048E-04	0.00595439 0.02285933 0.05721541 0.12409896 0.21788254 0.13478378	0.99654340 0.95011227 0.82595822 0.57305052 0.21551906	1.10599636 1.16200243 1.34339012 1.96396733 5.55488018
12	1.03042	1.00000000E-04	0.00375255 0.01448749 0.03714584 0.08536815 0.16882698 0.25299788	0.99783231 0.96838682 0.88696393 0.70598113 0.39039445 0.07166312	1.06528574 1.09883014 1.20345046 1.52466027 2.83133692 19.70676242

TABLE 3.133 $\alpha_p = 3.00$ dB $\alpha_s = 85$ dB

n	ω_s	K	a_i	b_i	ω_{zi}^2
3	10.39222	1.74887451E-03	0.29766524 0.29941411	0.84005124	143.82003719
4	4.14654	5.62341325E-05	0.16608810 0.41480260	0.90607267 0.20124454	20.05644512 114.45458196
5	2.44404	6.56771434E-04	0.10094239 0.28631092 0.18602531	0.94182921 0.40016969	6.54828645 16.30220894
6	1.76685	5.62341325E-05	0.06359309 0.19763322 0.30782718	0.96307756 0.57191855 0.10619800	3.30577968 5.69537050 39.11252834
7	1.43989	4.84031647E-04	0.04063453 0.13497898 0.24238241 0.14852199	0.97633540 0.70363717 0.26358900	2.15004737 3.01910297 8.55984928
8	1.26369	5.62341325E-05	0.02609871 0.09088235 0.18204095 0.26591842	0.98478167 0.79934126 0.43654592 0.07870071	1.63448918 2.02782715 3.80905168 26.96813685
9	1.16228	4.31900558E-04	0.01678990 0.06039579 0.13106752 0.22135962 0.13432989	0.99020464 0.86634546 0.59120022 0.21681841	1.37120879 1.57405164 2.33834253 6.77649307
10	1.10150	5.62341325E-05	0.01080488 0.03972522 0.09121488 0.17239622 0.24916534	0.99369498 0.91200542 0.71459949 0.38474996 0.06901518	1.22498553 1.33837289 1.72202170 3.28247892 23.36080309
11	1.06413	4.12777040E-04	0.00695295 0.02593524 0.06189339 0.12704247 0.21239722 0.12867855	0.99594254 0.94252903 0.80608970 0.54498456 0.19914686	1.13936075 1.20603840 1.41731597 2.12581941 6.18365515
12	1.04077	5.62341325E-05	0.00445806 0.01683905 0.04125199 0.08973580 0.16798361 0.24234894	0.99738523 0.96267034 0.87068906 0.67812670 0.36422596 0.06527759	1.08750540 1.12799689 1.25115863 1.61984733 3.09547026 22.04941421

TABLE 3.134 $\alpha_p = 3.00$ dB $\alpha_s = 90$ dB

n	ω_s	K	a_i	b_i	ω_{zi}^2
3	12.58215	1.19150769E-03	0.29799944 0.29919095	0.83984523	210.88751089
4	4.77065	3.16227766E-05	0.16714804 0.41391902	0.90533490 0.19992232	26.57693326 152.46343074
5	2.71733	4.14434713E-04	0.10270761 0.28655364 0.18426047	0.94066757 0.39537116	8.10835153 20.39316518
6	1.91434	3.16227766E-05	0.06572002 0.19970055 0.30390003	0.96172380 0.56322007 0.10300232	3.88845965 6.78967735 47.30954305
7	1.52896	2.95799819E-04	0.04277627 0.13847515 0.24046207 0.14505898	0.97500024 0.69248686 0.25406348	2.42904368 3.45992822 10.00927951
8	1.32100	3.16227766E-05	0.02803194 0.09501221 0.18289450 0.25922372	0.98359299 0.78762528 0.42045914 0.07434846	1.78923442 2.24975313 4.32110590 31.16978467
9	1.20052	2.59728387E-04	0.01841515 0.06447644 0.13409344 0.21745621 0.12968379	0.98921479 0.85547494 0.57119553 0.20441263	1.46504901 1.70136094 2.58242617 7.66443547
10	1.12753	3.16227766E-05	0.01210656 0.04334986 0.09533785 0.17198868 0.24066742	0.99290759 0.90271290 0.69392516 0.36414708 0.06399082	1.28507482 1.41737542 1.85866594 3.63340440 26.37771750
11	1.08205	2.46162209E-04	0.00795969 0.02894005 0.06619274 0.12936551 0.20722897 0.12332219	0.99533615 0.93501775 0.78713188 0.51956597 0.18507800	1.17912448 1.25744553 1.50126169 2.30576171 6.87595188
12	1.05318	3.16227766E-05	0.00524021 0.01922582 0.04516618 0.09352354 0.16676732 0.23280866	0.99693591 0.95682701 0.85464451 0.65199827 0.34105589 0.05986353	1.11433442 1.16240576 1.30563929 1.72558374 3.38433263 24.59885744

TABLE 3.135 $\alpha_p = 3.00$ dB $\alpha_s = 95$ dB

n	ω_s	K	a_i	b_i	ω_{zi}^2
3	15.23762	8.11782513E-04	0.29823866 0.29905045	0.83974351	309.35092565
4	5.49378	1.77827941E-05	0.16794700 0.41325702	0.90478135 0.19893617	35.27305986 203.14879437
5	3.02672	2.61506448E-04	0.10412466 0.28672846 0.18286531	0.93973329 0.39157224	10.07359873 25.54352251
6	2.07956	1.77827941E-05	0.06751313 0.20137581 0.30065836	0.96057946 0.55602079 0.10041594	4.59627463 8.11627483 57.23533804
7	1.62848	1.80720441E-04	0.04465643 0.14143367 0.23875194 0.14215542	0.97382465 0.68289504 0.24612643	2.76030867 3.98099784 11.71654396
8	1.38525	1.77827941E-05	0.02978959 0.09863935 0.18348261 0.25345388	0.98250887 0.77718430 0.40664117 0.07072217	1.97064252 2.50795608 4.91246636 36.00808870
9	1.24371	1.56080972E-04	0.01993985 0.06818399 0.13661770 0.21388652 0.12566903	0.98828322 0.84546409 0.55345691 0.19385030	1.57452680 1.84828343 2.86066927 8.66999603
10	1.15727	1.77827941E-05	0.01336327 0.04674800 0.09895945 0.17135563 0.23316360	0.99214496 0.89388896 0.67499503 0.34612292 0.05974511	1.35527650 1.50839373 2.01335951 4.02610707 29.74012030
11	1.10280	1.46625135E-04	0.00895894 0.03184101 0.07011843 0.13118227 0.20240902 0.11860970	0.99473311 0.92767709 0.76922096 0.49663963 0.17295338	1.22587349 1.31688127 1.59615874 2.50569843 7.63905397
12	1.06776	1.77827941E-05	0.00601520 0.02158573 0.04886274 0.09679231 0.16530696 0.22425632	0.99647154 0.95096483 0.83902478 0.62767302 0.32055356 0.05524767	1.14619508 1.20249694 1.36743103 1.84278876 3.70039249 27.37668635

TABLE 3.136 $\alpha_p = 3.00$ dB $\alpha_s = 100$ dB

n	ω_s	K	a_i	b_i	ω_{zi}^2
4	6.33094	1.00000000E-05	0.16854965	0.90436831	46.87060419
			0.41276291	0.19820116	270.73909385
5	3.37631	1.65005633E-04	0.10525980	0.93898397	12.54869603
			0.28685622	0.38856305	32.02757333
			0.18176143		
6	2.26399	1.00000000E-05	0.06901899	0.95961635	5.45536930
			0.20273681	0.55006690	9.72415714
			0.29798302	0.09831582	69.25648079
7	1.73911	1.10391082E-04	0.04629773	0.97279582	3.15283536
			0.14393600	0.67466665	4.59644038
			0.23724458	0.23949828	13.72792030
			0.13971670		
8	1.45676	1.00000000E-05	0.03137596	0.98152777	2.18250608
			0.10181503	0.76792583	2.80780113
			0.18387862	0.39477206	5.59539031
			0.24848010	0.06768662	41.58329681
9	1.29206	9.37440500E-05	0.02135742	0.98741472	1.70149069
			0.07153393	0.83631089	2.01724945
			0.13872596	0.53777066	3.17761975
			0.21064815	0.18483173	9.80958292
			0.12219245		
10	1.19085	1.00000000E-05	0.01456371	0.99141445	1.43660713
			0.04990921	0.88558725	1.61268024
			0.10213370	0.65775719	2.18814945
			0.17058244	0.33035353	4.46574092
			0.22653487	0.05613932	33.49203286
11	1.12649	8.72514587E-05	0.00993715	0.99414060	1.28023559
			0.03461384	0.92058368	1.38506815
			0.07368467	0.75243551	1.70305531
			0.13258967	0.47602375	2.72777056
			0.19794801	0.16247396	8.48109719
			0.11445364		
12	1.08463	1.00000000E-05	0.00678136	0.99600088	1.18352127
			0.02389350	0.94515813	1.24873667
			0.05232708	0.82397644	1.43713063
			0.09960294	0.60516259	1.97249958
			0.16370004	0.30241286	4.04641237
			0.21658450	0.05129235	30.40700673

TABLES WITH PRESCRIBED α_p AND α_s

TABLE 3.137 $\alpha_p = 3.00$ dB $\alpha_s = 110$ dB

n	ω_s	K	a_i	b_i	ω_{zi}^2
4	8.41970	3.16227766E-06	0.16935081 0.41212707	0.90384108 0.19724976	82.96566354 481.07209950
5	4.21520	6.56923415E-05	0.10689296 0.28702255 0.18019528	0.93790576 0.38428833	19.58994186 50.46751655
6	2.69744	3.16227766E-06	0.07133244 0.20474940 0.29395361	0.95813319 0.54107950 0.09521037	7.76107982 14.03389275 101.45440885
7	1.99671	4.11742323E-05	0.04895842 0.14784158 0.23477977 0.13593778	0.97112306 0.66160413 0.22930247	4.16621810 6.18020127 18.89083868
8	1.62309	3.16227766E-06	0.03406903 0.10700692 0.18429692 0.24049192	0.97985684 0.75255081 0.37580844 0.06298220	2.71597433 3.55831323 7.29476785 55.42446239
9	1.40505	3.37770282E-05	0.02386458 0.07724766 0.14196912 0.20510758 0.11655532	0.98587348 0.82046616 0.51172707 0.17048159	2.01665969 2.43285160 3.94910758 12.56785567
10	1.27008	3.16227766E-06	0.01676751 0.05551758 0.10734273 0.16884797 0.21549566	0.99006876 0.87064857 0.62800894 0.30445975 0.05042710	1.63736552 1.86690761 2.60757767 5.50968490 42.36775342
11	1.18315	3.08270946E-05	0.01179675 0.03971829 0.07982253 0.13448568 0.19008209 0.10752823	0.99301086 0.90734574 0.72234032 0.44095366 0.14549524	1.41460342 1.55098983 1.95769993 3.24818739 10.43925353
12	1.12563	3.16227766E-06	0.00830454 0.02830223 0.05854469 0.10407686 0.16031833 0.20351153	0.99507960 0.93393719 0.79597638 0.56541131 0.27213351 0.04494325	1.27642094 1.36171224 1.60297812 2.27422080 4.84095452 37.33499747

TABLE 3.138 $\alpha_p = 3.00$ dB $\alpha_s = 120$ dB

n	ω_s	K	a_i	b_i	ω_{zi}^2
4	11.21165	1.00000000E-06	0.16981878	0.90358224	147.17089332
			0.41179644	0.19673727	855.13051408
5	5.27865	2.61528753E-05	0.10793423	0.93722180	30.75236641
			0.28712098	0.38160271	79.69391267
			0.17921291		
6	3.23064	1.00000000E-06	0.07293972	0.95710063	11.14938258
			0.20609422	0.53494727	20.36146165
			0.29121037	0.09313499	148.70367393
7	2.30866	1.53528929E-05	0.05094023	0.96987331	5.57986651
			0.15063554	0.65208872	8.38413377
			0.23293199	0.22211585	26.06170784
			0.13325204		
8	1.82336	1.00000000E-06	0.03619662	0.97853223	3.43422560
			0.11094262	0.74069520	4.56391867
			0.18443186	0.36178232	9.56096008
			0.23454455	0.05961312	73.84746627
9	1.54135	1.21576713E-05	0.02595021	0.98458672	2.43148193
			0.08181131	0.80760207	2.97559502
			0.14426106	0.49153792	4.94762603
			0.20067475	0.15985802	16.12055580
			0.11228695		
10	1.36638	1.00000000E-06	0.01868792	0.98889176	1.89835878
			0.06021827	0.85792882	2.19375930
			0.11132840	0.60384987	3.13926511
			0.16709978	0.28455649	6.82062402
			0.20685435	0.04620357	53.47535466
11	1.25286	1.08685476E-05	0.01348767	0.99197967	1.58861081
			0.04419309	0.89556244	1.76279101
			0.08479633	0.69675737	2.27642150
			0.13554206	0.41285547	3.88969847
			0.18352188	0.13260182	12.83561513
			0.10208158		
12	1.17688	1.00000000E-06	0.00974442	0.99420422	1.39709484
			0.03233270	0.92352424	1.50592706
			0.06384282	0.77109675	1.80941790
			0.10734992	0.53213772	2.64171030
			0.15699841	0.24833480	5.79667111
			0.19294850	0.04016152	45.63226108

TABLES WITH PRESCRIBED α_p AND α_s

TABLE 3.139 $\alpha_p = 3.00$ dB $\alpha_s = 150$ dB

n	ω_s	K	a_i	b_i	ω_{zi}^2
5	10.46235	1.65011601E-06	0.10930261	0.93639713	120.95715987
			0.28728353	0.37822571	315.82211543
			0.17798257		
6	5.64828	3.16227766E-08	0.07533945	0.95556570	34.15719747
			0.20803099	0.52598248	63.30106360
			0.28721317	0.09016392	469.21446167
7	3.66331	7.95427049E-07	0.05425273	0.96777881	14.09227638
			0.15510033	0.63657958	21.62985594
			0.22983390	0.21081350	69.09368817
			0.12898710		
8	2.67281	3.16227766E-08	0.04011303	0.97608431	7.40587307
			0.11783489	0.71950615	10.10096011
			0.18430680	0.33790786	21.98697132
			0.22432842	0.05408393	174.69644170
9	2.11412	5.65338316E-07	0.03012918	0.98199695	4.59169481
			0.09048935	0.78263160	5.78080262
			0.14794778	0.45455190	10.06431023
			0.19224550	0.14143963	34.24071714
			0.10465846		
10	1.77173	3.16227766E-08	0.02284149	0.98633400	3.20375451
			0.06986359	0.83128680	3.80994820
			0.11854110	0.55632402	5.73027138
			0.16286653	0.24802744	13.14704509
			0.19055065	0.03880642	106.88687394
11	1.54933	4.73146484E-07	0.01741080	0.98957533	2.43799188
			0.05405367	0.86906100	2.78054561
			0.09459989	0.64279266	3.77526577
			0.13635858	0.35805534	6.85639067
			0.17002170	0.10909158	23.82887783
			0.09162060		
12	1.39867	3.16227766E-08	0.01331302	0.99202536	1.97963309
			0.04183469	0.89847568	2.18832740
			0.07511176	0.71490677	2.75829676
			0.11278298	0.46295362	4.28890731
			0.14879140	0.20276177	10.01865392
			0.17178206	0.03147840	82.09574703

TABLE 3.140 $\alpha_p = 3.00$ dB $\alpha_s = 200$ dB

n	ω_s	K	a_i	b_i	ω_{zi}^2
6	14.64879	1.00000000E-10	0.07635678	0.95510927	229.92487937
			0.20890894	0.52258947	428.55336693
			0.28574752	0.08906501	3193.96341500
7	8.20977	5.72464405E-09	0.05590894	0.96676690	70.88373142
			0.15725817	0.62909985	109.93986527
			0.22833050	0.20553828	355.81435445
			0.12698127		
8	5.33589	1.00000000E-10	0.04242397	0.97464231	29.57814461
			0.12170641	0.70739587	40.95754786
			0.18405429	0.32490352	91.11236253
			0.21871060	0.05117778	735.29467643
9	3.83409	3.39066078E-09	0.03298123	0.98022311	15.14144051
			0.09608843	0.76617375	19.43038211
			0.14989568	0.43161966	34.85650298
			0.18681971	0.13065000	121.83772978
			0.10003124		
10	2.95979	1.00000000E-10	0.02606536	0.98433907	8.96708546
			0.07691498	0.81136401	10.90034645
			0.12307847	0.52319810	17.00552248
			0.15934894	0.22441612	40.52799094
			0.17963162	0.03425606	337.58368014
11	2.40996	2.53004763E-09	0.02082964	0.98746887	5.91703730
			0.06213586	0.84682987	6.90921208
			0.10160706	0.60082434	9.77491027
			0.13586199	0.31908602	18.60838071
			0.15979155	0.09356806	67.15658352
			0.08423042		
12	2.04397	1.00000000E-10	0.01677025	0.98990256	4.24082789
			0.05049507	0.87510563	4.80193924
			0.08413333	0.66640630	6.32187842
			0.11570224	0.40884242	10.36995939
			0.14120199	0.17032781	25.44982045
			0.15570419	0.02565253	214.87633315

Chapter 4

INTERPOLATION AND SUMMARIES

This chapter describes two simple suggested methods of interpolation. Also, as an aid to the initial estimation of filter parameter selection, summaries of key filter parameters have been extracted from tables in Chapters 2 and 3 and tabulated here.

Interpolation

Since the poles and zeros of elliptic filter functions move fairly smoothly as parameters α_p, α_s, and ω_s are varied over small ranges, most network functions for parameters not listed in this handbook can be obtained approximately by interpolation. The interpolation can be done directly on the entries that are furnished in this handbook. These interpolated functions will usually be sufficiently accurate for practical purposes.

The subject of interpolation is a well-developed one and takes on some of the attributes of both a science and an art. For obtaining network functions of elliptic filter functions by interpolation, sophisticated techniques are usually neither called for nor helpful. Two simple schemes of interpolation are suggested here.

a. **Two-Point or Linear Interpolation.** This is done simply by assuming that the entries vary linearly from one parameter to another. Referring to Fig. 4.1, we assume that the values (call them y_1 and y_2) of a certain entry (e.g. a_i, b_i, and K) are known for two values of a certain parameter (call them x_1 and x_2). To obtain the interpolated value of the entry ($y_{\ell a}$) at some intermediate point of the parameter (x_a), we simply let

$$y_{\ell a} = y_1 + (x_a - x_1) \times \frac{(y_2 - y_1)}{(x_2 - x_1)}$$

As is well known, this scheme amounts to replacing the arc of a curve by a chord and then reading the approximate entry value from the chord by proration.

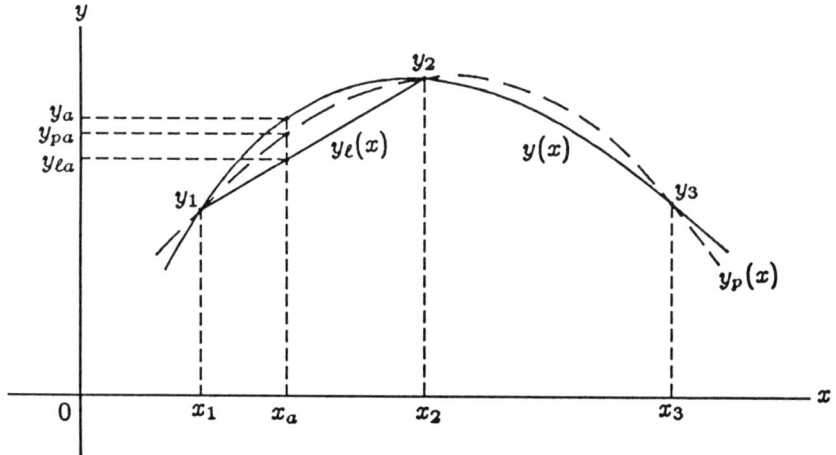

Fig. 4.1   Linear and parabolic interpolations.

b. Three-Point or Parabolic Interpolation. Results of interpolation can *usually* be improved by using three successive known entries. This scheme forces a parabola or second-order polynomial to pass through these three points. The interpolated entry is then taken to be the value of this polynomial when the parameter assumes a certain intermediate value.

Again in Fig. 4.1, the entries are known at x_1, x_2, and x_3 to be y_1, y_2, and y_3 respectively. We assume a second-order polynomial

$$y_p(x) = A + Bx + Cx^2$$

INTERPOLATION AND SUMMARIES

In order for the polynomial to pass through the three known points, it is necessary that

$$A + Bx_1 + Cx_1^2 = y_1$$
$$A + Bx_2 + Cx_2^2 = y_2$$
$$A + Bx_3 + Cx_3^2 = y_3$$

We can then solve for A, B, and C. The interpolated entry is taken to be

$$y_{pa} = A + Bx_a + Cx_a^2$$

The algorithm for accomplishing this interpolation can best be handled by using the matrix notation. The three simultaneous equations can be written in matrix form

$$\begin{bmatrix} 1 & x_1 & x_1^2 \\ 1 & x_2 & x_2^2 \\ 1 & x_3 & x_3^2 \end{bmatrix} \begin{bmatrix} A \\ B \\ C \end{bmatrix} = \begin{bmatrix} y_1 \\ y_2 \\ y_3 \end{bmatrix}$$

Solving gives

$$\begin{bmatrix} A \\ B \\ C \end{bmatrix} = \begin{bmatrix} 1 & x_1 & x_1^2 \\ 1 & x_2 & x_2^2 \\ 1 & x_3 & x_3^2 \end{bmatrix}^{-1} \begin{bmatrix} y_1 \\ y_2 \\ y_3 \end{bmatrix}$$

Thus

$$y_{pa} = \begin{bmatrix} 1 & x_a & x_a^2 \end{bmatrix} \begin{bmatrix} A \\ B \\ C \end{bmatrix} = \begin{bmatrix} 1 & x_a & x_a^2 \end{bmatrix} \begin{bmatrix} 1 & x_1 & x_1^2 \\ 1 & x_2 & x_2^2 \\ 1 & x_3 & x_3^2 \end{bmatrix}^{-1} \begin{bmatrix} y_1 \\ y_2 \\ y_3 \end{bmatrix}$$

As an example, suppose one wants to find the elliptic filter function for $\alpha_p = 0.75$ dB, $\omega_s = 1.1$, and $n = 4$. This value of α_p is not one of the listed parameter values in this handbook. From Tables 2.48, 2.63, and 2.78, we have the following.

For $\alpha_p = 0.5$ dB,

$$\alpha_s = 17.604 \text{ dB} \qquad K = 0.131761$$

$$a_1 = 0.124482 \quad b_1 = 1.045566 \quad a_2 = 0.995083 \quad b_2 = 0.749583$$

For $\alpha_p = 1.0$ dB,

$$\alpha_s = 20.832 \text{ dB} \qquad K = 0.090869$$

$$a_1 = 0.108969 \quad b_1 = 1.009681 \quad a_2 = 0.798458 \quad b_2 = 0.567042$$

For $\alpha_p = 2.0$ dB,

$$\alpha_s = 24.351 \text{ dB} \qquad K = 0.060599$$

$$a_1 = 0.087912 \quad b_1 = 0.979905 \quad a_2 = 0.602492 \quad b_2 = 0.437186$$

Using the two-point method, we obtain for $\alpha_p = 0.75$ dB,

$$\alpha_s = 19.22 \text{ dB} \qquad K = 0.11132$$

$$a_1 = 0.11673 \quad b_1 = 1.02762 \quad a_2 = 0.89677 \quad b_2 = 0.65831$$

Using the three-point method, the result would be

$$\alpha_s = 19.34 \text{ dB} \qquad K = 0.10917$$

$$a_1 = 0.11631 \quad b_1 = 1.02587 \quad a_2 = 0.88855 \quad b_2 = 0.64851$$

The exact values of these entries obtained by direct computation are

$$\alpha_s = 19.47 \text{ dB} \qquad K = 0.10634$$

$$a_1 = 0.11616 \quad b_1 = 1.02393 \quad a_2 = 0.88026 \quad b_2 = 0.63575$$

INTERPOLATION AND SUMMARIES

This numerical example demonstrates two points. One, the interpolated results are usually quite close to the actual values. Two, three-point interpolation typically improves the approximation.

When the spacings of the parameters are the same in the two adjacent intervals, the algorithm for the three-point interpolation is much simplified and can be accomplished equivalently by the method of finite differences. Let

$$x_3 - x_2 = x_2 - x_1 = h$$

and

$$r = \frac{x_a - x_1}{h}$$

Then

$$y_{pa} = y_1 + r(y_2 - y_1) + \frac{r(r-1)}{2}(y_3 - 2y_2 + y_1)$$

Summaries of Filter Parameters

Chapters 2 and 3 give detailed network function coefficients for various filter parameter combinations. In a design where either α_p and ω_s or α_p and α_s are already determined by other considerations, those tables give the necessary n and the other parameter. In other situations, it may be necessary to give some initial consideration and see how these parameters can be mutually adjusted to suit a particular need. In these situations, it would be convenient to have condensed tabulations of how filter parameters interact with one another. We have extracted such information showing how the four elliptic filter parameters—n, α_p, α_s, and ω_s—interrelate among them.

Tables 4.1 through 4.7 contain such information, gleaned from Chapter 2. These tables give values of α_s for different combinations of α_p, ω_s, and n.

Tables 4.8 through 4.14 contains similar information, gleaned from Chapter 3. These tables give values of ω_s for different combinations of α_p, α_s, and n.

TABLE 4.1 SUMMARY OF STOPBAND ATTENUATIONS (α_s) IN dB

$\alpha_p = 0.01$ dB

ω_s	\multicolumn{11}{c}{n}										
	2	3	4	5	6	7	8	9	10	11	12
1.02	0.022	0.091	0.433	1.869	5.775	11.873	18.782	25.877	33.010	40.151	47.292
1.05	0.035	0.208	1.247	5.182	12.281	20.460	28.832	37.232	45.636	54.041	62.446
1.10	0.059	0.478	3.158	10.379	19.684	29.317	38.987	48.662	58.337	68.012	77.687
1.20	0.119	1.345	7.723	18.316	29.589	40.918	52.251	63.584	74.917	86.250	97.583
1.30	0.202	2.630	12.017	24.288	36.810	49.346	61.883	74.420	86.957	99.495	112.032
1.40	0.310	4.211	15.771	29.177	42.689	56.206	69.723	83.240	96.757	110.274	123.791
1.50	0.447	5.936	19.067	33.372	47.727	62.084	76.440	90.797	105.154	119.511	133.867
1.60	0.614	7.691	22.005	37.076	52.173	67.271	82.369	97.467	112.565	127.662	142.760
1.70	0.814	9.409	24.659	40.410	56.174	71.939	87.703	103.468	119.233	134.997	150.762
1.80	1.046	11.059	27.086	43.450	59.823	76.196	92.569	108.942	125.315	141.687	158.060
1.90	1.310	12.630	29.324	46.253	63.186	80.119	97.053	113.986	130.919	147.853	164.786
2.00	1.605	14.120	31.405	48.856	66.310	83.764	101.217	118.671	136.125	153.579	171.033
2.50	3.453	20.508	40.097	59.724	79.351	98.979	118.607	138.234	157.862	177.489	197.117
3.00	5.635	25.590	46.909	68.239	89.570	110.901	132.231	153.562	174.893	196.223	217.554
4.00	9.937	33.417	57.358	81.301	105.244	129.187	153.130	177.073	201.016	224.959	248.902

INTERPOLATION AND SUMMARIES

TABLE 4.2   SUMMARY OF STOPBAND ATTENUATIONS (α_s) IN dB

$$\alpha_p = 0.05 \text{ dB}$$

ω_s	\multicolumn{11}{c}{n}										
	2	3	4	5	6	7	8	9	10	11	12
1.02	0.110	0.439	1.837	5.684	11.751	18.651	25.745	32.878	40.018	47.160	54.302
1.05	0.174	0.956	4.267	10.984	19.080	27.439	35.837	44.241	52.646	61.051	69.456
1.10	0.287	1.998	8.042	17.058	26.656	36.322	45.997	55.672	65.347	75.022	84.697
1.20	0.567	4.508	14.101	25.274	36.595	47.928	59.261	70.594	81.927	93.260	104.593
1.30	0.929	7.144	18.802	31.285	43.819	56.356	68.893	81.430	93.967	106.504	119.041
1.40	1.372	9.649	22.688	36.182	49.698	63.215	76.733	90.250	103.767	117.284	130.801
1.50	1.886	11.954	26.034	40.380	54.736	69.093	83.450	97.807	112.164	126.520	140.877
1.60	2.462	14.064	28.993	44.085	59.183	74.281	89.379	104.476	119.574	134.672	149.770
1.70	3.086	16.001	31.657	47.419	63.184	78.948	94.713	110.478	126.242	142.007	157.772
1.80	3.743	17.788	34.089	50.460	66.833	83.206	99.579	115.951	132.324	148.697	165.070
1.90	4.423	19.446	36.330	53.262	70.196	87.129	104.062	120.996	137.929	154.862	171.796
2.00	5.114	20.992	38.412	55.865	73.319	90.773	108.227	125.681	143.135	160.589	178.043
2.50	8.514	27.486	47.106	66.734	86.361	105.989	125.616	145.244	164.871	184.499	204.127
3.00	11.572	32.590	53.918	75.249	96.580	117.910	139.241	160.572	181.902	203.233	224.564
4.00	16.579	40.425	64.368	88.311	112.254	136.197	160.140	184.083	208.026	231.969	255.912

TABLE 4.3 SUMMARY OF STOPBAND ATTENUATIONS (α_s) IN dB

$$\alpha_p = 0.10 \text{ dB}$$

ω_s	\multicolumn{11}{c}{n}										
	2	3	4	5	6	7	8	9	10	11	12
1.02	0.219	0.842	3.136	8.085	14.638	21.657	28.775	35.912	43.053	50.195	57.337
1.05	0.343	1.748	6.397	13.841	22.088	30.470	38.872	47.276	55.681	64.086	72.491
1.10	0.559	3.374	10.721	20.050	29.686	39.357	49.032	58.707	68.382	78.057	87.732
1.20	1.075	6.691	17.051	28.303	39.630	50.963	62.296	73.629	84.962	96.295	107.628
1.30	1.703	9.736	21.809	34.318	46.854	59.391	71.928	84.465	97.002	109.540	122.077
1.40	2.423	12.440	25.711	39.217	52.734	66.251	79.768	93.285	106.802	120.319	133.836
1.50	3.210	14.848	29.064	43.415	57.772	72.129	86.485	100.842	115.199	129.556	143.913
1.60	4.039	17.013	32.025	47.120	62.218	77.316	92.414	107.512	122.610	137.708	152.805
1.70	4.888	18.981	34.691	50.454	66.219	81.984	97.748	113.513	129.278	145.042	160.807
1.80	5.742	20.786	37.123	53.495	69.868	86.241	102.614	118.987	135.360	151.733	168.105
1.90	6.588	22.456	39.365	56.298	73.231	90.164	107.098	124.031	140.964	157.898	174.831
2.00	7.418	24.010	41.447	58.901	76.355	93.809	111.263	128.717	146.170	163.624	181.078
2.50	11.230	30.518	50.141	69.769	89.397	109.024	128.652	148.279	167.907	187.534	207.162
3.00	14.453	35.624	56.954	78.284	99.615	120.946	142.276	163.607	184.938	206.268	227.599
4.00	19.566	43.460	67.403	91.346	115.289	139.232	163.175	187.118	211.061	235.004	258.947

TABLE 4.4 SUMMARY OF STOPBAND ATTENUATIONS (α_s) IN dB

$$\alpha_p = 0.50 \text{ dB}$$

ω_s	\multicolumn{11}{c}{n}
	2	3	4	5	6	7	8	9	10	11	12
1.02	1.042	3.266	8.160	14.693	21.707	28.825	35.962	43.103	50.245	57.387	64.529
1.05	1.553	5.558	12.698	20.886	29.259	37.659	46.063	54.468	62.873	71.278	79.683
1.10	2.354	8.546	17.604	27.207	36.875	46.549	56.224	65.899	75.574	85.249	94.924
1.20	3.929	13.057	24.173	35.490	46.822	58.155	69.488	80.821	92.154	103.487	114.820
1.30	5.459	16.538	28.977	41.509	54.046	66.583	79.120	91.657	104.194	116.732	129.269
1.40	6.914	19.427	32.894	46.409	59.926	73.443	86.960	100.477	113.994	127.511	141.028
1.50	8.282	21.923	36.251	50.607	64.964	79.321	93.677	108.034	122.391	136.748	151.105
1.60	9.561	24.134	39.215	54.312	69.410	84.508	99.606	114.704	129.802	144.900	159.997
1.70	10.758	26.128	41.882	57.646	73.411	89.176	104.940	120.705	136.470	152.234	167.999
1.80	11.879	27.949	44.315	60.687	77.060	93.433	109.806	126.179	142.552	158.925	175.297
1.90	12.931	29.628	46.557	63.490	80.423	97.356	114.290	131.223	148.156	165.090	182.023
2.00	13.922	31.188	48.639	66.093	83.547	101.001	118.455	135.909	153.362	170.816	188.270
2.50	18.149	37.707	57.333	76.961	96.589	116.216	135.844	155.471	175.099	194.726	214.354
3.00	21.517	42.815	64.146	85.476	106.807	128.138	149.468	170.799	192.130	213.460	234.791
4.00	26.719	50.652	74.595	98.538	122.481	146.424	170.367	194.310	218.253	242.196	266.139

TABLE 4.5 SUMMARY OF STOPBAND ATTENUATIONS (α_s) IN dB

$$\alpha_p = 1.00 \text{ dB}$$

ω_s	n=2	3	4	5	6	7	8	9	10	11	12
1.02	1.974	5.288	11.062	17.882	24.959	32.089	39.229	46.370	53.513	60.655	67.797
1.05	2.816	8.134	15.840	24.135	32.523	40.926	49.331	57.736	66.141	74.546	82.951
1.10	4.025	11.480	20.832	30.470	40.142	49.816	59.491	69.167	78.842	88.517	98.192
1.20	6.150	16.209	27.432	38.757	50.089	61.422	72.755	84.089	95.422	106.755	118.088
1.30	8.018	19.754	32.242	44.776	57.313	69.851	82.388	94.925	107.462	119.999	132.536
1.40	9.687	22.668	36.160	49.676	63.193	76.710	90.227	103.745	117.262	130.779	144.296
1.50	11.194	25.176	39.518	53.875	68.231	82.588	96.945	111.302	125.658	140.015	154.372
1.60	12.567	27.393	42.482	57.580	72.678	87.776	102.873	117.971	133.069	148.167	163.265
1.70	13.828	29.390	45.149	60.914	76.678	92.443	108.208	123.972	139.737	155.502	171.266
1.80	14.994	31.213	47.582	63.955	80.328	96.701	113.073	129.446	145.819	162.192	178.565
1.90	16.080	32.893	49.824	66.757	83.691	100.624	117.557	134.491	151.424	168.357	185.291
2.00	17.095	34.454	51.906	69.360	86.814	104.268	121.722	139.176	156.630	174.084	191.538
2.50	21.382	40.974	60.601	80.228	99.856	119.484	139.111	158.739	178.366	197.994	217.621
3.00	24.768	46.083	67.413	88.744	110.075	131.405	152.736	174.067	195.397	216.728	238.059
4.00	29.982	53.920	77.863	101.806	125.749	149.692	173.635	197.578	221.521	245.464	269.407

TABLE 4.6 SUMMARY OF STOPBAND ATTENUATIONS (α_s) IN dB

$$\alpha_p = 2.00 \text{ dB}$$

ω_s	\multicolumn{11}{c}{n}										
	2	3	4	5	6	7	8	9	10	11	12
1.02	3.617	8.045	14.407	21.382	28.491	35.627	42.767	49.909	57.052	64.194	71.336
1.05	4.859	11.284	19.316	27.664	36.061	44.465	52.870	61.275	69.680	78.085	86.490
1.10	6.482	14.843	24.351	34.007	43.680	53.355	63.030	72.706	82.381	92.056	101.731
1.20	9.058	19.690	30.967	42.295	53.628	64.961	76.294	87.628	98.961	110.294	121.627
1.30	11.157	23.268	35.780	48.315	60.852	73.390	85.927	98.464	111.001	123.538	136.075
1.40	12.958	26.194	39.699	53.215	66.732	80.249	93.766	107.284	120.801	134.318	147.835
1.50	14.545	28.708	43.057	57.414	71.770	86.127	100.484	114.841	129.197	143.554	157.911
1.60	15.970	30.928	46.021	61.119	76.217	91.315	106.412	121.510	136.608	151.706	166.804
1.70	17.266	32.926	48.688	64.453	80.218	95.982	111.747	127.511	143.276	159.041	174.805
1.80	18.456	34.750	51.121	67.494	83.867	100.240	116.612	132.985	149.358	165.731	182.104
1.90	19.559	36.431	53.363	70.296	87.230	104.163	121.096	138.030	154.963	171.896	188.830
2.00	20.587	37.992	55.445	72.899	90.353	107.807	125.261	142.715	160.169	177.623	195.077
2.50	24.903	44.513	64.140	83.767	103.395	123.023	142.650	162.278	181.905	201.533	221.160
3.00	28.299	49.622	70.952	92.283	113.614	134.944	156.275	177.606	198.936	220.267	241.598
4.00	33.518	57.459	81.402	105.345	129.288	153.231	177.174	201.117	225.060	249.003	272.946

TABLE 4.7 SUMMARY OF STOPBAND ATTENUATIONS (α_s) IN dB

$\alpha_p = 3.00$ dB

ω_s	n = 2	3	4	5	6	7	8	9	10	11	12
1.02	5.068	10.063	16.650	23.677	30.797	37.935	45.076	52.218	59.360	66.502	73.645
1.05	6.540	13.458	21.603	29.970	38.369	46.773	55.178	63.583	71.988	80.393	88.798
1.10	8.368	17.093	26.653	36.315	45.989	55.664	65.339	75.014	84.689	94.364	104.039
1.20	11.139	21.979	33.274	44.604	55.937	67.270	78.603	89.936	101.269	112.602	123.936
1.30	13.327	25.568	38.088	50.624	63.161	75.698	88.235	100.772	113.310	125.847	138.384
1.40	15.175	28.499	42.007	55.524	69.041	82.558	96.075	109.592	123.109	136.626	150.143
1.50	16.790	31.014	45.366	59.722	74.079	88.436	102.793	117.149	131.506	145.863	160.220
1.60	18.233	33.235	48.330	63.428	78.525	93.623	108.721	123.819	138.917	154.015	169.113
1.70	19.540	35.234	50.997	66.761	82.526	98.291	114.055	129.820	145.585	161.349	177.114
1.80	20.739	37.058	53.430	69.803	86.175	102.548	118.921	135.294	151.667	168.040	184.413
1.90	21.848	38.739	55.672	72.605	89.538	106.472	123.405	140.338	157.272	174.205	191.138
2.00	22.880	40.301	57.754	75.208	92.662	110.116	127.570	145.024	162.478	179.932	197.385
2.50	27.206	46.821	66.448	86.076	105.704	125.331	144.959	164.586	184.214	203.842	223.469
3.00	30.605	51.930	73.261	94.592	115.922	137.253	158.584	179.914	201.245	222.576	243.906
4.00	35.826	59.767	83.710	107.653	131.596	155.539	179.482	203.425	227.368	251.311	275.255

TABLE 4.8   SUMMARY OF TRANSITION BAND RATIOS (ω_s)

$$\alpha_p = 0.01 \text{ dB}$$

α_s (dB)	\multicolumn{11}{c}{n}										
	2	3	4	5	6	7	8	9	10	11	12
25	9.642	2.937	1.714	1.314	1.149	1.073	1.036	1.018			
30	12.851	3.525	1.932	1.419	1.205	1.105	1.055	1.029	1.015		
35	17.132	4.243	2.190	1.543	1.273	1.144	1.078	1.043	1.024		
40		5.117	2.494	1.687	1.352	1.191	1.106	1.060	1.034	1.020	
45		6.181	2.849	1.854	1.444	1.245	1.140	1.082	1.048	1.028	1.017
50		7.473	3.264	2.046	1.550	1.309	1.180	1.107	1.065	1.039	1.024
55		9.041	3.746	2.265	1.670	1.381	1.226	1.137	1.085	1.053	1.033
60		10.943	4.306	2.515	1.805	1.463	1.279	1.172	1.108	1.069	1.044
65		13.251	4.956	2.797	1.957	1.555	1.338	1.212	1.135	1.087	1.057
70		16.048	5.708	3.117	2.127	1.657	1.404	1.256	1.166	1.109	1.072
75		19.440	6.579	3.478	2.317	1.771	1.477	1.306	1.201	1.133	1.090
80			7.587	3.886	2.529	1.897	1.559	1.361	1.239	1.161	1.110
85			8.752	4.345	2.763	2.036	1.648	1.422	1.282	1.192	1.132
90			10.098	4.861	3.023	2.188	1.746	1.489	1.329	1.226	1.157
95			11.655	5.443	3.311	2.355	1.853	1.562	1.381	1.263	1.185
100			13.454	6.096	3.630	2.539	1.970	1.641	1.437	1.304	1.215
110			17.935	7.656	4.371	2.958	2.235	1.820	1.564	1.397	1.284
120				9.623	5.273	3.458	2.546	2.030	1.712	1.506	1.366
150				19.171	9.319	5.588	3.830	2.874	2.303	1.937	1.690
200					24.286	12.639	7.760	5.325	3.955	3.114	2.564

TABLE 4.9   SUMMARY OF TRANSITION BAND RATIOS (ω_s)

$$\alpha_p = 0.05 \text{ dB}$$

α_s (dB)	2	3	4	5	6	7	8	9	10	11	12
25	6.462	2.292	1.468	1.196	1.087	1.040	1.018				
30	8.599	2.733	1.637	1.277	1.129	1.062	1.030	1.015			
35	11.453	3.275	1.840	1.374	1.181	1.091	1.047	1.024			
40	15.263	3.937	2.081	1.490	1.244	1.127	1.068	1.037	1.020		
45		4.745	2.366	1.626	1.319	1.171	1.094	1.053	1.030	1.017	
50		5.728	2.700	1.784	1.406	1.222	1.126	1.073	1.042	1.025	
55		6.923	3.089	1.966	1.506	1.282	1.163	1.096	1.058	1.035	
60		8.374	3.544	2.174	1.620	1.351	1.207	1.125	1.076	1.047	1.029
65		10.134	4.071	2.411	1.749	1.429	1.257	1.158	1.098	1.062	1.039
70		12.269	4.683	2.679	1.894	1.517	1.313	1.195	1.124	1.080	1.051
75		14.859	5.393	2.984	2.057	1.615	1.376	1.238	1.153	1.100	1.066
80		17.998	6.214	3.328	2.239	1.724	1.447	1.285	1.186	1.123	1.082
85			7.164	3.716	2.441	1.845	1.525	1.338	1.223	1.150	1.101
90			8.263	4.154	2.666	1.978	1.611	1.397	1.264	1.179	1.123
95			9.534	4.646	2.916	2.125	1.706	1.461	1.310	1.212	1.147
100			11.002	5.201	3.192	2.286	1.809	1.532	1.360	1.248	1.173
110			14.661	6.525	3.836	2.657	2.045	1.692	1.473	1.331	1.235
120			19.546	8.197	4.622	3.099	2.323	1.880	1.606	1.428	1.308
150				16.315	8.153	4.990	3.476	2.644	2.143	1.820	1.603
200					21.228	11.266	7.022	4.877	3.659	2.906	2.411

TABLE 4.10 SUMMARY OF TRANSITION BAND RATIOS (ω_s)

$\alpha_p = 0.10\,\text{dB}$

α_s (dB)	n=2	3	4	5	6	7	8	9	10	11	12
25	5.439	2.067	1.381	1.155	1.067	1.029					
30	7.230	2.455	1.530	1.226	1.103	1.048					
35	9.624	2.933	1.712	1.313	1.148	1.073					
40	12.820	3.520	1.930	1.418	1.205	1.104	1.023				
45	17.088	4.236	2.187	1.541	1.272	1.143	1.036	1.018			
50		5.109	2.491	1.686	1.351	1.190	1.055	1.029	1.015		
55		6.170	2.846	1.853	1.443	1.245	1.078	1.043	1.023		
60		7.460	3.260	2.044	1.549	1.308	1.106	1.060	1.034	1.020	
65		9.026	3.741	2.263	1.668	1.380	1.140	1.081	1.048	1.028	
70		10.925	4.301	2.512	1.804	1.462	1.180	1.107	1.065	1.039	
75		13.228	4.950	2.795	1.956	1.554	1.226	1.137	1.085	1.053	1.033
80		16.020	5.701	3.114	2.126	1.656	1.278	1.172	1.108	1.069	1.044
85		19.406	6.571	3.475	2.316	1.770	1.337	1.211	1.135	1.087	1.057
90			7.577	3.882	2.527	1.896	1.403	1.256	1.166	1.109	1.072
95			8.740	4.340	2.761	2.034	1.477	1.306	1.200	1.133	1.089
100			10.085	4.856	3.021	2.187	1.558	1.361	1.239	1.161	1.109
110			13.437	6.090	3.627	2.537	1.745	1.488	1.329	1.226	1.157
120			17.912	7.648	4.367	2.956	1.969	1.640	1.436	1.304	1.215
150				15.215	7.695	4.752	2.234	1.819	1.563	1.397	1.284
200					20.026	10.720	3.333	2.551	2.078	1.773	1.567
							6.725	4.695	3.538	2.821	2.349

TABLE 4.11 SUMMARY OF TRANSITION BAND RATIOS (ω_s)

$\alpha_p = 0.50$ dB

α_s (dB)	n=2	3	4	5	6	7	8	9	10	11	12
25	3.635	1.642	1.216	1.080	1.031						
30	4.809	1.923	1.324	1.129	1.054	1.023					
35	6.383	2.275	1.461	1.193	1.086	1.039	1.018				
40	8.490	2.711	1.628	1.273	1.127	1.061	1.030				
45	11.305	3.248	1.830	1.369	1.179	1.090	1.046	1.024			
50	15.065	3.904	2.069	1.485	1.241	1.125	1.067	1.036	1.020		
55		4.705	2.352	1.620	1.315	1.169	1.093	1.052	1.029		
60		5.679	2.683	1.777	1.401	1.220	1.124	1.072	1.042	1.024	
65		6.864	3.070	1.957	1.501	1.279	1.161	1.095	1.057	1.034	
70		8.302	3.521	2.164	1.614	1.348	1.205	1.123	1.075	1.046	
75		10.047	4.045	2.399	1.742	1.425	1.254	1.156	1.097	1.061	1.039
80		12.163	4.653	2.666	1.887	1.512	1.310	1.193	1.123	1.079	1.051
85		14.730	5.358	2.969	2.049	1.610	1.373	1.236	1.152	1.099	1.065
90		17.841	6.174	3.311	2.230	1.719	1.444	1.283	1.185	1.122	1.081
95			7.118	3.697	2.431	1.839	1.521	1.336	1.221	1.148	1.100
100			8.209	4.133	2.655	1.972	1.607	1.394	1.262	1.178	1.122
110			10.931	5.174	3.179	2.279	1.804	1.528	1.357	1.246	1.172
120			14.566	6.491	3.820	2.647	2.039	1.688	1.470	1.328	1.233
150				12.897	6.712	4.235	3.022	2.346	1.935	1.669	1.488
200					17.446	9.529	6.071	4.293	3.269	2.630	2.208

TABLE 4.12 SUMMARY OF TRANSITION BAND RATIOS (ω_s)

$\alpha_p = 1.00$ dB

α_s (dB)	n=2	3	4	5	6	7	8	9	10	11	12
25	3.038	1.493	1.158	1.056	1.020						
30	4.004	1.733	1.250	1.096	1.038	1.015					
35	5.303	2.037	1.369	1.150	1.064	1.028					
40	7.045	2.416	1.515	1.219	1.099	1.046	1.022				
45	9.375	2.885	1.694	1.304	1.144	1.070	1.035	1.018			
50	12.487	3.461	1.908	1.407	1.199	1.101	1.053	1.028			
55	16.643	4.164	2.162	1.529	1.265	1.140	1.075	1.041	1.023		
60		5.021	2.461	1.672	1.344	1.185	1.103	1.058	1.033		
65		6.064	2.811	1.836	1.434	1.239	1.137	1.079	1.047	1.027	
70		7.331	3.219	2.026	1.538	1.302	1.176	1.105	1.063	1.038	
75		8.869	3.694	2.242	1.657	1.373	1.221	1.134	1.083	1.051	
80		10.734	4.246	2.488	1.791	1.454	1.273	1.168	1.106	1.067	
85		12.997	4.886	2.767	1.941	1.545	1.331	1.207	1.132	1.085	1.055
90		15.741	5.627	3.083	2.109	1.646	1.397	1.252	1.163	1.107	1.070
95		19.067	6.485	3.440	2.297	1.759	1.470	1.301	1.197	1.131	1.088
100			7.478	3.842	2.506	1.884	1.550	1.355	1.235	1.158	1.107
110			9.954	4.806	2.996	2.172	1.736	1.482	1.324	1.222	1.154
120			13.260	6.027	3.596	2.520	1.958	1.633	1.431	1.300	1.212
150				11.965	6.309	4.020	2.891	2.259	1.874	1.624	1.455
200					16.386	9.033	5.796	4.122	3.154	2.549	2.147

TABLE 4.13   SUMMARY OF TRANSITION BAND RATIOS (ω_s)

$\alpha_p = 2.00$ dB

α_s (dB)	2	3	4	5	6	7	8	9	10	11	12
25	2.513	1.357	1.108	1.035							
30	3.292	1.557	1.183	1.066	1.025						
35	4.345	1.814	1.282	1.110	1.045	1.019					
40	5.761	2.139	1.408	1.168	1.073	1.033					
45	7.657	2.543	1.564	1.242	1.111	1.052	1.025				
50	10.193	3.041	1.753	1.332	1.159	1.079	1.040	1.020			
55	13.580	3.652	1.978	1.441	1.217	1.112	1.059	1.031	1.017		
60	18.102	4.397	2.244	1.569	1.287	1.152	1.083	1.046	1.025		
65		5.305	2.557	1.717	1.369	1.200	1.112	1.064	1.037		
70		6.409	2.924	1.889	1.463	1.257	1.147	1.086	1.051	1.030	
75		7.750	3.351	2.086	1.572	1.322	1.188	1.113	1.068	1.042	
80		9.377	3.847	2.311	1.694	1.396	1.236	1.144	1.089	1.056	
85		11.351	4.423	2.566	1.833	1.480	1.289	1.179	1.113	1.072	1.046
90		13.745	5.091	2.855	1.988	1.574	1.350	1.220	1.141	1.091	1.060
95		16.647	5.865	3.183	2.162	1.678	1.417	1.265	1.172	1.113	1.075
100			6.761	3.553	2.356	1.794	1.492	1.316	1.208	1.138	1.093
110			8.994	4.439	2.811	2.064	1.666	1.434	1.291	1.198	1.137
120			11.979	5.562	3.370	2.389	1.875	1.576	1.391	1.271	1.190
150				11.031	5.900	3.800	2.757	2.170	1.811	1.578	1.420
200					15.311	8.525	5.513	3.945	3.035	2.464	2.084

TABLE 4.14   SUMMARY OF TRANSITION BAND RATIOS (ω_s)

$\alpha_p = 3.00$ dB

α_s (dB)	2	3	4	5	6	7	8	9	10	11	12
25	2.228	1.283	1.081	1.025							
30	2.903	1.458	1.145	1.050	1.018						
35	3.820	1.688	1.233	1.088	1.034						
40	5.056	1.980	1.347	1.139	1.059	1.025					
45	6.713	2.346	1.488	1.206	1.092	1.043	1.020				
50	8.931	2.799	1.661	1.289	1.135	1.066	1.032	1.016			
55	11.894	3.355	1.869	1.388	1.189	1.096	1.049	1.026			
60	15.851	4.035	2.116	1.507	1.253	1.133	1.071	1.039	1.021		
65		4.864	2.407	1.646	1.329	1.177	1.098	1.055	1.031		
70		5.873	2.747	1.807	1.418	1.230	1.130	1.075	1.044		
75		7.098	3.145	1.992	1.520	1.291	1.169	1.100	1.060		
80		8.587	3.608	2.203	1.636	1.361	1.213	1.129	1.079	1.049	1.030
85		10.392	4.147	2.444	1.767	1.440	1.264	1.162	1.102	1.064	1.041
90		12.582	4.771	2.717	1.914	1.529	1.321	1.201	1.128	1.082	1.053
95		15.238	5.494	3.027	2.080	1.628	1.385	1.244	1.157	1.103	1.068
100			6.331	3.376	2.264	1.739	1.457	1.292	1.191	1.126	1.085
110			8.420	4.215	2.697	1.997	1.623	1.405	1.270	1.183	1.126
120			11.212	5.279	3.231	2.309	1.823	1.541	1.366	1.253	1.177
150				10.462	5.648	3.663	2.673	2.114	1.772	1.549	1.399
200					14.649	8.210	5.336	3.834	2.960	2.410	2.044

BIBLIOGRAPHY

Books

1. W. Cauer, *Synthesis of Linear Communication Networks* (English translation from German edition), McGraw-Hill Book Co., New York, 1958.

2. W. K. Chen, *Theory and Design of Broadband Matching Networks*, Pergamon Press, London, 1976.

3. E. Christian and E. Eisenmann, *Filter Design Tables and Graphs*, John Wiley & Sons, New York, 1966.

4. R. W. Daniels, *Approximation Methods for Electronic Filter Design*, McGraw-Hill Book Co., New York, 1974.

5. J. L. Herrero and G. Welloner, *Synthesis of Filters*, Prentice-Hall, Inc., Englewood Cliffs, N.J., 1966.

6. L. P. Huelsman and P. E. Allen, *Introduction to the Theory of Active Filters*, McGraw-Hill Book Co., New York, 1980.

7. D. E. Johnson, J. R. Johnson, and H. P. Moore, *A Handbook of Active Filters*, Prentice-Hall, Inc., Englewood Cliffs, N.J., 1980.

8. L. M. Milne-Thomson, *Jacobian Elliptic Function Tables*, Dover Publications, Inc., New York, 1950.

9. R. Saal, *Handbook of Filter Design*, AEG-Telefunken, Berlin, 1979.

10. J. K. Skwirzynski, *Design Theory and Data for Electrical Filters*, Van Nostrand Co., New York, 1965.

11. G. W. Spenceley and R. M. Spenceley, *Smithsonian Elliptic Function Tables*, Smithsonian Institution, Washington, D.C., 1947.

12. A. I. Zverev, *Handbook of Filter Synthesis*, John Wiley & Sons, New York, 1967

Articles

1. S. Darlington, "Simple Algorithms for Elliptic Filters and Generalizations Thereof," *IEEE Trans. Circuits and Systems*, vol. CAS-25, pp. 975-980, 1978.

2. S. Darlington, "Synthesis of Reactance 4-Poles which Produce Prescribed Insertion Loss Characteristics," *Jour. of Mathematics and Physics*, vol. 18, pp. 257-353, 1939.

3. A. J. Grossman, "Synthesis of Tchebycheff Parameter Symmetrical Filters," *Proc. IRE*, vol. 45, pp. 454-473, 1957.

4. K. W. Henderson, "Nomograph for Designing Elliptic-Function Filters," *Proc. IRE*, vol. 46, pp. 1860-1864, 1958.

5. H. J. Orchard, "Computation of Elliptic Functions of Rational Fractions of a Quarterperiod," *IRE Trans, Circuit Theory*, vol. CT-5, pp. 352-355, 1958.

6. G. Szentirmai, "FILSYN—A General Purpose Filter Synthesis Program," *Proc. IEEE*, vol. 65, pp. 1443-1458, 1977.

7. H. Watanabe, "Approximation Theory for Filter Networks," *IRE Trans. Circuit Theory*, vol. CT-8, pp. 341-356, 1961.

SYMBOL INDEX

A_1	Normalized minimum passband magnitude, 2, 3, 5
A_2	Normalized maximum stopband magnitude, 2, 3, 5
$H(s)$	Filter network function, 1, 3, 4
$|H(j\omega)|$	Magnitude of $H(s)$ on the $j\omega$ axis, 2, 6
K	Multiplicative constant of $H(s)$, 3, 4
n	Order of filter function, 3, 4, 6, 23, 131, 271
p_i	i-th pole of $H(s)$, 3, 4
$s\,[=\sigma+j\omega]$	Complex frequency variable, 1, 3, 4
z_i	i-th zero of $H(s)$, 3, 4
$\alpha(\omega)$	dB loss of $H(s)$ along the $j\omega$ axis, 2, 3
α_p	Passband ripple in dB, 3, 23, 131, 271
α_s	Stopband attenuation in dB, 3, 23, 131, 271
ω	Radian, angular, or real frequency, 1, 2, 4
$\omega_i\,[i=1,\ldots,n]$	Locations of extrema in the pass band, 5
$\omega_i'\,[i=1,\ldots,n]$	Locations of extrema in the stop band, 5
ω_s	Normalized transition band ratio, 2, 5
ω_{zi}	i-th transmission zero on the ω axis, 4

SUBJECT INDEX

Accuracy, 6
All-pole functions, 1
Approximate functions, 267
Approximation, 6
Attenuation (*see also* Loss)
    Passband, 2, 3, 23, 131, 271
    Stopband, 2, 3, 131, 271
Attenuation characteristic, 2, 3

Band, Pass, 2, 5
    Stop, 2, 5
    Transition, 2, 23, 271
Band-elimination characteristic, 1
Band-pass characteristic, 1
Bandwidth (*see* Pass band)
Butterworth characteristic, 1

Cauer filter, 1, 2
Chebyshev characteristic, 1
Constant, Multiplicative, 3, 4
Cutoff frequency (*see* Pass band)

Elliptic function, Jacobian, 1
Elliptic magnitude characteristic, 1

Elliptic network function, 2
Equal-ripple characteristic, 1
Even-order function, 4
Extrema, 5, 6

Factors, Real-pole, 4
    Pole-pair, 4
    Zero-pair, 3, 4
Finite differences, 271
Frequencies of infinite loss, 3
    (*see also* Transmission zeros)
Frequency transformation, 1

High-pass characteristic, 1

Interpolation
    by polynomial, 268-271
    Linear, 267
    Parabolic, 268
    Three-point, 268
    Two-point, 267

Jacobian elliptic function, 1

Linear interpolation, 267
Locations of extrema, 5
Loss, Frequencies of infinite, 3
Loss, Stopband, 3, 23, 131, 271
Loss characteristic, 2, 3
Low-pass characteristic, 1

Magnitude characteristic, 2
Maxima, 5
Maximally-flat characteristic, 1
Maximum magnitude in the stop band, 2
Maximum magnitude locations, 5
Method of finite differences, 271
Minima, 5
Minimum magnitude in the pass .44inband, 2
Minimum magnitude locations, 5
Multiplicative constant, 3, 4

Network function, 1, 3, 4, 267, 271
    Elliptic, 2
    Even-order, 4
    Form of, 3
    Odd-order, 4
Normalization, 2, 5

Odd-order function, 4
Optimum low-pass characteristic, 1
Order of network function, 3, 6

Parabolic interpolation, 268
Pass band, 2, 5

Passband attenuation, 2, 3, 23, 131, 271
Passband minimum magnitude, 2, 5
Passband ripple, 3, 23, 131, 271
Pole-pair factors, 4
Poles, 3
    Complex conjugate, 4
    Real, 4
Polynomial interpolation, 268

Ratio, Transition band, 2, 23, 271
Real poles, 4
Ripple, Passband, 3, 23, 131, 271

Significant figures, 6
Standard characteristics, 1
Stop band, 2, 5
Stopband attenuation, 2, 3, 131, 271
Stopband maximum magnitude, 2, 5
Summary of filter parameters, 271

Three-point interpolation, 268
Transfer function (*see* Network function)
Transition band, 2, 5, 23, 271
Transition band ratio, 2, 23, 271
Transmission zeros, 1, 3
Two-point interpolation, 267

Zeros, 3
    Transmission, 1, 3
    Zero-pair factors, 3, 4

SEP 1 0 1990